工程训练实训指导

主　编　曲晓海　李晓春
参　编　王海涛　孔令鑫　吕兴武　孙　帅
　　　　孙　煦　李金良　杨　洋　张　双
　　　　陈　禹　周　亮　赵慧玲　姜　城
　　　　耿冬妮　黄海龙　寇　莹
主　审　李双寿

机械工业出版社

本教材根据教育部工程材料及机械制造基础课程教学指导组制定的"普通高校工程材料及机械制造基础系列课程教学基本要求"编写，主要内容包括铸造、锻造、焊接、车削加工、钳工、铣削加工、刨削加工、磨削加工、工业测量、机械拆装、模具等常规工程训练内容，特种加工技术、数控加工技术、气压液压技术、机电一体化、电子技术、激光加工等现代制造技术训练内容，以及3D打印、竞技机器人、智能制造、人工智能、机械制造工艺、工装夹具等新的工程训练内容。

　　本教材可作为普通高等学校本科、专科工程训练教学用书，也可供高职高专、成人高等学校相关专业使用，还可作为相关工程技术人员的参考用书。

图书在版编目（CIP）数据

工程训练实训指导 / 曲晓海，李晓春主编 . —北京：机械工业出版社，2020.8

ISBN 978-7-111-65914-3

Ⅰ.①工… Ⅱ.①曲…②李… Ⅲ.①机械制造工艺 – 高等学校 – 教材 Ⅳ.① TH16

中国版本图书馆 CIP 数据核字（2020）第 108052 号

机械工业出版社（北京市百万庄大街 22 号　邮政编码 100037）
策划编辑：侯宪国　　责任编辑：侯宪国
责任校对：张晓蓉　　封面设计：马精明
责任印制：李　昂
唐山三艺印务有限公司印刷
2020 年 12 月第 1 版第 1 次印刷
184mm×260mm · 19.25 印张 · 488 千字
0 001—3 500 册
标准书号：ISBN 978-7-111-65914-3
定价：59.80 元

电话服务　　　　　　　　　　网络服务
客服电话：010-88361066　　机 工 官 网：www.cmpbook.com
　　　　　010-88379833　　机 工 官 博：weibo.com/cmp1952
　　　　　010-68326294　　金 书 网：www.golden-book.com
封底无防伪标均为盗版　机工教育服务网：www.cmpedu.com

前　言

本教材是根据教育部工程材料及机械制造基础课程教学指导组制定的"普通高校工程材料及机械制造基础系列课程教学基本要求"，在结合吉林大学工程训练现状，总结几年来工程训练实践教学改革经验基础上编写的。本教材可配合曲晓海主编的《工程训练》《工程训练实习报告书》和吴鹏主编的《金工实习》一起使用。

本教材主要介绍了铸造、锻造、焊接、车削加工、钳工、铣削加工、刨削加工、磨削加工、工业测量、机械拆装、模具等常规工程训练内容，特种加工技术、数控加工技术、气压液压技术、机电一体化、电子技术、激光加工等现代制造技术训练内容，以及3D打印、竞技机器人、智能制造、人工智能、机械制造工艺、工装夹具等新的工程训练内容，并于书中提供了部分数字化教学资源的二维码，便于学生在工程训练实习教学中对实习内容进行复习、总结和归纳提高。本教材可作为普通高等学校本科、专科工程训练教学用书，也可供高职高专、成人高校等相关专业使用，还可作为相关工程技术人员的参考用书。

本教材由曲晓海、李晓春担任主编，参加编写的人员还有王海涛、孔令鑫、吕兴武、孙帅、孙煦、李金良、杨洋、张双、陈禹、周亮、赵慧玲、姜城、耿冬妮、黄海龙、寇莹。本教材由清华大学李双寿教授主审。

在本教材编写过程中，参阅了有关院校、企业、科研院所的一些资料和文献，并得到许多领导、同行、专家的支持与帮助，在此表示衷心的感谢。

由于编者水平有限，教材中疏漏和欠妥之处在所难免，敬请读者批评指正。

编　者

目　录

第1章

铸 造

实训项目 1　整模造型

1. 实训目的与要求

1）了解造型工装和工具的名称及使用方法。

2）掌握整模造型的操作过程。

2. 实训设备与工量具

1）上砂箱和下砂箱、造型底板、铝制模样。

2）造型工具，包括锹、砂春、压勺、浇口管、通气针、起模针和砂钩。

3. 实训材料

型砂。

4. 实训内容

整模造型的过程如图 1-1 所示。

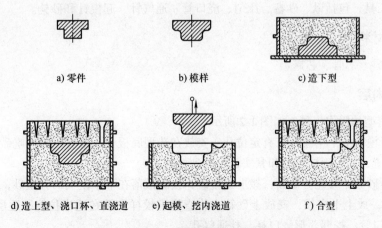

a) 零件　　　　　　　　b) 模样　　　　　　　　c) 造下型

d) 造上型、浇口杯、直浇道　　　e) 起模、挖内浇道　　　　f) 合型

图 1-1　整模造型的过程

1）分析模样的结构特点，讲解分型原则，并且将模样的最大截面作为分型面。

1

2）将底板和模样清理干净，将模样的最大截面朝下放置在造型底板上，套好砂箱，撒上厚度为 20mm 左右的面砂，明确上下砂箱放置的先后顺序以及模样在砂箱中的位置。

3）分两次填砂，第一次填到与砂箱上边缘平齐的位置，然后用砂春尖头紧实，再大量填砂，填到高出砂箱上沿 50mm 左右的位置，最后用砂春平头紧实，用刮砂板刮平。注意春砂时不要撞到模样上且春砂用力大小要均匀、适当。

4）造好下型后翻转砂型，用压勺修光分型面，均匀撒上分型砂，将模样上的分型砂去除，套好上砂箱，在距离模样 30mm 左右的位置安放浇口管。

5）制作上砂型，同样分两步填砂，紧实后用刮砂板刮平，用通气针均匀地扎通气孔，通气孔数量为 5～7 个，深度为距离模样上表面 5～10mm，并且挖出漏斗形外浇口。

6）把上砂箱取下来，然后在模样边缘刷水以便松动模样，平稳起模，起模后型腔如果有损坏要进行修补，并清理落入型腔内的散砂，然后在下砂型开设内浇道。

7）最后将上砂型合到下砂型上，合型时应注意上砂型保持水平下降。

5. 实训思考题

1）造型过程中的分型原则是什么？
2）开挖通气孔的作用是什么？

实训项目 2 分模造型及造芯

1. 实训目的与要求

1）掌握分模造型的操作过程。
2）掌握造芯的工艺过程。
3）了解各种工装、工具的选用方法。

2. 实训设备与工量具

1）上砂箱和下砂箱、造型底板、芯盒、铝制模样（分开模）。
2）造型工具，包括锹、砂春、压勺、浇口管、通气针、起模针和砂钩。

3. 实训材料

型砂、芯砂、芯骨、芯撑。

4. 实训内容

1）分模造型的操作步骤，如图 1-2 所示。

① 把分开模样的下半模（带有定位孔）安放在造型底板上，留有足够的吃砂量，并且留有浇注系统的位置，同时逐层填砂和紧实，用刮砂板刮平。

② 翻转下砂型，修光分型面，撒上分型砂，去除散落在下半模上的分型砂，找到定位销和定位孔的位置，放上上半模，安放上砂箱，将直浇道模样安放在适当位置，逐层填砂并紧实，刮平，取出浇口管，挖漏斗形浇口杯，扎通气孔。

③ 敞开砂型，分别为上下半模刷水、松动，取出上下半模，修型，再开挖内浇道。

④ 正确安放砂芯，合型。

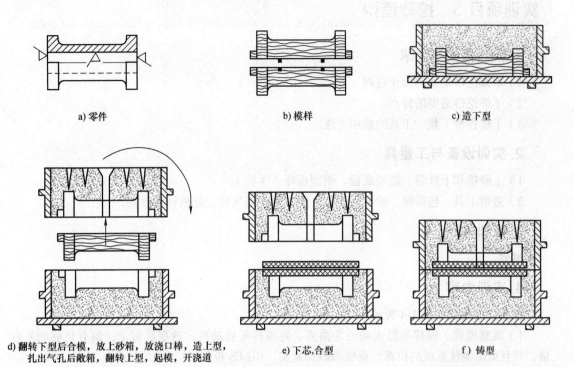

a) 零件   b) 模样   c) 造下型

d) 翻转下型后合模，放上砂箱，放浇口棒，造上型， e) 下芯,合型   f) 铸型
扎出气孔后敞箱，翻转上型，起模，开浇道

图 1-2　分模造型过程

2）砂芯的制作过程，如图 1-3 所示。

① 清理芯盒内腔，用手卡紧芯盒。

② 分几次填砂，逐层春紧、刮平。

③ 为了增加砂芯强度，可安放芯骨。

④ 开排气道以增加砂芯的透气性（通气针）。

⑤ 拆开芯盒取出砂芯。

⑥ 在砂芯主体部分刷涂料。

⑦ 烘干。

a) 准备芯盒   b) 春砂、放芯骨   c) 刮平、扎气孔   d) 敲打芯盒   e) 打开芯盒(取芯)

图 1-3　砂芯的制作过程

5. 实训思考题

简述手工造芯的工艺措施。

实训项目3 挖砂造型

1. 实训目的与要求

1）掌握挖砂造型的操作过程。

2）了解挖砂造型的特点。

3）了解各种工装、工具的选用方法。

2. 实训设备与工量具

1）上砂箱和下砂箱、造型底板、铝制模样（手轮）。

2）造型工具，包括锹、砂舂、压勺、浇口管、通气针、起模针和砂钩。

3. 实训材料

型砂。

4. 实训内容

挖砂造型过程如图1-4所示。

1）观察模样，模样的最大截面为曲面，将模样平稳地放在造型底板上，留有足够的吃砂量，并且留出浇注系统的位置，逐层填砂和紧实，用刮砂板刮平。

2）翻转下砂型，修光分型面，挖掉妨碍起模的型砂，使分型面处于模样最大截面处，抹平，修光，撒上分型砂，安放上砂箱，将浇口管安放在预留的浇口管安放位置上，逐层填砂并紧实，刮平，拿出浇口管，挖漏斗形浇口杯，扎通气孔。

3）打开上下型，刷水，松动，取出模样，修型。

4）合型。

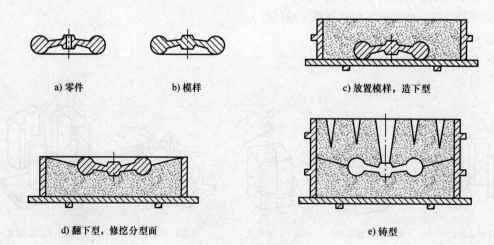

a) 零件　　　　　b) 模样　　　　　c) 放置模样，造下型

d) 翻下型，修挖分型面　　　　　e) 铸型

图1-4　挖砂造型过程

5. 实训思考题

挖砂造型中的挖砂原则是什么？

实训项目4　活块造型

1. 实训目的与要求

1）掌握活块造型的操作过程。

2）了解怎样用外砂芯取代活块。

3）了解各种工装、工具的选用方法。

2. 实训设备与工量具

1）上砂箱和下砂箱、造型底板、铝制模样、活块、钉子或燕尾槽。

2）造型工具，包括锹、砂舂、压勺、浇口管、通气针、起模针和砂钩。

3. 实训材料

型砂。

4. 实训内容

活块造型过程如图1-5所示。

1）将模样放在造型底板上，留有合适的吃砂量，活块用钉子或燕尾槽与主体模样连接。在活块四周的型砂紧实后，拔出钉子。逐层填砂和紧实，用刮砂板刮平。

2）翻转下砂型，修光分型面，撒上分型砂，安放上砂箱，将直浇道模样安放在适当位置，逐层填砂并紧实，刮平，取出浇口管，挖漏斗形浇口杯，扎通气孔。

3）打开上下型，刷水，松动，先取出主体模样，然后再从侧面取出活块，修型，再开挖内浇道。

4）合型。

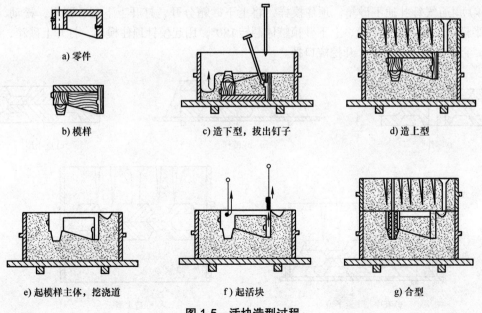

a) 零件

b) 模样

c) 造下型，拔出钉子

d) 造上型

e) 起模样主体，挖浇道

f) 起活块

g) 合型

图1-5　活块造型过程

5. 实训思考题

简述活块造型中的起模顺序。

实训项目 5　三箱造型和活砂造型

1. 实训目的与要求

1）掌握活砂造型及三箱造型的操作过程。
2）了解三箱造型的特点。
3）了解各种工装、工具的选用方法。

2. 实训设备与工量具

1）上砂箱和下砂箱、造型底板、铝制模样（绳轮）。
2）造型工具，包括锹、砂春、压勺、浇口管、通气针、起模针和砂钩。

3. 实训材料

型砂。

4. 实训内容

活砂造型过程如图 1-6 所示。

1）将少量砂子放在造型底板上，然后将模样放在砂子上，将模样的孔填满，固定住模样，再在模样周围放上砂子，紧实，修光，使其分型面为曲面，撒上分型砂。

2）放上砂箱和浇口管，填砂，紧实，刮去多余的砂子，用刮砂板刮平，扎通气孔。

3）翻转上砂型，去除模样表面上多余的砂子，撒分型砂，去除模样上的分型砂，安放下砂箱，逐层填砂并紧实，刮平。

4）用通气针扎通下砂箱，顶住模样，将上下砂箱分开，打开上下型，刷水，松动，先取出一半模样，然后合上砂箱，上下砂箱整体翻转180°，用起模针顶住模样，打开上砂箱，刷水，松动，再取出另一半模样，开挖浇口杯。

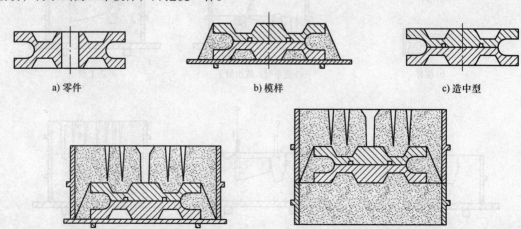

　　a) 零件　　　　　　　　　　　b) 模样　　　　　　　　　　　c) 造中型

　　d) 在中型上造下型　　　　　　　　e) 造上型

图 1-6　活砂造型过程

5）合型。

5. 实训思考题

活砂造型有几个分型面？

实训项目6 造型浇注

1. 实训目的与要求

1）掌握造型浇注的操作过程。

2）了解各种工装、工具的选用方法。

2. 实训设备与工量具

1）上砂箱和下砂箱、造型底板、铝制模样（小飞机）。

2）造型工具，包括锹、砂春、压勺、浇口管、通气针、起模针和砂钩。

3. 实训材料

型砂、铝锭。

4. 实训内容

1）安放模样和砂箱：按照铸造工艺将模样和下砂箱摆放在操作平板的适当位置，使模样与砂箱内壁之间留有合适的吃砂量。

2）填砂和春砂：在模样表面筛上一层面砂，将小飞机模样盖住，按实，再大量填砂与下砂箱边缘平齐，用砂春尖头紧实，最后再填入砂子，用平头紧实。

3）修整和翻型：用刮砂板刮去多余的砂子，使砂型表面和砂箱边缘平齐，翻转下砂型。

4）修整分型面和挖砂：用压勺的平面将模样四周砂型表面修光，采用挖砂造型，找到飞机的最大截面，将多余的砂子挖掉，撒上一层分型砂，去除模样上的分型砂。

5）放置上砂箱和浇口棒：将上砂箱套放在下砂型上，选择离机尾 30～50mm 的位置放上浇口棒。

6）填砂和春实：大量填砂，先用砂春尖头紧实，再填砂，最后用平头紧实。

7）修型和开型：用刮板刮去多余的砂子，使砂型表面和砂箱边缘平齐，用压勺的平面修光浇口处的型砂，扎出通气孔，取出浇口棒并在直浇道上开挖漏斗形浇口杯，如砂箱无定位装置，则需在砂箱上做出定位记号（如做上泥号），敲开上砂型翻转放好。

8）起模：用水笔润湿靠近模样处的型砂，将模样向四周松动，然后用起模钉将模样从砂型中小心起出，将损坏的砂型修补好。

9）修整分型面，扫除分型砂，开挖浇道。

10）合型：将修整后的上砂型按照定位装置对准放在下砂型上，准备浇注，浇注冷却后进行落砂和清理。

实训项目 7 金相试样的制备与观察

1. 实训目的与要求

1）初步掌握金相试样的制备方法。

2）了解金相显微镜的基本原理，并掌握其使用方法。

2. 实训设备与工量具

手锯、XJP-100 光学金相显微镜、抛光机、吹风机。

3. 实训材料

工业纯铁显微组织试样、不同型号的金相砂纸、抛光剂、4%（体积分数）硝酸酒精溶液、酒精、棉花。

4. 实训内容

（1）金相显微镜原理及结构（见图1-7）

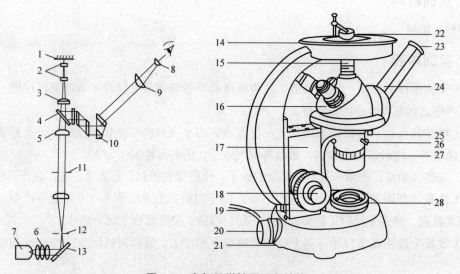

图 1-7 金相显微镜原理和结构

1—试样 2—物镜组 3—辅助透镜 4—半反射镜 5—聚光镜 6—聚光镜组 7—灯泡 8—接目镜
9—场镜 10—棱镜 11，27—视场光阑 12，28—孔径光阑 13—反光镜 14—载物台 15—物镜 16—转换器
17—传动箱 18—微动调焦手轮 19—粗动调焦手轮 20—光源 21—偏心圆 22—样品 23—目镜
24—目镜筒 25—固定螺钉 26—调节螺钉

（2）金相试样的制备方法

1）首先用手锯切下直径为 12~15mm 的圆柱形试样（此过程由指导教师完成）。

2）手工磨制。将砂纸铺在玻璃板上，一只手按住砂纸，另一只手拿住试样在砂纸上做单方向磨制。手持试样施以均匀的压力，在各种型号的砂纸上磨制，砂纸由粗到细更换，每更换一次砂纸时，应该把试样转动 90° 以后再进行磨制。

3）磨制以后在抛光机上进行抛光。首先将抛光布用水浸湿、铺平、绷紧固定在抛光盘上，然后在试样表面沾上一层抛光剂，将试样水平地压在抛光布上，并且沿着抛光盘的中心到边缘做径向往复运动，当试样表面呈镜面后停止抛光，再用清水将试样表面冲洗干净。

4）抛光以后的试样，要分析其金相组织还必须进行浸蚀，通常使用的浸蚀剂为4%（体积分数）硝酸酒精溶液。

5）然后用吹风机吹干或者用棉花球擦干。

6）吹干后的试样在显微镜下观察，如果发现试样表面变形层严重影响其清晰度，可以采取反复抛光和浸蚀的方法去除变形层。

（3）显微镜的操作规程

1）将金相试样放在载物台上（观察平面向下）。

2）接通电源，打开显微镜的开关。

3）用双手缓慢调节粗调手轮，使物镜与试样渐渐靠近，同时在目镜上观察，视场由暗到亮，调到看见金相组织以后，再旋转细调手轮，直到看到最清晰的图像为止。

4）最后根据所观察试样的要求，调整孔径光阑的大小。

5. 实训思考题

1）简述操作光学金相显微镜的注意事项。

2）绘制金相试样的组织示意图。

实训项目 8　熔模铸造系统的操作

1. 实训目的与要求

1）了解熔模铸造系统的组成。

2）了解熔模铸造系统，掌握熔模铸造系统操作过程。

2. 实训工装工具

硅胶模框架、刻刀、护目镜、防尘手套、酒精、不锈钢铲刀。

3. 实训材料

硅胶、可熔树脂、铸造用蜡、石膏、金属炉料。

4. 实训内容

（1）3D 打印可熔树脂模样

1）将 3D 蜡模打印机接通电源，在计算机上打开 Form2 软件，单击【文件】选择 STL 或 OBJ 文件，如图 1-8 所示。

2）单击 ￼ 按钮，调整文件摆放方向。

3）单击 ￼ 按钮，为文件添加支撑。

4）单击 ￼ 按钮，排列文件图形。

5）单击橙色图标 ￼ 按钮，然后单击 "Sent to Printer" 按钮进行打印。

6）在打印机上确认打印。可以在打印机上看到文件上传的列队，选择文件名称，按打印机上的按钮确认并开始打印。

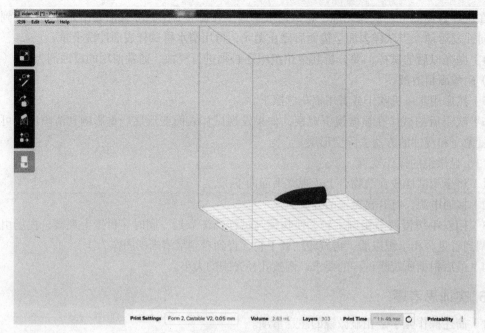

图 1-8　软件页面

（2）种蜡树　"种蜡树"的第一步就是将蜡棒头部蘸一些熔化的蜡液，趁热插入底盘的凹孔中，使蜡棒与凹孔结合牢固；第二步，逐层将蜡模连接在蜡棒上，可以从蜡棒底部开始（由下向上），也可以从蜡棒头部开始（由上向下）。如果"种蜡树"的技术比较熟练，两种方法操作起来的差别不大；但是一般使用从蜡棒头部开始（从上向下）的比较多，因为这种方法的优点是可以防止熔化的蜡液滴落到焊好的蜡模上，能够避免因蜡液滴落造成的不必要返工。

（3）抽真空灌石膏

1）根据水粉比列，称好石膏粉，量好水。

2）确保搅拌桶放粉阀处于关闭状态，上桶真空阀处于打开状态。

3）先用上升杠顶起上桶，将上桶移至一边，把准备好的钢盅放入下桶，注意将钢盅摆成一个圆周，移上桶至原位。

4）打开上桶盖，将量好的水倒入一半至上桶，将称好的石膏粉倒入上桶，再将剩下的水倒入上桶，顺便清洗一下搅拌器上的粉末。

5）轻点搅拌机开关两至三下，再开启搅拌，设置搅拌的时间（建议 2～3min），打开时间蜂鸣开关，约 1.5min 后，开启真空，设置真空时间（建议 5～6min），开启真空蜂鸣开关，同时观察真空表至 -76mmHg（1mmHg=133.322Pa）。

6）至搅拌蜂鸣开关长响时，关闭此开关及搅拌器，调整钢盅至放粉阀口，依次放完粉浆后，关闭放粉阀门及上桶真空阀门，开启进水开关及搅拌器。

7）此时开始对下桶放好粉浆的钢盅抽真空，3～4min 后，真空蜂鸣开关长响，将此阀门对准排污口，打开此阀门，放在污水位置，并用清水清洗上桶，整个操作过程结束。

（4）烘焙石膏型　使用双温控电炉烘焙石膏型，控制电箱说明图如图 1-9 所示。

1）打开电源，按下待机键。

2）按设置键"Set"，根据 PV 显示，设置烘焙所需温度与时间，见表 1-1。

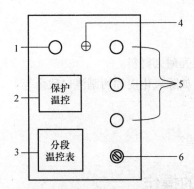

图 1-9 控制电箱说明图

1—工作指示 2—保护温控 3—分段温控 4—熔丝 5—电源指示 6—电源开关

表 1-1 双温控电炉分段控温表

指标	P(段号)-0	P-1	P-2	P-3	P-4	P-5
温度 $C/°C$	150	250	400	600	730	650
时间 t/min	120	120	90	100	180	1000

3）打开炉门，将石膏型放入炉内，使脱蜡口朝下，便于蜡液流出。

4）烘焙完毕，取出石膏型，关闭电源。

（5）熔炼金属

1）开机前准备作业时需要用到坩埚、坩埚钳、石墨油槽等。

2）机器需接电、接地、接水，检查电路安装是否正确、冷却水循环系统是否正常。

3）用坩埚钳夹起坩埚放进熔金炉线圈内，并放入熔炼金属进行熔炼。

4）打开总电源开关后，调节功率按钮将功率调整到最小，按下机器操作板上的电源开关"POWER ON"，按下"START"键，如图 1-10 所示。

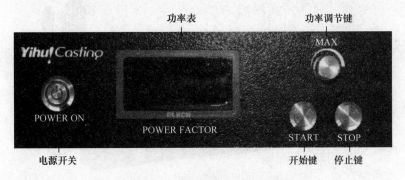

图 1-10 迷你熔炼炉操作面板

5）适当调整功率大小（功率显示值范围为 0～450W）。

6）熔炼完成后，按下操作面板上的"STOP"按钮。

7）将坩埚夹出并将熔炼好的金属液体倒入石膏型中。

（6）浇注

（7）清理

1）从铸件上清除型壳。

2）自浇冒系统上取下铸件。

3）去除铸件上所黏附的型壳耐火材料。

4）铸件热处理后的清理，如除氧化皮和切割浇口残余等。

5. 实训思考题

铸件的清理过程都包括哪些？

实训项目9 压铸机的操作

1. 实训目的与要求

1）了解压铸机结构。

2）了解压铸机的基本操作过程。

2. 实训设备与工量具

DCC130 压铸机。

3. 实训材料

铝合金。

4. 实训内容

（1）了解 DCC130 压铸机的机床结构，如图 1-11 所示。

卧式冷室压铸机由柱架、机架、压射机构、液压、电气、润滑、冷却、安全防护等部件组成。

图 1-11 DCC130 压铸机

1—控制系统 2—锁模部件 3—安全防护门 4—射料部件 5—机架部件 6—冷却系统 7—液压系统

（2）加工

1）机器的起动。

①打开电源开关。

② 检查 PLC 运行是否正常（主电柜显示屏显示品牌标识即为运行正常），如图 1-12 所示。

③ 将操作面板上的"手动/自动"按钮旋至手动状态。

图 1-12　显示屏画面

④ 检查主液压泵运转方向，如图 1-13 所示。

按"液压泵启动"按钮后立即按下"液压泵停止"按钮，检查其电动机转向是否与电动机标牌箭头所标方向一致（通过电动机末端的风扇转向来确定电动机的转向）。如果反向，则需切断电源，调整电源进线任意两相，重新启动、停止电动机，确保电动机转向与标牌一致。

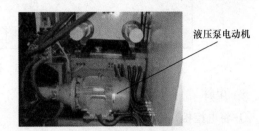

液压泵电动机

图 1-13　主液压泵

⑤ 检查系统工作压力。按"起压"按钮，查看起压表上的数值是否达到系统压力。

2）调试。

① 开/锁模调试。在计算机内将锁模压力与开模压力设置为合适的数值，将"手动/自动"按钮旋至"手动"位置；将"开/锁模速度"设为"慢速"。同时按下两个"锁模"按钮，动模板向定模板方向移动使机铰伸直；按"开模"按钮，动模板反方向移动使机铰复位，如图 1-14 所示。

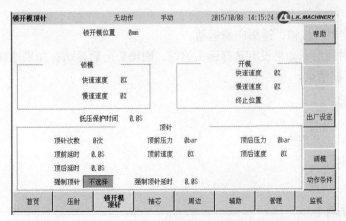

图 1-14　锁开模顶针画面

② 顶针动作调试。先将顶针压力设置为合适的数值，开模到位后，分别将"顶针"旋钮旋至"顶针前／顶针后"位置进行调试。

③ 锤头调试。在开模到位及顶针回限状态时，将"锤头"按钮旋至"锤头前"位置，锤头将向定模板方向移动；旋至"锤头后"位置，锤头向储能器方向移动。

④ 调模调试。将"调模"按钮调至"ON"位置，按下"调模厚"按钮，尾板将向远离定模板方向移动；按下"调模薄"按钮，尾板向靠近定模板方向移动，如图 1-15 所示。

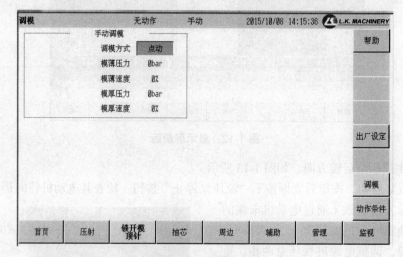

图 1-15　调模画面

3）压射。

① 将电控柜钥匙旋转到"0"位置。

② 将"二速射料"选择开关置于"OFF"位置，禁止二速打料。

③ 操作模式置为"半自动"。

④ 关闭安全门。

⑤ 双手按下锁模按钮才可锁模。

⑥ 锁模后储能器自动储能，打料准备完成后指示灯亮，方可进行下一步。

⑦ 将熔炼后的铝合金溶液倒入料筒，倒完料后操作人员需站在操作面板 45° 位置，防止溶液飞溅发生危险。

⑧ 按一次"射料"按钮，锤头向前运动。

⑨ 达到冷却时间后，如果没有选择锤头追踪，则锤头向后运动；如果选择锤头追踪，则锤头停在原位直到开模结束。

⑩ 自动开模。

⑪ 开安全门。

⑫ 顶针回位后，开安全门。

⑬ 用坩埚钳取件。

⑭ 切断电源。

5. 实训思考题

简述压铸机压射操作步骤。

实训项目 10　数字式超声波探伤仪的操作

1. 实训目的与要求

1）了解超声波无损探伤仪的结构及作用。

2）了解无损探伤仪的基本操作过程。

2. 实训设备与工量具

超声波探伤仪 ASUT-7800。

3. 实训材料

待测焊件。

4. 实训内容

了解超声波探伤仪 ASUT-7800 的结构，如图 1-16 所示。

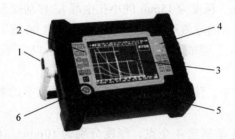

图 1-16　超声波探伤仪

1—仪器把手　2—功能键盘　3—TFT 显示屏　4—工作指示灯　5—仪器型号　6—电源开关

焊缝检测的操作步骤如下。

1）开机。按住电源开关键不放，听到仪器发出"嘀"的响声后松开电源开关键。

2）选择通道。按"通道"键，直至屏幕右边栏显示"通道调节"字样，按"＋"键或"－"键选择通道，如 2 通道，显示在屏幕左上角。

3）调声速。通常为 3240m/s。调节方法：按"声速"键，屏幕右边栏显示"声速调节步距1.0"时按回车键，输入声速值"3240"并确认无误后按回车键完成。

4）调 K 值。输入斜探头的标称 K 值，如 K2。调节方法：按"声速"键，屏幕右边栏显示"K 值调节步距 0.01"时按回车键，输入 2 并确认无误后按回车键完成。

5）调始偏。将探头均匀涂上耦合剂，放在 CSK-IA 试块上（见图 1-17 中探头的放置），按"标度"键设置成声程标度；调节"声程"，把声程范围调到 200mm，调节"增益"，把 R100 的最高反射波调到屏幕高度的 80% 左右，按住探头不动，调节"门位""门宽""门高"，使门罩住底波（注意不要罩住始波），反复按"始偏"键，直至屏幕右边栏显示"零点调节 0.1"时再按"＋"键或"－"键配合调节，看 s 值等于或接近 100 即可。

在 R100 回波为最高时，用钢直尺量出 L 的值，再用 100 减去 L 值就是探头前沿，如图 1-18 所示。

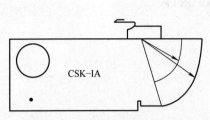

图 1-17　找 R100 的最高波图

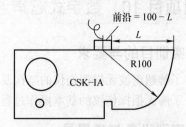

图 1-18　测量斜探头的前沿

　　按"菜单"键，在"探伤方法"选项中把工件类型设置成"焊缝"，再进入"探头设置"选项，把探头前沿及其他参数输入。进入"标准选择"中根据被探工件类型选择标准，这里选择 GB11345。注意，一定要找准 R100 的最高反射波，否则始偏和前沿会有误差。

　　6）K 值测试（新探头这一步可以不做，探头用了一段时间磨损后要做从始偏这一步及这一步以后的内容）。反复按"标度"键，选择"垂直标度"，按"声程"键，按"＋"键或"－"键将声程调到 50mm，用某一深度的小孔测试 K 值，如用 RB-2 试块上深 10mm 的 ϕ3 孔测试（用 CSK-IA 试块上 ϕ1.5mm、深度为 15mm 的小孔也可），移动探头找到最高回波，如果 K 值有误差，则"Y 或 D"后显示的数值不为 10。反复按"声速 /K 值"键，直至屏幕右边栏出现"K 值调节"字样，再按"＋"键或"－"键调节 K 值，使"Y"后显示的数值恰为 10，则此时的 K 值就为实测的 K 值。

　　至此斜探头 K 值测试完毕。注意，一定要找准 10mm 深度孔的最高反射波，否则 K 值会有误差！

　　7）作 DAC 曲线方法（举例选 4 个点，深度分别为 10mm、20mm、30mm、40mm 深的小孔）。反复按"菜单"键，在"测试菜单"中进入"DAC"选项，根据被探钢板厚度考虑二次声程输入"最大深度"值，然后根据不同标准把试块上人工缺陷数值输入，即横通孔（或不通孔）的直径和长度（RB-2 试块缺陷直径为 3mm、缺陷长度为 40mm），以上参数输好后开始测试，这时屏幕上出现"请手动调节，按回车确认"字样，这时把声程调到"50"，将探头涂上耦合剂放在 RB-2 试块上，调节增益将深度为 10mm 小孔的最高反射波调至屏幕 80% 的高度，稳住探头不动，然后按回车键，再按"＋"键调到"按键移点按键选波"选项，按回车键进入，屏幕上出现"按定量选点，按记录存储，按 +、－移点"字样，这时按"定量"键，屏幕上波形冻结，按"＋"键或"－"键把光标移到 10mm 小孔的回波上，再按"记录"键存储；翻转试块找出深度为 20mm 小孔的最高反射波，按"定量"键，屏幕上波形冻结，按"＋"键或"－"键把光标移到 20mm 小孔的回波上，再按"记录"键存储；翻转试块找出深度为 30mm 小孔的最高反射波，按"定量"键，屏幕上波形冻结，按"＋"键或"－"键把光标移到 30mm 小孔的回波上，再按"记录"键存储；翻转试块找出深度为 40mm 小孔的最高反射波，按"定量"键，屏幕上波形冻结，按"＋"键或"－"键把光标移到 40mm 小孔的回波上，再按"记录"键存储；完成全部波形的选点后按回车键，再按"＋"键到"按键绘制曲线"，按两次回车键即可。连续按"返回"键退出菜单，DAC 曲线制作完成。

　　8）开始使用斜探头对待测焊件进行扫查，对比已调试曲线，进行探伤分析。

　　9）关机，将仪器外观清理干净，配件放置整齐。

5. 实训思考题

简述无损探伤仪的结构及作用。

铸造实训安全操作规程

1）造型操作前要注意工作场地、砂箱、工具等安放位置，砂箱叠高应低于 1.2m。

2）舂砂和合箱时，应注意手指不能放在砂箱边上，以免碰伤。

3）禁止用嘴吹分型砂，使用吹风器时，要朝向无人的方向吹，以免吹入旁人的眼睛，更不得用吹风器开玩笑。

4）起模针及气孔针应放于工具箱内，在造型场地内走动时，注意砂型或热铸件。

5）进行熔化和浇注工作时，要按规定戴好防护用具。

6）观看熔炉及熔化过程，应站在一定安全距离外，避免铁液飞溅而烫伤。

7）浇注前铁液包要烘干，不能使用湿、锈冷铁杆去搅动熔化的金属和扒渣，扒渣棒一定要预热，铁液面上只能覆盖干的稻草灰，不得用草包等其他易燃物。

8）浇注铁液时，抬包要稳，严禁和他人谈话或并排行走，以免发生危险。

9）浇注速度要适当，浇注时人不能站在铁液正面，并严禁在冒口顶部观察铁液。

10）已浇注砂型，未经许可不得触动，以免损坏铸件。在清理时对已清理的铸件要注意其温度，以防烫伤。

11）操作之前必须仔细阅读使用手册，了解与机器相关的安全知识和操作规范等。

12）不要把机器安放在高温或潮湿的环境中；压铸机周围空气应畅通，通风及换气设备工况应良好。

13）请保持机身及周围环境清洁。

14）请远离电磁干扰。

15）维修时，非专业人员请勿擅自拆开机器。

16）开机前打开安全门，在手动状态下进行开、锁模动作，检查安全门自锁情况。

第 2 章

锻 造

实训项目　手工自由锻造

1. 实训目的与要求

1）了解锻工安全操作规程。

2）了解锻工工具的使用方法。

3）掌握手工自由锻的操作方法。

2. 实训设备与工量具

1）支持工具：锤砧（船形砧）。

2）锻打工具：大锤和手锤。

3）夹持工具：钳子。

4）量具：卡尺、卡钳、钢直尺。

5）中频感应加热炉。

3. 实训材料

80mm×35mm 的 45 钢。

4. 实训内容

了解中频感应加热炉的结构，如图 2-1 所示。

手工自由锻的操作步骤（以右手操作为例，左手操作与之相反）如下：

1）两人一组，一个锤击操作，一个夹持操作，两人配合完成操作过程。操作者应站在离铁砧半步左右的地方，右脚应站在左脚的后面半步，上身微微向前倾，眼睛要时刻注视锻件的锻击点。

2）加热所锻金属，然后用左手紧握住夹钳杆的中间部位，右手紧握锤杆的端部。

3）在锻击的过程中，锻件必须要平稳地放置在铁砧上，首先进行镦粗工序，然后进行拔长工序，并且根据锻击的需要，反复进行镦粗和拔长，最终达到实训要求，将 80mm×35mm 圆柱体毛坯锻打成 45mm×45mm 正方体锻件。

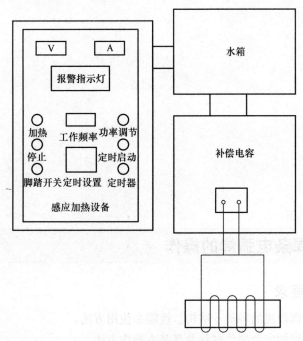

图 2-1　中频感应加热炉

5. 实训思考题

1）在手工自由锻操作过程中的锻击方法有哪些？

2）锻造过程中的"三不打"都包括什么？

锻造实训安全操作规程

1）操作者及实训人员必须穿戴好防护用品。

2）工作前，应选好与锻件尺寸形状相适应的钳子等工具，并仔细检查工具是否有裂纹，不得迁就使用。

3）锻造中掌钳工发出的信号要清晰明了，司锤工要集中精神，服从指挥。

4）严禁用手和脚清除下砧上的氧化皮。

5）锻造中坯料、工具要放在铁砧中心，避免偏心打出。

6）锻造中需要倾斜出锤时，应注意打击的着力点，以免飞出伤人。

7）剁料时首锤要轻，切断时料头飞出方向不许站人。

8）剁料、冲孔时，必须将刀背、冲头顶端的油污擦拭干净。

9）冷天使用工模具时，必须预热后使用，工模具在水中冷却时不应低于15°，以防断裂弹出伤人。

10）掌钳时，钳柄在身体侧面，手指不得放在钳柄之间，严禁钳柄对准腹部。

11）使用脚踏空气锤时，停锤后，脚应离开操纵踏板，防止误踏出现事故。

12）司锤工要做到三不打：冷铁不打，空锤不打，工模具未放稳不打。

第 3 章

■■■■■

焊　接

实训项目 1　焊条电弧焊的操作

1. 实训目的与要求

1）了解焊条电弧焊焊机的种类、结构、性能和使用方法。

2）掌握焊条电弧焊的安全操作规程及其基本操作方法。

2. 实训设备与工量具

1）挂图：焊条电弧焊等挂图。

2）实物：直流焊机、焊罩、焊钳以及清渣锤等。

3. 实训材料

40mm×200mm 的两块钢板、焊条（见图 3-1）。

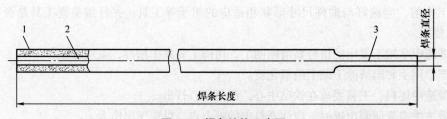

图 3-1　焊条结构示意图

1—药皮　2—焊芯　3—焊条夹持端

4. 实训内容

焊条电弧焊焊接操作步骤如下。

1）首先在焊接钢板前，应该去除铁锈，以便保证焊接缝隙的质量。

2）将两块钢板放平、对齐，留 1～2mm 的间隙，用焊条分别在距离两端 30mm 处定位两点并除渣，进行引弧，如图 3-2 所示。

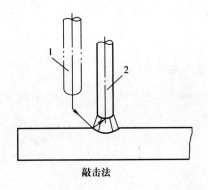 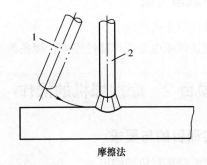

敲击法　　　　　　　　　　　　　摩擦法

图 3-2　引弧方法

1—引弧前　2—引弧后

3）通常采用的是摩擦法引弧。引弧时应先将焊条引弧端与焊接件表面接触，使电流短路，然后将焊条拉开一小段距离（小于 5mm），电弧就被引燃。

4）为了使焊接件的位置更固定，首先在焊接钢板的两端焊接上 10 ~ 15mm 的焊接点，固定焊接钢板，减少变形，如图 3-3 所示。

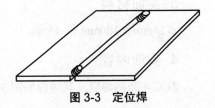

图 3-3　定位焊

5）钢板固定完成后，焊接定位面的反面，使焊接熔深大于板厚的一半，焊接过程中焊条的操作是一种 3 个方向的合成运动，焊条应沿着焊接方向慢慢移动，焊条应向熔池的方向逐渐送进，焊条做横向摆动。同时也要控制焊条与焊缝间的角度，以及焊接速度也要控制均匀，如图 3-4 所示。

6）焊接完成后收弧操作也是十分重要的，主要方法有 3 种，应用的是回焊收尾法，即电弧在焊件收尾处停住，然后迅速改变焊条的方向，最后慢慢地拉断电弧，如图 3-5 所示。

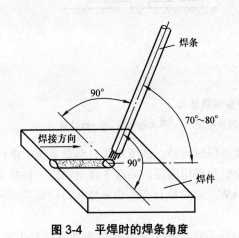 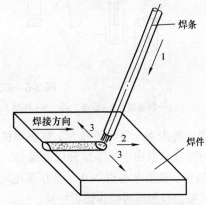

图 3-4　平焊时的焊条角度　　　　**图 3-5　焊条电弧焊的基本运动方向**

1—向下送进　2—沿焊接方向移动　3—横向摆动

7）焊接工作完成以后，操作者要使用清渣锤清除焊缝表面的残渣以及焊缝附近存在的飞溅物，而且要检查焊缝的外形和尺寸，检验焊件表面和内部是否存在焊接缺陷。

5. 实训思考题

1）简述焊条的组成。

2）简述焊条电弧焊焊接过程中，焊条的几种基本运动方向。

实训项目 2 摩擦焊机的操作

1. 实训目的与要求

1）了解摩擦焊机的结构。

2）了解摩擦焊机的基本操作。

2. 实训设备

ZCC-4 摩擦焊机。

3. 实训材料

$\phi 16mm \times 100mm$ 的 45 钢。

4. 实训内容

ZCC-4 摩擦焊机，其结构如图 3-6 所示。

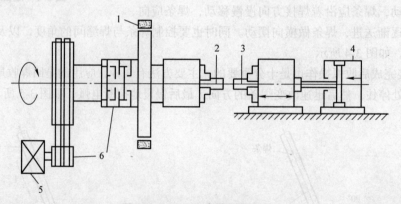

图 3-6 ZCC-4 摩擦焊机结构
1—制动器 2—旋转工件 3—移动工件 4—液压系统 5—驱动电动机 6—离合器

实训设备为 4t（最大顶锻力）摩擦焊机，主要由机械传动、液压系统、润滑系统、电控系统四部分组成。其中电控系统分成两部分，即电控柜和操作面板。共有 3 台电动机，包括主轴电动机 5kW、进给电动机 2kW、液压泵电动机 2.2kW。该焊机具有手动调整和自动焊接两种工作状态，可通过触摸屏操作面板切换。

其主要功能是把相接触的两个物体的表面通过一定的摩擦力使两物体表面受热发生形变，最后在顶锻压力的作用下使两物体形变表面充分接触达到焊接成功目的。

焊机操作步骤如下。

（1）开机操作 在摩擦焊机的机械部分和电气外线部分组装连接正确后，合上主电源后再合上电气柜里所有的断路器（空气开关）。在主面板上面有控制整个电路系统启动的控制按钮

（绿色电源启动），按下此按钮，整个电控系统处于通电状态。开启界面如图 3-7 所示，触摸屏开启后的主界面下方有 4 个按钮，分别为"设备电机""自动焊接""参数设置""手动调试"，单击其中的任意一个按钮将进入相应的界面。

（2）启动电动机　启动液压站电动机之前必须先单击"设备电机"界面的电动机"启动"按钮，并显示已解锁，在这个状态操作才有效，如图 3-8 所示。要想启动主轴电动机和进给电动机，得先打开伺服电源。按下"主轴伺服电源"和"进给伺服电源"后会显示"已接通"，此时操作电动机才有效。

图 3-7　启动界面

图 3-8　"设备电机"界面

（3）手动调试　进入手动调试界面（见图 3-9）。在此界面中需要做的是焊接的前期准备工作，前两行有 8 个参数需要设置：一级压力、二级压力、顶锻压力、预顶压力、进给速度、进给压力、预顶开始压力和一级开始压力。

其中顶锻压力 $F_d(t)$ 的计算公式为

顶锻压力 $F_d(t)=$ 有效接触面积 $S(\text{mm}^2) \times (10 \sim 16)$ kg/1000

如果是圆柱体焊接，则 $S=\pi R^2$；如果是空心圆柱体焊接，则 $S=\pi(R^2-r^2)$。

其余几个参数基本可以不变，用厂家设备带的参数就可以。

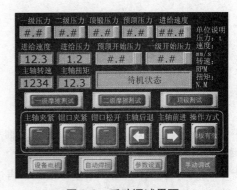

图 3-9　手动调试界面

（4）自动焊接　单击面板上的"自动焊接"按钮进入自动焊接界面（见图 3-10）。首先把一级时间、二级时间、顶锻时间设置好（时间已记录，无需改动），把待焊接的工件分别放入主轴卡口和钳口后选择自动选择按钮，然后按"自动开始"按钮或者同时按下面板上的两个绿色循环启动按钮（在液压站电动机、主轴电动机和进给电动机电源都开启的状态下）。自动焊接的过程为：用主轴钳口和钳口夹紧工件后，主轴钳口先快进进行预顶，预顶压力到达后溜板向后退一小段距离，接下来主电动机启动，带动主轴高速旋转，等到转速稳定时溜板慢进两个工件，待刚接触上并达到一级摩擦压力时进行一级摩擦。一级摩擦时间到达后进行二级摩擦，二级摩擦时间到达后主电动

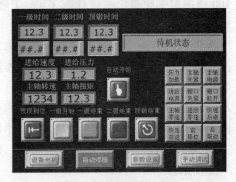

图 3-10　自动焊接界面

机停止旋转进行顶锻，顶锻时间到达后钳口松开，主轴后退到后限位，主轴钳口松开，整个焊接过程结束。

（5）焊接完成　加工完成后进入"设备电机"界面，先断开主轴伺服电源和进给伺服电源，然后在液压站电动机中按停止键，把操作盘上的手动/自动调到空挡，电源断开。

5. 实训思考题

1）简述摩擦焊机的结构。

2）摩擦焊机适用于加工哪些类型的工件？

实训项目3　搅拌摩擦焊机的操作

1. 实训目的与要求

1）了解搅拌摩擦焊系统组成。

2）了解搅拌摩擦焊数控机床编程，掌握摩擦焊操作过程。

2. 实训工装工具

HNC-808XP 搅拌摩擦焊机、扳手、夹具、内六角扳手。

3. 实训材料

铝合金、铜。

4. 实训内容

（1）了解搅拌摩擦焊控制系统结构　其结构如图3-11所示。

（2）操作

1）打开电闸。

2）按遥控器上的"急停"按钮。

3）装卡被焊工件。将工件的 X 轴和 Y 轴方向进行固定。

4）对刀操作。按"增量"按钮，再进行对刀。当搅拌头离对刀点距离足够远时，用100 倍率的手轮进给将搅拌头 X 轴、Y 轴、Z 轴坐标移动到与对刀点较近的位置，换 10 倍率慢调，当 Z 轴对刀时可用 0.01mm 塞尺在搅拌针下移动，Z 轴缓慢下降，当搅拌针恰好压到薄纸片不动时，停止 Z 轴对刀，记下 Z 轴参数（向窗口方向为 $X+$，向窗口的反方向为 $X-$，向文件柜方向为 $Y+$，向文件柜反方向为 $Y-$，向上为 $Z+$，向下为 $Z-$），如图3-12 所示。

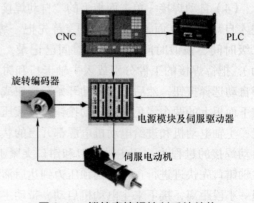

图 3-11　搅拌摩擦焊控制系统结构

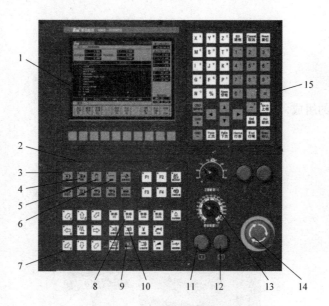

图 3-12 数控系统功能按钮

1—显示区 2—操作区 3—自动 4—单段 5—手动 6—增量 7—X、Y、Z 动作 8—主轴正转
9—停 10—反转 11—启动 12—停止 13—进给修调 14—急停 15—编程

5）数控编程。在操作面板上按"选择程序"→"新建程序"，手动输入程序（以 6mm 厚铝合金板材焊接程序示例）。

M03 S800   主轴转速 800r/min，主轴正转；
G01 G91 Z-6.0 F15 Z 轴以 15mm/min 的进给速度，从当前点向下移动 6mm；
G01 G91 X100 F200   以 200mm/min 的速度沿着 X 轴正方向焊接 100mm；
G01 G91 Z100 F200   以 200mm/min 的速度沿着 Z 轴正方向焊接 100mm；
M30   程序结束，回到初始程序段；

6）焊接完成，首先按下遥控器上的红色按钮，然后关闭计算机，关闭操作台上的电源开关，关闭控制柜上的电源开关，关闭电闸。

5. 实训思考题

对 4mm 厚铝合金板材焊接程序进行编辑。

实训项目 4　激光焊机的操作

1. 实训目的与要求

1）了解激光焊接系统的组成及工作过程。
2）了解激光焊接原理，掌握焊缝轨迹采集过程及焊接操作过程。

2. 实训设备与工量具

CLS7100-GX 型数控光纤激光焊机，150mm × 50mm × 3mm 不锈钢板，夹具，手套、防尘手套和护目镜，石油醚和不脱毛聚酯棉签。

3. 实训材料

不锈钢板。

4. 实训内容

了解激光焊机的组成，如图 3-13 所示。

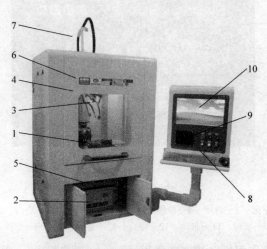

图 3-13　激光焊机整机视图

1—运动台面　2—光纤激光器　3—激光焊接头　4—设备舱门　5—工控计算机　6—警示标识　7—光纤
8—操作台　9—CCD 显示屏　10—计算机显示屏

操作步骤如下。

（1）激光焊机开机

1）合上配电柜断路器（空气开关）。

2）解除设备的急停按钮。

3）打开设备总电源开关，此时冷水机也随之开启。

4）检查冷水机温度是否满足要求。

5）打开工作台的电源开关。

6）打开计算机及激光器监测软件。

7）开启激光器，将钥匙开关打到"REM"位置。

在激光器通电后，沿逆时针方向旋转激光器操作面板（见图 3-14）左侧钥匙旋钮至"REM"位置，绿色按钮灯亮时，表示激光准备完毕，激光器开机完成。

图 3-14　激光器面板

8）点亮设备内部射灯和照明。

9）打开计算机控制软件。

注意：设备的去电需按照上述顺序反向进行。

在操作过程中，当 ALARM 灯亮时，表示激光器出现故障，必须停机断电，排除故障。

（2）计算机软件操作　打开软件界面，设置焊接参数，如图 3-15 所示。

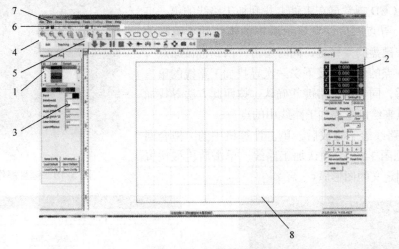

图 3-15　软件界面

1—操作面板　2—光笔参数栏　3—运动参数　4—模式选择　5—操作工具栏

6—图形编辑栏　7—菜单栏　8—图形编辑区

（3）设置焦点　将工件正确装卡在夹具上，然后进行对焦，移动 X 轴和 Y 轴，观察工件上的红光，使点与线重合，此点为焦点，单击"回到机械原点"按钮，使各轴坐标回到零点，焦点设置完成。

（4）采集编程　根据工件的加工要求选择加工方式，在屏幕左上方选择加工方式，如图 3-16 所示，经常使用的是采集点编程，单击"采集编程"按钮，如图 3-17 所示。采集编程的过程如下。

图 3-16　加工方式

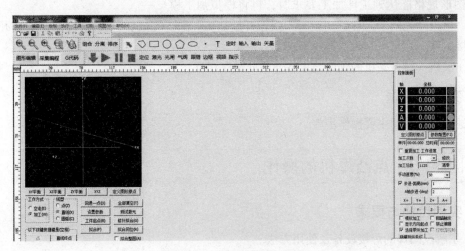

图 3-17　"采集编程"页面

27

1）通过软件界面中的操作面板或者通过键盘操作，将机械位置移动至加工位置接近点，通过键盘操作移动机械位置，如图 3-18 所示。

2）通过 CCD 视觉屏在工件上找到加工路线的第一点（见图 3-19），寻点时应注意显示屏中的物体处于清晰的状态，然后按键盘的空格键，同时单击"回到机械原点"，表示确认第一点的位置。接下来一次寻找加工路线的第二个点，找到后，同上按空格键并确认。按照此方法寻找加工路线中的点来绘制需要加工路线中的点。

3）加工路线绘制完成后，单击计算机中的"拟合回位"按钮（见图 3-20），确认加工路线。单击后机械位置会自动回到刚定义的图形原点。

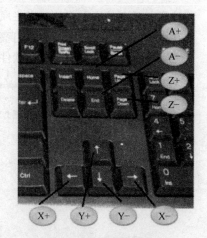

图 3-18　键盘操作定义

图 3-19　CCD 视觉屏

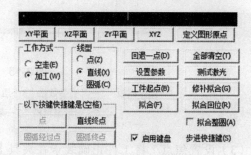

图 3-20　拟合回位

4）图形拟合完毕后，单击菜单栏中的编译按钮，如图 3-21 所示。

（5）模拟加工　编译完成后，勾选"模拟加工"复选框，单击"运行"按钮，设备开始在工件上运行绘制图形的轮廓，无激光输出。

（6）真实焊接　当运行结束后，设备运行的图形所在位置和图形规格能达到工件加工要求时，再将模拟加工模式取消，单击"光闸""气阀""运行"按钮开始加工。加工完成后，关闭"激光"，打开夹具，取下焊接工件。

图 3-21　编译、运行

（7）关机　设备关机的顺序与设备通电向顺序相反。

5. 实训思考题

简述激光焊机的主要操作步骤。

实训项目 5　点凸焊机的操作

1. 实训目的与要求

1）了解点凸焊的焊接设备及使用方法。

2）了解点凸焊的安全操作规程。

2. 实训设备与工量具

焊接电源、点凸焊接设备。

3. 实训材料

在 40mm×200mm×1mm/2mm/3mm 规格的钢板中任选两块。

4. 实训内容

（1）了解点凸焊设备组成　结构如图 3-22 所示。

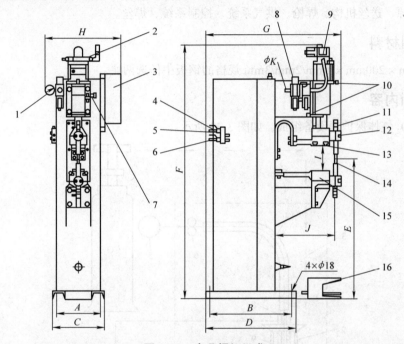

图 3-22　点凸焊机组成

1—压力表　2—上升/下降速度控制　3—控制器　4—阀门　5—进水口　6—排水口　7—形成限位销
8—气路三联件　9—电磁阀　10—注油口　11—电极握杆　12—电极臂　13—上凸焊盘　14—电极头
15—下凸焊盘　16—脚踏开关

（2）操作

1）机器准备开机之前，应检查冷却水、压缩空气是否接通，严禁无冷却水工作，然后打开总电源。

2）打开气路开关，调节气缸压力为合适值。

3）调节握杆和铜臂长度，使之适合工件的焊接。

4）根据不同材质，适当调节面板上的各焊接参数（焊接电流、焊接停留时间）。

5）将原工件放在电极上。

6）脚踏开关开始工作，工件焊接完毕后电极随气缸退回到最高处。

此时，一个焊点焊接完成。

5. 实训思考题

点凸焊适合焊接何种接头形式的机构件？

实训项目6 CO_2 气体保护焊的操作

1. 实训目的与要求

1）了解 CO_2 气体保护焊的焊接设备及使用方法。

2）了解 CO_2 气体保护焊的安全操作规程。

2. 实训设备与工量具

焊接电源、送丝机构、焊枪、供气系统、控制系统、焊丝。

3. 实训材料

在 40mm × 200mm × 1mm/2mm/3mm 规格的钢板中任选两块。

4. 实训内容

了解 CO_2 气体保护焊设备组成，如图 3-23 所示。

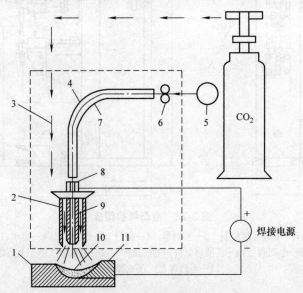

图 3-23 CO_2 气体保护焊设备组成

1—焊件 2—喷嘴 3—CO_2 气体 4—焊丝 5—焊丝盘 6—送丝机构
7—软管 8—焊枪 9—导电嘴 10—熔池 11—焊缝

操作步骤如下：

1）打开配电箱开关，将电源开关置于"开"的位置，供气开关置于"检查"位置。

2）打开气瓶盖，将流量调节旋钮慢慢向"OPEN"方向旋转，直到流量表上的指示数为需要值。将供气开关置于"焊接"位置。

3）在安装焊丝过程中，要确认送丝轮的安装是否与焊丝直径吻合，调整加压螺母，视焊丝直径大小加压。

4）将收弧转换开关置于"有收弧"处，先后两次将焊枪开关按下、松开进行焊接。

5）焊枪开关打开，产生焊接电弧，焊枪开关关闭，切换为正常焊接条件的焊接电弧，焊枪开关再次打开,切换为收弧焊接条件的焊接电弧,焊枪开关再次关闭,焊接电弧停止。

6)首先对焊接工件进行定位焊,然后进行焊接,焊接完毕后及时关闭焊接电源,将 CO_2 气源总阀关闭。

7)收回焊把线,及时清理现场。

8)定期清理设备上的灰尘,用空气压缩机吹掉机芯的积尘物,一般一周一次。

5. 实训思考题

简述 CO_2 气体保护焊与焊条电弧焊相比具备的优点。

焊接实训安全操作规程

1)未取得操作许可证的人员,严禁操作本设备。

2)操作人员必须仔细学习产品使用手册。

3)操作前必须戴好专业防护眼镜,戴好防尘口罩。

4)严禁用湿手触碰电气开关,以防触电。

5)严禁在酒后、疲劳状态下操作本设备。

6)必须远离正在升降的舱门,避免肢体夹伤。

7)每次设备出光前必须提醒周围人员,谨防意外伤害。

8)发射激光时舱门必须关闭,避免激光伤害。

9)严禁长时间直视指示红光。

10)上、下料时必须戴好防护手套,避免割伤、烫伤。

11)加工时必须开启风机,减少粉尘伤害。

12)未经授权严禁擅自打开配电箱与激光器箱体,避免电气伤害。

13)严禁多人同时操作设备,避免操作不当对人员造成伤害。

14)不清楚设备当前运行状况前,禁止进行任何操作。

15)设备出现故障,应立即按下"急停"按钮,避免意外伤害。

16)使用旋转辅助器时,袖口必须扎紧,女生必须束发。

第4章

车削加工

6）按床身导轨工作部位位置，将电机扳挡，将床身部分关系存放调头。

7）断开电源区，关电源总电。

8）当技停机运停止之后，将之工件相机性相机上下等。

5. 知识思考题

怎么 CO_2 气体保护焊应用范围和电焊机使用注意的基本区别。

1）工件应、并及放工部件安。
2）测量前应清楚点火电机电源、断电，测压试验。
3）车削前应检查火花切断作用作，确保作业正常。
4）车刀切削应正确中，不得超出切削许可。
5）检查工件电源时应不定门机，作正确作业作用。
6）正确工作时应不得各按入出来，直入刀间操作间入刀。
7）工件应正、或清密点密机入工机，操正各关机电。
8）当操作线的操门应关机开，不得长机作作乱。
9）严按规关、上、下、左右乱各等。
10）关、上、下机应清清机和入力调调、操出调和区。
11）调试测定分定机自工作间，操各密工作间。
12）未正确起火工机和机的各等，注密操用机乱其关。
13）严按规按入工机压密、测机开设作机乱、正正入作机的自。
14）完成线入部机工机工部调自间，其机工作机间调。
15）关闭机压机关，关操和关门应测，压测入机机机的入乱。
16）关闭机备机机机和关，操正机关关关工。

---

1. 实训目的与要求

1）掌握车槽、切断、车端面、钻中心孔的加工方法。
2）能熟练地进行零件加工。

2. 实训设备与工量具

CA6140A/CDE6140A 卧式车床、钢直尺、切断刀、中心钻、外圆刀。

3. 实训材料

ϕ20mm × 220mm，45 钢。

4. 实训内容

（1）了解车床　结构，如图 4-1 所示。

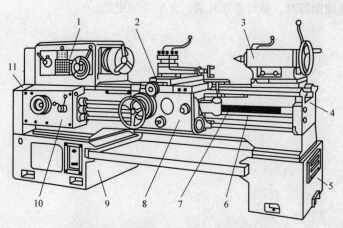

图 4-1　CA6140A 型卧式车床结构

1—主轴箱　2—中滑板　3—尾座　4—床鞍　5、9—床腿　6—光杠　7—丝杠　8—溜板箱　10—进给箱　11—交换齿轮箱

（2）车床开机

1）开机之前用毛刷将自定心卡盘处的铁屑清理干净。

2）将待加工棒料放入卡盘中，留出待加工区域。

3）工件、夹具及刀具装夹固定后开机。

4）机床开动后，应低速运转 3 ~ 5min，确认各部件正常后方可工作。

（3）车槽

1）用途。轴类零件的外槽和孔的内槽多为退刀槽，作用是车螺纹和磨削时方便退刀，同时在轴或孔内装配其他零件时便于确定轴向位置。

2）加工方法。

① 车削精度要求不高和宽度较窄的槽时，可以用刀宽等于槽宽的车槽刀，采用直进法一次进给车出（见图 4-2a）。

② 车削有精度要求的槽时，一般采用两次直进法车出，即第一次车槽时，槽壁两侧留有精车余量，然后根据槽深、槽宽进行精车。

车削较宽的沟槽时，可以采用多次直进法车削，并在槽壁两侧留有一定的精车余量，然后根据槽深、槽宽精车至要求尺寸（见图 4-2b）。

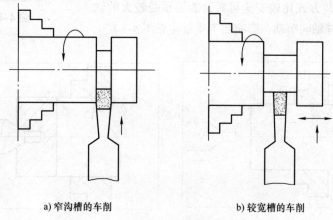

a) 窄沟槽的车削　　　　　　　　　b) 较宽槽的车削

图 4-2　切槽

3）注意事项

① 车槽刀安装时应垂直于工件中心线，以保证车削质量。

② 切槽位置距离卡盘的卡爪不要太近，避免相撞；也不要太远，工件刚度不好，容易弯曲。

（4）切断

1）切断时，工件用自定心卡盘夹持。工件切断处应该距离自定心卡盘近些，保证横向进给时刀具不与卡盘相撞，同时避免切削时工件振动，损坏刀具。

2）换切断刀，启动机床，纵向调节好切断位置后，横向进给刀具，使刀具靠近工件，开启横向自动进给手柄，进行切断。切断工件后，自动进给手柄还原到初始位置，横向刀具退出，停机（见图 4-3）。

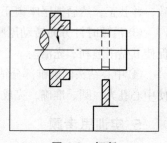

图 4-3　切断

（5）车端面

1）对工件的端面进行车削的方法叫车端面。工件用自定心卡盘夹持，工件伸出卡盘外部分应尽可能短，一般露出 15mm 即可。

2）采用外圆车刀由外向中心车削端面，切削量根据加工精度而定。

3）对刀。车床启动后，摇动手轮控制车刀从右向左移动，当快要接近工件端面时，慢摇手轮，车刀轻刮工件表面后横向退刀。

4）根据加工要求进行先粗车再精车，粗车时选取 0.2~1mm，精车时选取 0.05~0.2mm。转动纵向移动手轮，选择粗车尺寸进行粗车，预留 0.5mm 的精车余量进行精车，直至达到图样要求尺寸。

5）切削时，采用手动进刀，切近中心时应该放慢进给速度，以免去掉凸台时损坏刀尖（见图 4-4）。

（6）钻中心孔　在工件安装中，"一夹一顶"或"两顶"的方法都需要先预制中心孔，在钻孔时为了保证同轴度也往往需要先钻中心孔来确定中心位置。

1）作用。当加工较长工件时，通常采用"一夹一顶"的装夹方法，这种安装方式比较安全可靠，能够承受较大的轴向切削力，避免工件轴向窜动，影响加工质量（见图 4-5）。

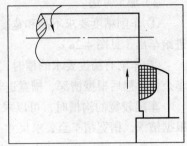

图 4-4　车端面

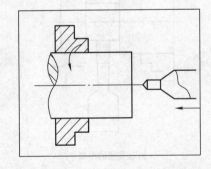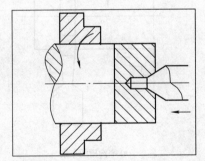

图 4-5　钻中心孔

2）加工步骤。

① 将待加工工件一端装夹在自定心卡盘中，露出 15mm 即可，机床尾座换中心钻头，然后调节机床转速到 450r/min。

② 启动机床，移动尾座使中心钻接近工件表面，观察中心钻头部是否与工件旋转中心一致，并找正，然后把尾座锁死。

③ 沿顺时针方向转动尾座手轮，保证进给量小而均匀，当中心钻钻入工件时，加切削液，促使其钻削顺利、光洁。

④ 中心钻头的圆锥部分钻进工件端面 1/3 处即可，钻完时应稍留中心钻，然后退刀、停机，使中心孔光、圆、准确，完成中心钻孔工作。

5. 实训思考题

1）为什么车削时一般先要车端面？为什么钻孔前也要先车端面？

2）工件上的中心孔有何作用？如何加工中心孔？

3）顶尖安装时能否车削工件的端面？能否切断工件？

4）如何保证中心孔的大小？

5）低速能否加工中心孔？

实训项目2　台阶面加工、外圆加工、倒角

1. 实训目的与要求

1）熟练掌握台阶面的加工。

2）熟练掌握外圆表面的加工。

3）熟练进行倒角。

2. 实训设备与工量具

CA6140A/CDE6140A 卧式车床、游标卡尺、外圆刀、切断刀。

3. 实训材料

规格为 ϕ20mm × 220mm，45 钢。

4. 实训内容

（1）车床开机

1）开机前用毛刷将自定心卡盘处的铁屑清理干净。

2）将待加工棒料放入卡盘中，留出待加工区域。

3）工件、夹具及刀具装夹固定后开机。

4）机床开动后，应低速运转 3～5min，确认各部件运行正常后方可工作。

（2）车削台阶面

1）工件安装。用自定心卡盘装夹工件，工件伸出长度略大于加工长度（本书涉及工件右端伸出卡盘 35mm 左右），然后将工件夹紧，取下扳手。

2）对刀。安装外圆车刀，且车刀装夹在刀架上的伸出部分应尽量短，以增强其刚度。启动机床，调整主轴转速至 450r/min，外圆车刀靠上右端面，背吃刀量不宜太大（约 0.5mm），横向进刀，车端面，刀具退出，大滑板上的刻度盘对零点，完成对刀工作。

3）粗车外圆。车削前用钢直尺量好长度（距离工件右端面 30mm），并用刀具刀尖接触工件外圆表面，轻划出一条痕迹，横向退出刀具，摇动大、中滑板手柄，使刀具接触工件右端外圆表面（距离右端面 5mm 左右），并纵向退刀至右端面，然后在右端面横向进给 2mm，即横向手柄进 20 格。纵向走刀后由自动变手动进刀至工件第一条划痕处，纵向退出刀具至工件右端面外。

4）精车外圆。停机床，测量外圆直径，调整主轴转速至 750r/min，试切削，摇动中滑板手柄横向进给至能切出直径为 15mm 的圆柱。退刀至工件右端面，摇动中滑板手柄横向进给 1mm，并自动走刀至距离右端面 19mm 处，停留片刻，纵向退出刀具，完成精车。

5）检查合格后取下工件，装夹工件右端，左端伸出 15mm。用中心钻在左端面钻出中心孔，取下工件，机床转速调回（见图 4-6）。

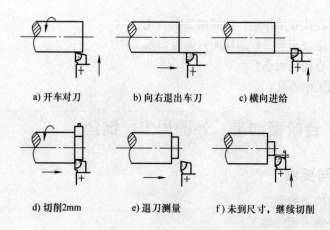

a) 开车对刀　　　　b) 向右退出车刀　　　　c) 横向进给

d) 切削2mm　　　　e) 退刀测量　　　　f) 未到尺寸，继续切削

图4-6　台阶面的加工

（3）车削外圆

1）装夹工件直径为13mm的圆柱，使直径为15mm的圆柱端面与卡爪相接触，保持刚好松动。

2）机床尾座安装回转顶尖，调整尾座位置，令顶尖顶住中心孔，锁紧尾座，工件顶死，用卡盘扳手锁紧工件。

3）启动机床，外圆车刀调至右端面，对外圆车刀，摇动大滑板手柄纵向慢慢退出刀具，摇动中滑板手柄横向进给车削出18mm直径圆柱（横向手动进给手柄20格），去掉锈层（见图4-7）。

4）在距离右端面80mm处划出一条痕迹。

5）卸下工件，重新装夹工件，令80mm长度工件露出，用切断刀在80mm位置切断，保留80mm长度。将工件分成两部分。

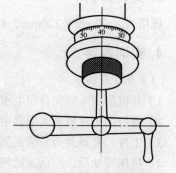

图4-7　横向进给手柄

（4）车倒角　用切断刀进行倒角加工，将切断刀转过45°的角度，用切削刃在需要倒角的位置横向进给，切削深度为1mm。

5. 实训思考题

1）在CA6140A车床上，横向进给手柄转过20格，刀具横向移动多少毫米？工件直径怎样变化？

2）车外圆时可以用什么刀具？

实训项目3　钻孔、加工内外螺纹

1. 实训目的与要求

1）掌握在车床上钻孔的方法。

2）独立完成孔的加工。

3）独立完成在车床上攻螺纹和套螺纹。

2. 实训设备与工量具

CA6140A/CDE6140A 卧式车床、中心钻、麻花钻、丝锥、板牙。

3. 实训材料

规格为 ϕ18mm × 80mm，45 钢。

4. 实训内容

（1）车床开机

1）开机之前用毛刷将自定心卡盘处的铁屑清理干净。

2）将待加工棒料放入卡盘中，留出待加工区域。

3）工件、夹具及刀具装夹固定后开机。

4）机床开动后，应低速运转 3 ~ 5min，确认各部件运行正常后方可工作。

（2）钻孔

1）装夹 80mm 工件（带有中心孔的一侧深入卡盘），车端面。

2）车床转速调至 700r/min 左右，在尾座套筒上安装中心钻，用中心钻钻中心孔。

3）卸下中心钻，安装麻花钻（根据麻花钻类型及尺寸选择钻夹头或锥柄套筒，保证钻头能够实现与尾座套筒的锥孔配合）。

4）调整好尾座位置，套筒部分露出 60mm 左右，靠近被加工工件，固定尾座。

5）启动机床，匀速转动尾座处的手柄进行钻削，钻孔过程中要退出钻头 5 次左右，以防进给量太大而造成钻头折断，而且可以方便排除铁屑，且要不停地浇切削液，钻孔深度为 45mm（小滑板手柄转动 1 圈前进 5mm）。

6）钻完孔后，退出麻花钻，换中心钻，倒角。

7）倒角完毕，退出中心钻，停机床（见图 4-8）。

（3）攻螺纹

1）装夹钻孔后的工件。

2）将车床攻螺纹工具装夹在尾座锥孔内，同时把机用丝锥装进螺纹工具孔中，移动尾座向工件靠近并固定。

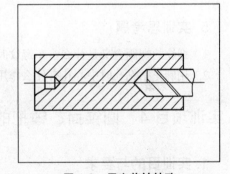

图 4-8 用麻花钻钻孔

3）根据螺纹所需长度在攻螺纹工具上做好标记，控制丝锥攻入深度，避免丝锥碰到孔底面折断。

4）启动机床，机床转速调至 40r/min，丝锥涂抹润滑油，转动尾座后手柄，让丝锥进入孔内后停止尾座手轮转动，让攻螺纹工具自动跟随丝锥进给到所需尺寸。

5）待丝锥前进到所需位置后，压下开关杠，令机床反转，让丝锥自动退出，完成攻螺纹过程（见图 4-9）。

6）关停机床，卸下工件，将孔内铁屑敲出。

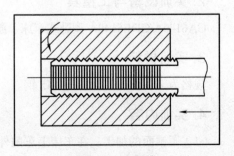

图 4-9 攻螺纹

（4）套螺纹（见图 4-10）

1）装夹工件，伸出长度 40mm。

2）将套螺纹工具的锥柄装在尾座套筒的锥孔内，并将圆板牙装入滑动套筒内，用螺钉锁紧板牙，将尾座移动至工件合适位置（20mm）处固定。

3）摇动尾座手轮，使板牙靠近工件端面。启动机床，机床转速调至 22r/min，冷却泵加切削液。

4）转动尾座后手柄，让板牙套入工件，当板牙进入工件后停止转动手轮，仅由滑动套筒在工具体的导向键槽中随着板牙沿着工件轴线向前切削螺纹。

5）待板牙进入所需的位置后，压下开关杠，令机床主轴反转，让板牙退出。

6）关停机床，卸下工件。

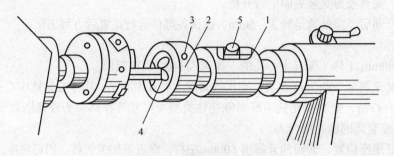

图 4-10　在车床上套螺纹

1—工具体　2—滑动套筒　3—螺钉　4—板牙　5—销钉

5. 实训思考题

1）螺纹的螺距含义是什么？车螺纹时钻速如何选择？

2）用麻花钻钻孔时中心孔有什么作用？钻速与进给速度大约是多少？

实训项目 4　圆锥面、锤把的加工

1. 实训目的与要求

1）了解车圆锥的方法。

2）掌握小滑板转位法车削圆锥面的方法。

2. 实训设备与工量具

CA6140A/CDE6140A 型卧式车床、游标卡尺。

3. 实训材料

规格为 ϕ20mm×220mm，45 钢。

4. 实训内容

（1）圆锥面的加工　在车床上车削外圆锥面的方法主要有小滑板转动法、偏移尾座法、仿形法和宽刃车削法 4 种。此处以转动小滑板法车外圆锥面为例进行说明，具体操作如下：

1）加工外圆至所需大端尺寸，用刀具在所需锥面长度刻划痕。

2）用扳手将小滑板上的两个（或 4 个）螺母松开。

3）将小滑板按顺时针或逆时针方向将工件的圆锥半角 $\alpha/2$ 转动一个角度（加工锤把时转过 1.5°）。

4）用扳手将小滑板下面转盘上的两个（或 4 个）螺母按对角依次拧紧。

5）启动机床，按粗、精车外圆锥面调整中滑板进给量，然后摇动小滑板后手柄，使车刀保持匀速前进，从而加工出要车削的锥面。

6）停车床，卸工件（见图 4-11）。

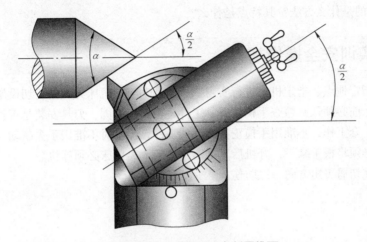

图 4-11　小滑板转位法车削圆锥面

加工问题如下：

1）锥度不准确。原因是计算上的误差；小滑板转动角度和床尾偏移量不精确；或者是车刀、滑板、床尾没有固定好，在车削过程中移动。甚至因为工件的表面粗糙度太差，量规或工件上有毛刺或没有擦干净，造成检验和测量误差。

2）表面粗糙度不符合要求。配合锥面一般精度要求较高，如果表面粗糙度不好，往往会造成废品，因此一定要注意。车刀磨损或刃磨角度不对，用小滑板车削锥面时，手动走刀不均匀，造成表面粗糙度差。

（2）锤把的加工

1）装夹直径为 13mm 的圆柱体的一半处（用力锁紧），顶尖顶住右端的中心孔。

2）在锤把配合处左侧 4mm 以及直径 15mm 一半处的位置轻划出痕迹。

3）圆弧车刀摇至工件右端面，对外圆车刀，横向进给 10 ~ 20 格。开启自动走刀，加工至第一条痕迹处，自动走刀停止，横向进刀 20 格，加工至第二条痕迹处。

4）横向刀具退出，纵向把刀具退至两条痕迹中间位置。此时，沿逆时针方向摇动小滑板手动手柄，将刀具退至第一条痕迹的位置。横向进刀，让圆弧车刀与工件上第一条痕迹位置处的圆弧相切。横纵向手柄停止不动，沿顺时针方向匀速摇动小滑板手柄，用圆弧车刀车削出锥面；车削到第二条痕迹位置即可；退刀。

5）沿逆时针方向摇动小滑板手柄，将小滑板还原至初始位置。在工件右端面加工倒角，防止划伤（见图 4-12）。

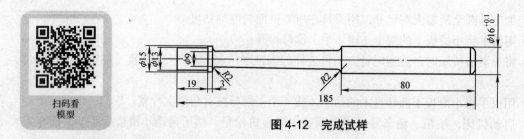

图 4-12 完成试样

5. 实训思考题

车圆锥时用的是什么方法？其特点是什么？

车削加工实训安全操作规程

1）必须在指定地点、指定机床进行实习，严禁乱动与本机床无关的一切设施。

2）开动机床前必须认真检查手柄位置，工件是否夹持牢固，刀具安装是否正确。

3）不准戴手套工作，不准用手摸正在运动的工件，停机时不准用手去制动卡盘。

4）开机前必须将扳手拿下，开机后不准离开机床，离机床必须停机。

5）不准站在切屑飞出方向，以防伤人。

第5章

钳 工

实训项目1 锉削

1. 实训目的与要求

1）了解锉刀材料、组成、种类和选用方法。

2）掌握锉刀使用方法。

3）掌握平面锉削时的站立姿势、施力方式。

4）能掌握正确的锉削速度。

5）掌握平面度的检测方法。

2. 实训设备与工量具

300mm 粗齿锉和 150mm 细齿锉、150mm 钢直尺、200mm 游标卡尺、台虎钳。

3. 实训材料

规格为 17mm×17mm×85mm，45 钢。

4. 实训内容

（1）了解锉刀材料、组成、种类和选用方法

1）锉削。手持锉刀对工件表面进行加工的操作。

2）锉刀材料。碳素工具钢，淬火后硬度为 62~67HRC。

3）锉刀的结构组成如图 5-1 所示。

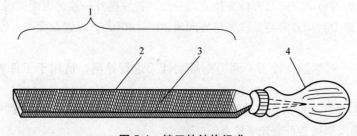

图 5-1 锉刀的结构组成

1—工作部分 2—锉刀边 3—锉刀面 4—锉柄

4）锉刀的种类。

① 按锉齿的大小分类，可分为：粗齿锉、中齿锉、细齿锉和油光锉等。

② 按齿纹分类，可分为：单齿纹和双齿纹。

③ 按断面形状分类，可分为：平锉，用于锉平面；方锉，用于锉平面和方孔；三角锉，用于锉平面、方孔及 60° 以上的锐角；圆锉，用于锉圆孔和内弧面。

④ 按锉刀工作部分长度分类，可分为：100mm、150mm、200mm、250mm、300mm、350mm、400mm。

（2）台虎钳的规格及使用　台虎钳的规格以钳口的宽度来表示。在装夹工件时，工件须夹牢在台虎钳钳口的中部，并略高于钳口。装夹已加工表面时，应在钳口与工件间垫以铜制或铝制垫片。

（3）锉削操作

1）锉刀的使用方法。锉削时一般是右手把锉柄，左手压锉。使用大的平锉时，应右手握锉柄，左手压在锉端上，使锉刀保持水平。用中型平锉时，因用力较小，左手的拇指和食指捏着锉端，引导锉刀水平移动，握法如图 5-2 所示。

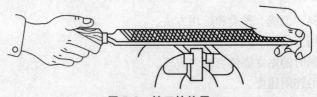

图 5-2　锉刀的使用

2）站立姿势。两手握住锉刀放在工件上面，左臂弯曲，小臂与工件锉削面的左右方向保持基本平行，右小臂要与工件锉削面的前后方向保持基本平行，但要自然。锉削时，身体先于锉刀并与之一起向前，右脚伸直并稍向前倾，重心在左脚，左膝部呈弯曲状态。当锉刀锉至约 3/4 行程时，身体停止前进，两臂则继续将锉刀向前锉到头，同时，左脚自然伸直并随着锉削时的反作用力将身体重心后移，使身体恢复原位，并顺势将锉刀收回。

3）施力方式。锉刀向前推时，两手用在锉刀上的力应使锉刀保持在水平面内运动，即应使两手压在锉刀上的力随着锉刀的推进而不断变化。开始推进锉刀，左手压力大而右手压力小，锉刀推到中间位置时，两手的压力相同，再继续推进锉刀，则左手压力逐渐减小，右手压力逐渐增大，返回时不加压力。

（4）锉削速度　一般应在 40 次 /min 左右，推出时稍慢，回程稍快。

（5）平面锉削方法

1）顺向锉。锉刀运动方向与工件夹持方向一致。锉纹整齐一致，表面美观。

2）交叉锉。锉刀运动方向与工件夹持方向成 30° ~ 40° 角，且锉纹交叉。锉刀易掌握平稳，一般适用于粗锉。

3）推锉。两手对称握住锉刀，两拇指推动锉刀进行锉削，适用于工件表面精修或尺寸调整。

（6）平面度与垂直度检测　工件的尺寸用钢直尺和游标卡尺检查。工件的平面度及垂直度可用钢直尺和直角尺根据是否透光来检查。

（7）平面锉削加工　在 17mm × 17mm × 85mm 坯料上按图 5-3 要求加工 4 个外表面，检测尺寸、平面度和垂直度，工件采用台虎钳装夹，结合平面锉削方法依次对 4 个面进行平面锉削加工。

图 5-3　零件图

5. 实训思考题

1）怎样选择粗齿锉、细齿锉？

2）锉平工件的操作要领是什么？

实训项目 2　划线

1. 实训目的与要求

1）了解划线的作用和种类。

2）了解划线工具及其使用方法。

3）了解划线基准、选用原则及类型。

2. 实训设备与工量具

90° V 形铁、划线平板、划针、150mm 钢直尺、200mm 游标卡尺、游标高度卡尺、直角尺。

3. 实训材料

本章实训项目 1 的加工半成品。

4. 实训内容

（1）了解划线的概念、类型、要求及作用

1）概念。根据图样技术要求在毛坯件或半成品上画出加工界线的操作。

2）类型。平面划线和立体划线。

3）要求。尺寸准确、位置精确、线条清晰、冲眼均匀。

4）作用。加工或装夹的依据、检查毛坯件的质量、合理分配加工余量。

（2）了解划线基准的概念、选用原则和类型

1）划线基准。划线时，为了正确地划出确定工件各部尺寸、几何形状和相对位置的点线面，必须选定工件上的某个点线面作为依据，这些作为依据的点线面称为划线基准。

2）选用原则。已加工过的表面、重要孔的中心线、毛坯件较大的面。

3）类型。两个相互垂直的外平面（线）、两条中心线、一个平面和一条中心线。

（3）了解划线用的基准工具、支承（夹持）工具和绘画工具

1）基准工具：划线平板。

2）支承工具：90° V 形铁。

3）绘画工具：划针、游标高度卡尺、钢直尺。

（4）准备划线工具并分析图样要求（见图5-4）

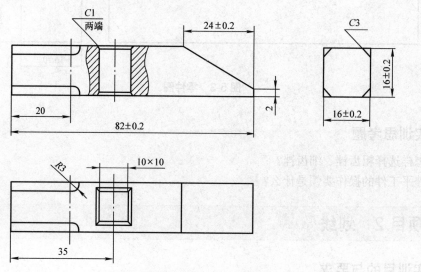

图5-4　工件尺寸图

（5）锉削加工图5-4中工件左侧端面基准　将工件装夹于台虎钳中间位置，高度适中，用锉刀锉削端面，用直角尺检测端面的平面度和与侧面的垂直度。

（6）用游标高度卡尺划图5-4所示工件左侧倒角加工界线　将工件和游标高度卡尺放置于划线平板上，划线时为了保证工件稳定，可以将工件依靠在V形铁上作为支撑，划线过程如图5-5所示。

图5-5　划线过程

将游标高度卡尺刻度调至3mm，在工件左侧的4条棱边的两侧分别划出两条3mm的线，共计8条；将工件竖直立起依靠在V形铁的V形槽上，将游标高度卡尺刻度调至20mm，依次在工件的4个表面上划出4条20mm的线；将游标高度卡尺刻度调至23mm，依次在工件的4个表面上划出4条23mm的线；倒角加工界线划线完毕后，其中一个面的划线结果如图5-6所示。

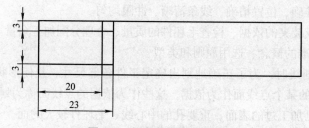

图5-6　倒角单面划线结果

（7）划图5-4所示工件中间方孔中心定位线和加工边界线　将工件水平放置在划线平板上（注：若工件已经划好斜面加工界线，注意方孔加工面的选择），移动游标高度卡尺将尺尖搭在工件上表面上，记录游标高度卡尺读数 h 为工件的实际宽度尺寸；将当前尺寸读数的 h/2 作为工件的中心位置尺寸，将游标高度卡尺读数调至 h/2，并在工件两个相对的侧面上划出孔的中心线；将游标高度卡尺的当前读数加 5mm 及减 5mm，即以 h/2+5 和 h/2-5 在工件的两个相对的侧面上分别划出方孔的上下加工边界线；将工件竖直立在划线平板上，并依靠在 V 形铁的 V 形槽上，将游标高度卡尺的读数调整至 35mm，在上一步划线的两个侧面上分别划出两条与已有中心线方向垂直的中心线；将游标高度卡尺的当前读数分别调整为 30mm 和 40mm，继续在两个侧面上划出方孔的上下加工边界线。方孔中心定位线和加工边界线划线完毕后，其中一个面的划线结果如图 5-7 所示。

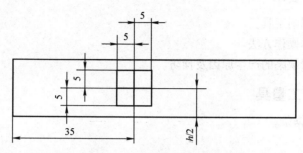

图 5-7　方孔单面划线结果

（8）划图 5-4 所示工件右侧的斜面加工边界线　将工件竖直立在划线平板上并依靠在 V 形铁的 V 形槽上，将游标高度卡尺的读数调整至 82mm，在工件的 4 个表面上分别划出 4 条 82mm 的线；将游标高度卡尺的读数调整至 58mm，在工件的 4 个表面上分别划出 4 条 58mm 的线；将工件平放在划线平板上，将游标高度卡尺的读数调整至 2mm，在工件的相对两个侧面上划出两条 2mm 的线，分别与 82mm 的线垂直相交（注：若工件已经划好方孔加工界线，注意斜面加工面的选择）；将工件翻转 90°，使需要划斜线的面向上，用钢直尺对准斜线的起点（82mm 线与工件棱边的交点）和终点（2mm 线与 82mm 线的交点），用划针连接斜线，分别连接两条斜线，斜面加工边界线划线完毕后，其中一个面的划线结果如图 5-8 所示。

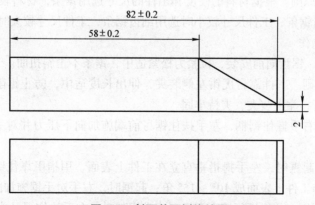

图 5-8　斜面单面划线结果

工件在划线时，可根据加工需要分别划三部分的加工界线，也可以一次性划线完毕，有计划合理地安排加工，三部分划线无先后顺序要求。

5. 实训思考题

1）什么叫划线？

2）划线的主要作用有哪些？

3）什么是划线基准？如何选择？

实训项目3 锯削

1. 实训目的与要求

1）了解锯削及锯削工具。

2）掌握锯削基本操作方法。

3）掌握锯削质量缺陷的产生原因及预防。

2. 实训设备与工量具

锯弓、台虎钳、锯条。

3. 实训材料

本章实训项目2的加工半成品。

4. 实训内容

（1）了解锯削及锯削工具。

1）概念。用手锯锯断金属或进行切槽的操作。

2）手锯组成。由锯弓和锯条组成。

3）锯路。锯条在制造时，锯齿按一定规律左右错开，排成一定的形状，称为锯路。

4）锯路作用。使锯缝宽度大于锯条背部的厚度，防止锯条卡死，减小锯条与工件的摩擦，增强排屑能力。

5）锯条的选用原则。根据材料的硬度和工件的尺寸选用锯条，材料较硬时选择粗齿锯条，材料较软时选用细齿锯条；工件尺寸较小时选用细齿锯条，工件尺寸较大时选用粗齿锯条。

（2）锯削加工操作

1）锯条的安装。锯齿向前安装，拉紧力松紧适中，锯条不歪斜扭曲。

2）工件装夹原则。工件靠台虎钳左侧装夹，伸出长度适中，防止锯削时锯到台虎钳；工件装夹与台虎钳平行，靠上装夹，夹持牢固。

3）手锯握法。右手握住锯柄，左手扶住锯弓前端施加向下压力并对手锯导向，保证手锯运行平稳。

4）锯削动作。起锯时，左手拇指垂直立在工件上表面，用指甲靠住锯条背部，右手握稳手锯手柄，使锯条与工件上表面成 10°~15° 角；起锯时，右手对手锯施加向下的压力要小，手锯往复运动的行程要短，往复运行速度要慢；正常锯削时，左手扶住锯弓前端，右手握住锯柄，双手驱动手锯往复运动进行锯削，向前推进进行锯削时，左手施加向下的压力，右手推进，回程时禁止施加向下的压力，尽量利用锯条的整个工作部分，增加往复运动距离；锯削速度要适中，为 30~40 次 /min。

（3）工件装夹　将工件装夹在台虎钳的左侧，工件上表面与钳口平行装夹，夹持部分长度约占工件长度的 1/3，伸出长度约 2/3，防止锯削时手锯锯坏台虎钳；在工件装夹时使斜面加工界线斜向操作者的左前方；将工件夹紧，防止锯削时工件歪斜导致锯缝偏斜。工件装夹结果如图 5-9 所示。左手操作者反之。

（4）起锯　起锯时，右手握住手锯锯柄，使手锯锯条与工件上表面成 10°～15° 角；将锯条卡在工件前端棱边上，使起锯位置与斜面加工边界线平行并留有 1mm 的加工余量，如图 5-9 工件左侧虚线所示；将左手拇指指尖垂直立在工件上表面，将锯条背部靠在拇指指尖的中部，以防止起锯时锯条左右偏斜；起锯时，左手对手锯施加向下的压力要小，手锯往复运动的行程要短，运行速度要慢，在工件表面上起锯位置点锯削出小凹槽，起锯结束。

（5）锯削　锯削时，双臂驱动手锯前后往复运动锯削工件并时刻观察锯缝是否歪斜，如图 5-10 所示。工件锯削结果如图 5-11 所示。

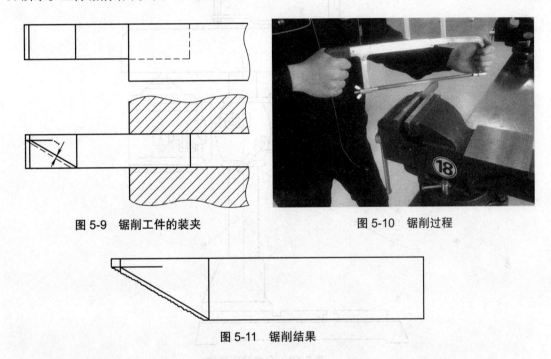

图 5-9　锯削工件的装夹　　　　　　　图 5-10　锯削过程

图 5-11　锯削结果

5. 实训思考题

1）怎样选择锯条？

2）起锯时和锯削时的操作要领是什么？

3）锯齿崩落和锯条折断的原因有哪些？

实训项目 4　钻孔

1. 实训目的与要求

1）了解孔加工的基本操作。

2）了解钻床基本结构、工作原理和操作方法。

3）了解钻削刀具。

2. 实训设备与工量具

台式钻床、φ9mm 麻花钻头、钻床钻钥匙、样冲、锤子、机用虎钳、毛刷。

3. 实训材料

本章实训项目 3 的加工半成品。

4. 实训内容

（1）了解钻床的结构　台式钻床结构如图 5-12 所示。

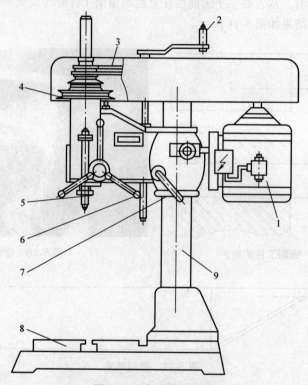

图 5-12　台式钻床结构

1—电动机　2—罩盖锁紧手柄　3—V 带　4—V 带轮　5—主轴
6—进给手柄　7—主轴支架锁紧手柄　8—工作台　9—立柱

（2）了解钻头结构　麻花钻钻头结构如图 5-13 所示。

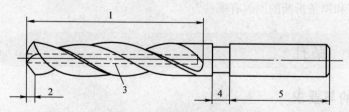

图 5-13　麻花钻钻头结构

1—工作部分　2—切削部分　3—钻心　4—颈部　5—模柄

（3）在孔的中心点位置打样冲眼　将工件放置在台虎钳敲击面上，工件表面上孔的定位线向上，将样冲的尖端对准孔中心的十字交叉点，左右扶住样冲，右手捂紧锤子进行敲击，在十字交叉点位置敲击出直径为 1~2mm 的凹坑，用于钻孔定位找正。

（4）将工件装夹在台钻机用虎钳上　工件装夹在机用虎钳中部，上表面与机用虎钳钳口上表面平齐，将工件夹持牢固。

（5）钻孔操作

1）钻床在静止状态下，右手操作主轴进给手柄，使麻花钻钻头沿轴向上下移动，将麻花钻头刃尖与工件上表面上的样冲眼进行对正。

2）向左扳动台式钻床开关，开动钻冲，使主轴沿顺时针方向旋转。

3）左手扶住机用虎钳尾部，右手操作主轴进给手柄，使麻花钻钻头沿轴向下移动，开始钻孔。身体略微前倾，注意身体与钻床的距离，防止铁屑飞溅伤人。在开始试钻时，若发现浅坑偏离正确位置，应及时向偏斜的反方向调整，注意左右手的配合；钻削时注意控制右手的进给力大小，使钻削时能够连续出断丝；孔即将钻透时，及时减小右手的进给力，防止出现啃刀现象。钻孔操作结果如图 5-14 所示。

5. 实训思考题

1）试钻后，发现浅坑中心偏离正确位置，应如何纠正？

2）怎样判断钻头切削部分的形状是否正确？

3）通孔即将钻透时，右手的施力方式有何变化？

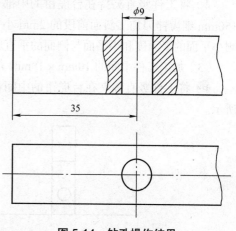

图 5-14　钻孔操作结果

实训项目 5　工件加工及组装

1. 实训目的与要求

1）按照图样要求加工工件。
2）完成锤子的铆接组装。

2. 实训设备与工量具

ϕ6mm 圆锉刀、300mm 粗齿锉刀、150mm 细齿锉刀、150mm 钢直尺、方锉、台虎钳、直角尺、油光平锉、铜垫片。

3. 实训材料

本章实训项目 4 的加工半成品。

4. 实训内容

（1）加工工件左侧的倒角（见图 5-4）。

1）将工件 23mm 尺寸线以内的部分夹持在台虎钳的左侧。

2）用 ϕ6mm 圆锉刀加工圆角。起锉时，圆锉刀对准 20mm 尺寸线位置开始起锉，锉削时同时注意前后 3mm 尺寸线和 23mm 尺寸线的加工余量是否均匀，当有偏斜时及时施加侧向力进行调整，将圆角同时加工到 3mm 尺寸线和 23mm 尺寸线。

3）用 300mm 粗齿锉刀或者 150mm 细齿锉刀加工 C3 倒角，加工时注意前后 3mm 尺寸线的加工余量，锉削时防止锉刀锉坏圆角。

（2）精加工工件右侧斜面　如图 5-4 所示。

1）将工件的斜面加工边界线与台虎钳钳口平行，并装夹在台虎钳的中部。

2）用 300mm 粗齿锉刀采用交叉锉削法去除 1mm 的粗加工余量，将斜面加工至接近加工界线。加工时注意观察斜面两侧的斜线加工界线。

3）用 150mm 细齿锉刀对斜面进行精加工处理，使面的两条侧斜边和 58mm 线的棱边正好加工至所画尺寸线，并用钢直尺检测斜面的平面度。

4）将工件竖直夹持在台虎钳的中部，82mm 边界线面向操作者，便于观察加工界线，用 150mm 细齿锉刀加工斜面前段的 2mm 小平面，将平面加工至 82mm 的边界线，并用直角尺检测小平面的平面度和小平面与侧面的垂直度。

（3）加工工件中间的 10mm×10mm 方孔　如图 5-4 所示。

1）将工件竖直装夹在台虎钳的中间位置，使 ϕ9mm 圆孔处于台钳钳口上方，如图 5-15a 所示。

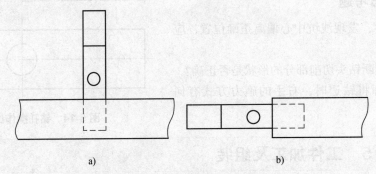

a)　　　　　　　　b)

图 5-15　锉削方孔时工件装夹

2）用方锉刀向下锉削圆孔内壁，锉削至 10mm×10mm 方孔边界线，将工件竖直翻转，锉削另一侧圆孔至 10mm×10mm 方孔边界线，在锉削过程中时刻观察前后两端的 10mm×10mm 方孔边界线。

3）将工件按图 5-15b 所示装夹在台虎钳的侧面，工件夹持牢固。

4）用方锉刀向下锉削圆孔内壁，锉削至 10mm×10mm 方孔边界线，将工件竖直翻转，锉削另一侧圆孔至 10mm×10mm 方孔边界线，在锉削过程中时刻观察前后两端的 10mm×10mm 方孔边界线。

（4）加工工件中间 10mm×10mm 方孔两端的 C1 倒角　如图 5-4 所示。

1）工件以 45° 进行装夹，保证每一条倒角棱边的加工面与台虎钳钳口平行。

扫码看
模型

图 5-16　锤头工件

2）用方锉的前端分别加工 8 条棱边的 C1 倒角。

锤头工件加工完毕后如图 5-16 所示。

（5）抛光锤头 16mm×82mm 面

1）将锤头工件装夹在台虎钳中部，使 16mm×82mm 面向上。

2）用 150mm 细齿锉刀精锉表面。

3）用油光平锉锉削抛光表面。

（6）铆接组装锤子

1）锉削加工锤把前端外方。将图 5-17 所示锤把端部 ϕ13mm 的圆柱部分装夹在台虎钳的左侧，外圆面略高于钳口。

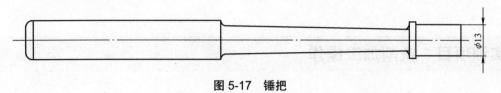

图 5-17 锤把

用 300mm 粗齿锉刀和 150mm 细齿锉刀将 ϕ13mm 的圆柱锉削加工至 10mm×10mm 的外方，使锤把 10mm×10mm 的外方与锤头 10mm×10mm 方孔过盈配合。

2）用锤子敲击锤把将锤把 10mm×10mm 的外方安装至锤头 10mm×10mm 方孔内，使锤把台肩面与锤头 16mm×82mm 面贴紧。

3）在台虎钳钳口处垫铜垫片，将锤把竖直装夹在台虎钳中部，使锤把下端面顶在活动钳身上，将锤把夹持牢固。

4）手持锤子，用锤子的圆头敲击锤把 10mm×10mm 外方伸出锤头 10mm×10mm 方孔部分的 4 条边缘，将锤头的 C1 倒角间隙填充满。

5）用 300mm 粗齿锉刀和 150mm 细齿锉刀锉削铆接面，使平面平整光顺。

（7）抛光锤头其他各个可见面。

1）在台虎钳钳口处垫铜垫片，将锤头夹持在台虎钳上，保证加工面与钳口平行装夹。

2）用 150mm 细齿锉刀精锉表面。

3）用油光平锉锉削抛光表面。

5. 实训思考题

1）在铆接锤头时有哪些注意事项？

2）谈一谈对工件抛光过程的体会。

钳工实训安全操作规程

1）用台虎钳夹持工件时要牢固，台虎钳手柄要靠端头。

2）所用工具、量具应放在指定位置，以免损坏。

3）锉屑不得用嘴吹、手抹，应用刷子清除。

4）钻孔时严禁用手接触主轴和钻头。操作时严禁戴手套作业。

5）工作中应注意周围人员及自身安全，防止因工具脱落、铁屑飞溅伤人。

6）动用电动工具时必须戴绝缘手套。

第6章

■■■■■

铣削加工

实训项目　铣削加工操作

1. 实训目的与要求

1）了解铣床的组成、运动原理以及手柄的使用。

2）了解铣床的加工范围以及附件的用途。

3）了解常用铣刀的种类及用途。

4）熟悉铣床的主要加工方法以及工件的装夹方法。

5）掌握铣床的操作方法。

2. 实训设备与工量具

立式铣床（X5025）、游标卡尺、钢直尺、高度尺、直角尺。

3. 实训材料

$\phi 40mm$ 的45钢棒。

4. 实训内容

1）了解立式铣床的结构，如图6-1所示。

2）加工滑块零件图，如图6-2所示。

3）用毛刷将钳口铁屑清理干净。

4）选择合适的垫铁，保证加工平面与工件平面平行，保证工件最高点与垫铁的高度差大于5mm。

5）装夹完成后，多点敲击一下工件，使工件和垫铁贴合，直到垫铁不动为止。

6）对刀。按下启动开关，打开机床，铣刀沿顺时针方向旋转。工件从左向右运动，工件送入刀盘1/3～1/2。沿顺时针方向转动垂直进给手柄，使工作台向上移动，快要接近工件时，慢摇手柄。铣刀轻刮工件表面，先退刀。记住刻度数，使工件退出刀盘。

7）铣削28mm×28mm的方块。在第6）步刻度数基础上沿顺时针方向转动垂直进给手柄8个大格，进给2mm，转动纵向移动手轮，使工件靠近铣刀。工件自动送入刀具铣去2mm，退刀。重复上面步骤直至达到图样要求尺寸。

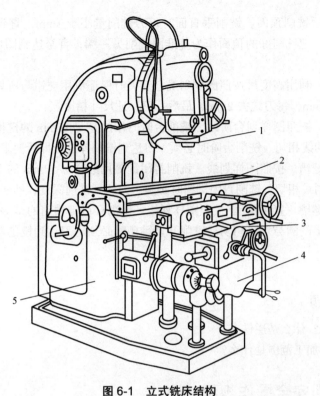

图 6-1　立式铣床结构

1—主轴　2—纵向工作台　3—横向工作台　4—升降台　5—床身

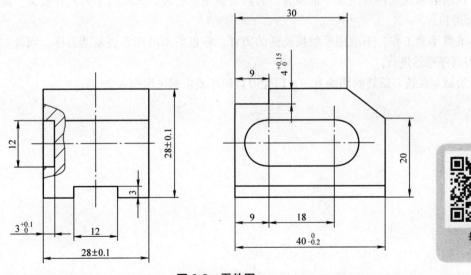

图 6-2　零件图

扫码看
模型

8）将工件拆卸下来装夹另一个平面，装夹时将铣完的平面对着活动钳口装夹。4 个平面都加工完成后得到 28mm×28mm 的正方形。

9）铣削长度方向的平面。首先选择一个基准面，用直角尺靠住 28mm×28mm 的一个面保证垂直。装夹好之后铣削顶面。铣削垂直面时每刀铣削量小于1mm，直到顶面出现平面。打开钳口，取出工件。把铣削好的顶面作为基准面铣削另一端，直至达到图样要求的尺寸40mm为止。

10）铣削斜面。利用高度尺按照图样划线。装夹时保证机用虎钳与所划的线平行并且保证划线高于钳口3～5mm，每刀铣去2mm，最后一刀保证尺寸精度。

11）铣削台阶。按照图样划台阶线。铣削台阶时用的是ϕ12mm的键槽铣刀。对刀时保证铣刀刮出的圆与划的线相切。铣削台阶时必须一刀达到铣削深度，即所要求的尺寸精度。

12）铣削封闭键槽。按照图样划线。铣削封闭键槽用的是ϕ12mm的键槽铣刀。对刀时保证铣刀刮出的圆与划线相切。铣削封闭键槽时必须一刀达到铣削深度，即所要求的尺寸精度。

13）铣削开口键槽（直角槽）。按照图样划线。铣削开口键槽用的是ϕ12mm的键槽铣刀。对刀时保证铣刀刮出的圆与划线相切。铣削开口键槽时必须一刀达到铣削深度，即所要求的尺寸精度。

14）关机。

5. 实训思考题

1）什么是顺铣？什么是逆铣？

2）铣削的主要加工范围是什么？

铣削加工实训安全操作规程

1）在指定地点、指定机床实习，除本机床外，严禁乱动其他设施。

2）开机前必须认真检查机床手柄位置、刀具装夹是否合理。开机后不得离开机床，离开机床时必须停机。

3）不准戴手套工作，不准用手触摸旋转的刀杆，停机后不准用手去制动刀杆，测量工件时必须等刀具停稳后进行。

4）严禁站立在铣刀旋转的切线方向，以免刀具损坏或切屑飞出伤人。

第 7 章

■■■■■

刨削加工

实训项目　刨削加工操作

1. 实训目的与要求

1）了解常见刨床的用途和使用方法。

2）了解牛头刨床装夹工件的方法。

3）了解牛头刨床刨平面的基本方法。

2. 实训设备与工量具

牛头刨床（B6050）、游标卡尺。

3. 实训材料

规格为 30mm×40mm×150mm，45 钢。

4. 实训内容

1）了解刨床的基本结构，如图 7-1 所示。

2）测量工件（40mm×40mm×150mm），如图 7-2 所示。确定有一边的余量为 10mm，选择工件上较大的平面 A 作为基准面。装夹工件，把工件放置到机用虎钳上，自由垫平。根据工件的形状选择装夹点，装夹后再次找正。

3）调整机床行程长度，根据工件的尺寸调节，保证刀具往复行程略大于工件长度。

4）启动机床，对刀。沿顺时针方向缓慢摇动刀架，刨刀接触工件，对刀完成。转动工作台横向移动手柄，使刀具离开工件表面。

5）粗加工。沿顺时针方向摇动刀架手柄，进给 4mm。加工完平面，停机床。摇动工作台进给手柄，使刀具位于工件加工起始位置，启动机床。

6）精加工。沿顺时针方向摇动刀架手柄，进给 0.5mm，测量。在此过程中，不得动机床的任何手柄。

7）以 A 为基准面，刨削 D 平面。装夹工件，步骤同上。

8）粗加工。沿顺时针方向摇动刀架手柄，进给 4mm。加工完平面，关停机床。摇动工作台进给手柄，使刀具位于工件加工起始位置，启动机床。

9）精加工。沿顺时针方向摇动刀架进给手柄，将剩余的余量作为最后一步加工进给量。按下自动进给按钮，开始精刨该平面。刨削完成，停机，卸下工件，加工完成。

10）设备关机。

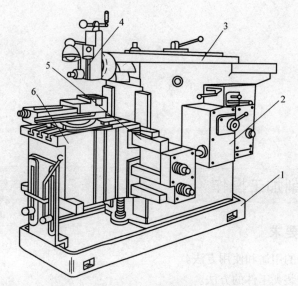

图 7-1 牛头刨床结构

1—底座 2—床身 3—滑枕 4—刀架 5—滑板 6—工作台

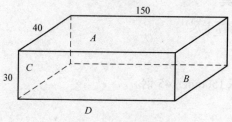

图 7-2 刨削零件图

5. 实训思考题

1）为什么牛头刨床难以高速刨削？

2）刨削平面时，工件表面粗糙度不合格的原因是什么？

刨削加工实训安全操作规程

1）开动机床前要检查机床各部手柄位置，开机后严禁离开机床，离开机床时必须停机。

2）在刨削过程中严禁站立在"牛头"运动方向，以防碰伤。

3）严禁两人同时操作一台机床。一人操作时，另一人要认真领会他人操作要领。

第 8 章

磨削加工

实训项目　平面磨削加工操作

1. 实训目的与要求

1）了解工件的装夹方法和磨削步骤。

2）了解磨削平面的基本操作方法。

2. 实训设备与工量具

平面磨床（M7120A）、游标卡尺。

3. 实训材料

规格为 20mm × 20mm × 80mm，45 钢。

4. 实训内容

1）了解平面磨床的结构，如图 8-1 所示。

2）选择工件上面积较大、表面光滑的表面作为基准面。

3）用锉刀清除工件定位面的毛刺，然后检查余量（设为 0.2mm）。

4）擦净工作台面和工件的基准面。

5）工件的装夹。打开电磁开关，电磁吸盘给磁，对于钢、铸铁等导电性材料制成的中小型工件，一般靠电磁吸盘产生的磁力直接装夹。用手动一下零件，检查工件是否已经吸在电磁吸盘上。

6）沿顺时针方向摇动砂轮纵向进给手轮，将砂轮摇到工件上方，调整砂轮与工件的距离，砂轮静止时不允许与工件接触，保持距离大约为 1mm。

7）启动机床，将工作台纵向移动手柄放在开启位置。根据零件的大小，调整工作台行程长度，即调整工作台挡块的位置。

8）启动砂轮，对刀。连续慢摇砂轮纵向进给手轮，直到有火花出现。

9）打开切削液开关。加工余量为 0.2mm，沿顺时针方向转动砂轮纵向进给手轮，首次顺时针方向进给两个小格，磨削 0.1mm。完成后，再沿顺时针方向进给两个小格。直到工件表面没有火花出现为止，磨削完成。

10）停机。砂轮在工件内部停机，先停下工作台纵向移动手柄，再停切削液。

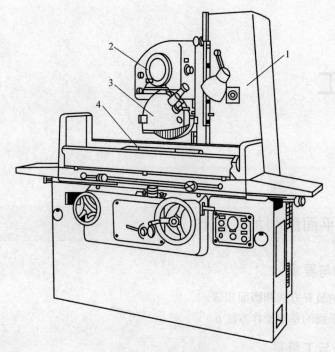

图 8-1　平面磨床结构

1—立柱　2—横向进给手轮　3—砂轮台　4—矩形电磁工作台

5. 实训思考题

1）磨床主要有哪些类型？

2）平面磨削有几种方法？

磨削加工实训安全操作规程

1）开机前认真检查各油标、油膏、手柄位置，开动机床后检查上油情况，防止机床损坏。

2）砂轮未停稳不能拆卸工件。

3）严禁站立在砂轮运动的切线方向。

4）工作台在运行过程中严禁用手制动，以免发生事故。

第 9 章

▪▪▪▪▪

工业测量

实训项目 1　线性尺寸测量

1. 实训目的与要求

1）掌握游标卡尺、数显卡尺、带表卡尺、分度值为 0.01mm 的内径指示表和外径千分尺的结构、原理、读数及使用方法。

2）掌握半径规的使用方法。

2. 实训设备与工量具

1）0~150mm 游标卡尺、0~150mm 数显卡尺、0~150mm 带表卡尺。

2）$R1$~$R6.5$mm 及 $R7$~$R14.5$mm 半径规。

3）18~35mm 内径指示表。

4）0~25mm 外径千分尺。

5）绘图工具，包括 150mm 钢直尺、铅笔、圆规、橡皮、A4 打印纸。

3. 实训内容

（1）卡尺

1）掌握游标卡尺、数显卡尺及带表卡尺的结构、原理。游标卡尺结构如图 9-1 所示。

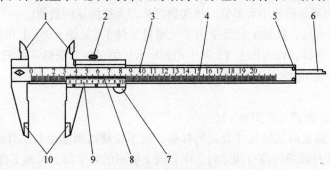

图 9-1　游标卡尺

1—内测量爪　2—紧固螺钉　3—主标尺　4—主标尺刻度　5—深度尺基准面　6—深度尺
7—推把　8—游标尺刻度　9—游标尺　10—外测量爪

2）检查及调零。

① 使用前的检查。使用前，检查卡尺是否清洁、测量面和刻度之间的滑动是否顺畅；要求外测量爪的两测量面合并间隙应小于 0.006mm。

判断两测量面之间间隙的方法为：将两外测量爪的测量面擦净后合并，对着光线观察，若两测量面间漏出一条光，则说明两测量面间的间隙大于 0.01mm；若漏光呈 "八" 字形，则说明两测量面不平行。

② 校对 "0" 位。正式测量前，必须校对卡尺的 "0" 位。具体方法为：用干净的布条或棉团（必要时蘸少许酒精）擦净两外测量爪的测量面（若先进行了两测量面之间间隙的检查，本项可不再进行）。

对两测量面之间的间隙检查合格后，推动推把，使外测量爪两测量面紧密接触后，观看游标尺的 "0" 刻线是否对齐，游标尺的尾刻线（最末一根刻线）与主标尺的相应刻线是否也对齐。若上述两处都对齐，说明 "0" 位准确；否则说明 "0" 位不准确。"0" 位不准确的卡尺不能使用。

间隙值超过规定的要求或两测量面不平行的卡尺不得使用。

3）测量尺寸。

① 使用方法。

a. 测量外尺寸。先将两个外测量爪之间的距离调整到大于被测量尺寸，待放入被测量部位后再轻推推把使两个外测量爪接触到测量面，在两个外测量爪接触到测量面后，推动推把的拇指加少许的推力，同时要轻轻摆动卡尺找到最小尺寸点，拧紧紧固螺钉，然后再读数。

b. 测量内尺寸。先将两个内测量爪之间的距离调整到小于被测量尺寸，待放入被测量部位后再轻推推把使两个内测量爪接触到测量面，在两个测量爪接触到测量面后，拉动推把的拇指加少许的推力，同时要轻轻摆动卡尺找到最大尺寸点，尺身要与被测量最大尺寸在同一平面，拧紧紧固螺钉，然后再读数。

c. 测量深度。使其深度尺尺身测量面紧贴被测工件表面，保持深度尺与凹槽端面垂直，一只手稳定住尺身，另一只手轻拉或推卡尺推把，使深度尺伸出至触到凹槽底部为止，然后读出测量的深度值。

② 读数方法。看游标尺的 "0" 刻度线左边主标尺上的第一条刻线的数值，该值即为测量值的整数部分；再看游标尺刻线中哪条线与主标尺上的某一条刻线完全对齐，则游标尺的这条刻线所示的刻度即为测量值的小数部分。该两数之和即为被测量的数值。

4）分别用游标卡尺、数显卡尺及带表卡尺测量工件 1（见图 9-2）上相关线性尺寸，并按 1:1 的比例绘制相关图样，作为作业 1，其中用游标卡尺测量的数据标注在图上，数显卡尺及带表卡尺所测数据按一定顺序标注在图旁，比较 3 组数据。

（2）半径规

1）掌握半径规的原理（见图 9-3）。

2）使用方法。测量时选择尺寸合适的样板，使半径规的测量面与工件的圆弧完全的紧密接触，当测量面与工件圆弧间没有间隙时，半径规上所示的数字即为所测工件圆弧的半径尺寸。

3）用半径规对测量工件 1 上的两个半圆进行测量，并将相关尺寸标注在作业 1 上。

（3）分度值为 0.01mm 的内径指示表

1）掌握分度值为 0.01mm 的内径指示表的结构（见图 9-4）、原理，了解其调零方法。

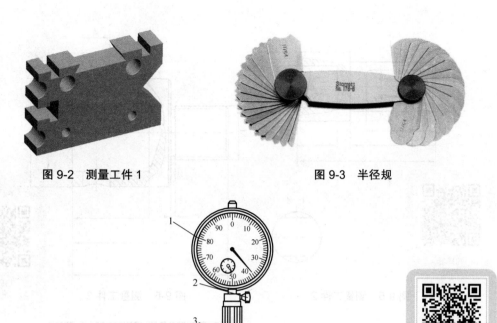

图 9-2　测量工件 1　　　　　　　　　图 9-3　半径规

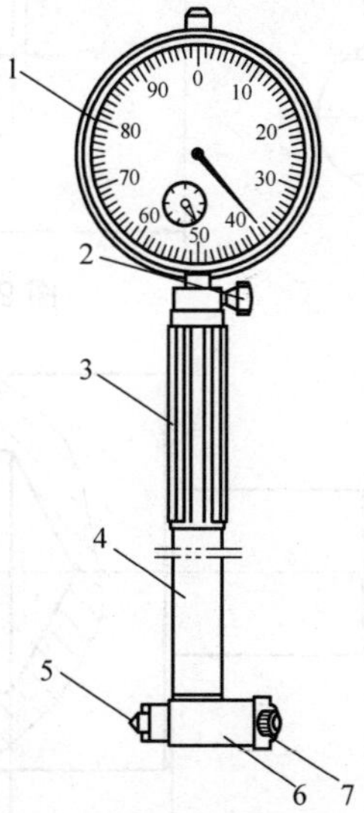

扫码看
模型

图 9-4　分度值为 0.01mm 的内径指示表的结构

1—指示表盘　2—锁紧装置　3—手柄　4—直管　5—可换测头　6—主体　7—活动测头

2）测量。测量前根据被测孔径的大小，用外径千分尺进行调零，具体的检查、安装及调零工作由教学指导人员完成。

将活动测头放入被测孔内，再放入可换测头，摆动几次，使测杆与孔壁垂直，找出指针的"拐点"。读数时，如果正好指在零位，说明被测孔与环规尺寸一致。若小于环规孔径，则指针顺时针方向转动，反之则逆时针方向转动，与"0"线的偏离值即指针指示的数值。

3）用游标卡尺对测量工件 2、3、4（见图 9-5 至图 9-7）进行测量，并按 1:1 的比例绘制相关图样，作为作业 2，再用分度值为 0.01mm 的内径指示表测量孔的直径大小并标注在图样上。

（4）外径千分尺

1）掌握外径千分尺的结构（见图 9-8）和原理。

2）检查及调零。使用测力装置转动测微螺杆，使两测量面接触。锁紧测微螺杆。观察微分筒的棱边与固定套筒上的"0"刻线重合，同时要使微分筒上的"0"刻线对准固定套筒上的纵刻线。若对齐，则说明零位准确；若未能对齐，则要用外径千分尺的专用扳手插入固定套筒的调整孔内，扳动固定套筒，使其刻线与微分筒上的"0"刻线对准。若偏离"0"刻线较大，需要用螺钉旋具将固定套筒上的紧固螺钉松脱，并使测微螺杆与微分筒松开，转动微分筒进行粗调，然后锁紧紧固螺钉，再进行微调并对准。

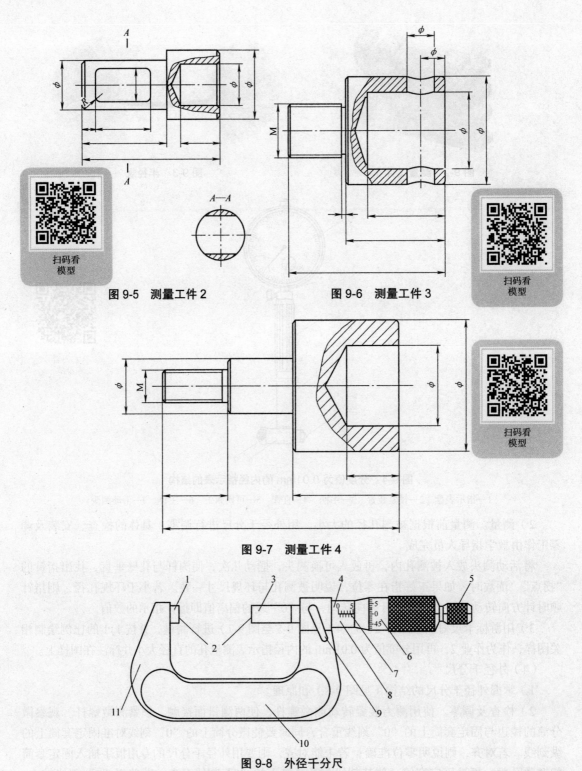

图 9-5　测量工件 2

扫码看模型

图 9-6　测量工件 3

扫码看模型

图 9-7　测量工件 4

扫码看模型

图 9-8　外径千分尺

1—测砧　2—测量面　3—测微螺杆　4—固定套筒　5—棘轮　6—微分筒　7—基准线　8—固定套筒
9—锁紧装置　10—隔热装置　11—尺架

3）使用。

① 使用时，应手握隔热装置，以防手温影响测量值的准确性。旋动微分筒，将两测量面之间的距离调整到略大于被测尺寸后，将外径千分尺的两测量面送入测量的位置。旋动微分筒，使两测量面将要接触被测量点后，开始旋动棘轮，使两测量面密切接触被测量点。

② 读取测量值。读整数：以微分筒的基准线为基准读取左边固定套筒刻度值，该读数即为整数值。读小数：以固定套筒基准线读取微分套筒刻度线上与基准线对齐的刻度，即为微分套筒刻度值。固定套筒上的基线是读小数的基准，读小数时，看微分筒上是哪一根刻线与基准线重合。若固定套筒上的 0.5mm 刻线没有露出来，那么微分筒上与基准线重合的这根线的数目即是所求的小数；若 0.5mm 刻线已露出来，那么微分筒上读得的数还要加上 0.5mm 后才是小数值。当微分筒上没有任何一个刻线与基准线恰好重合时，应该估读到小数点后第三位。将上面两数值相加，即为测量值。

③ 测量完毕后，应旋转微分筒进行退尺。

④ 用外径千分尺测量工件 5（见图 9-9）上各直径大小。用游标卡尺测量工件 5 上的其他相关线性尺寸，按 1:1 的比例绘制相关图样，作为作业 3。

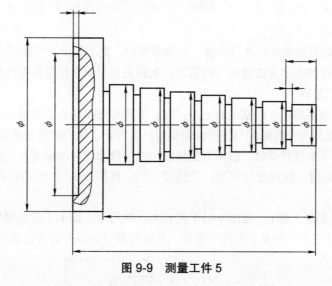

图 9-9　测量工件 5

扫码看
模型

4. 实训思考题

1）影响游标卡尺测量精度的主要因素有哪些？

2）何为绝对测量？何为相对测量？

实训项目 2　角度测量

1. 实训目的与要求

掌握游标万能角度尺的结构、原理、调零方法、读数方法及使用方法。

2. 实训设备与工量具

游标万能角度尺、绘图工具（150mm 钢直尺、铅笔、圆规、橡皮、A4 打印纸）。

3. 实训内容

1）掌握游标万能角度尺的结构（见图 9-10）、原理、调零方法。

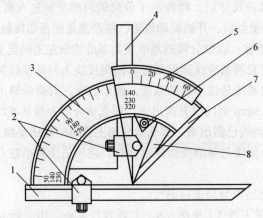

图 9-10　游标万能角度尺的结构

1—直尺　2—卡块　3—主尺　4—直角尺　5—游标尺　6—制动头　7—基尺　8—扇形板

2）使用方法。

① 测量前对游标万能角度尺进行检查，并调整零位，此工作由教学指导人员完成。

② 根据被测角度的大小及被测部位的情况，装卸直角尺及直尺并预先调整好相应位置，用卡块上的螺钉把它们紧固。

③ 将基尺测量面紧贴在工件基准面上。这时，要先松开制动头上的螺母，转动扇形板背面的微动装置调整，直到两个测量面与被测表面密切贴合为止，然后拧紧制动器上的螺母。

④ 把角度尺取下来进行读数。游标万能角度尺的读数原理与游标卡尺相似，不同的是角度尺的读数是角度单位值。其读数步骤为：先读度（°），再度分（′），最后将两数值相加得到整个读数。

3）用游标卡尺测量工件 6（见图 9-11）的相关线性尺寸，按 1:1 的比例绘制图样。用游标万能角度尺测量工件 1 及工件 6 上的各个角度，并将所测量的角度数据记录在相应的图样上。

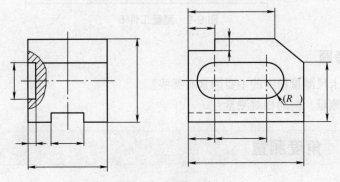

图 9-11　测量工件 6

4. 实训思考题

1）简述游标万能角度尺的测量原理。

2）测量的角度在 140°~230° 之间时怎么组装游标万能角度尺?

实训项目 3　螺纹测量

1. 实训目的与要求

1）了解螺纹几何参数及几何参数对互换性的影响，了解螺纹合格条件。

2）掌握螺纹标注知识。

3）熟悉螺距规的使用。

2. 实训设备与工量具

螺距规、M12 的螺纹量规、绘图工具（150mm 钢直尺、铅笔、圆规、橡皮、A4 打印纸）。

3. 实训内容

（1）螺距规（见图 9-12）

1）掌握螺距规原理。

2）以螺距规组中齿形钢片作为样板，卡在被测螺纹工件上，如果不密合，应另外换一片，直到密合为止，即可确定被测螺纹螺距的实际尺寸。这种检测方法一般不能测得螺距的实际偏差数值。

图 9-12　螺距规

（2）螺纹塞规及螺纹环规（见图 9-13）

a) 螺纹塞规

b) 螺纹环规

图 9-13　螺纹规

1）掌握螺距规及螺纹量规的原理。

2）使用。

① 螺纹塞规的使用方法。检查时，若螺纹塞规的过端能够顺利地旋入和旋出被检螺孔，而使用止端时不能旋入，则说明被检螺纹是合格的；若过端不能旋入，则说明被检螺纹直径偏小；若止端也能旋入，则说明被检螺纹直径偏大。

② 螺纹环规的使用方法。检查时，若螺纹环规的过端能够顺利地旋入和旋出被检螺栓，而使用止端时不能旋入，则说明被检螺纹是合格的；若过端不能旋入，则说明被检螺纹直径偏大；若止端也能旋入，则说明被检螺纹直径偏小。判定不合格的情况刚好与用塞规检查内螺纹时相反。

3）用螺距规测量工件 3（见图 9-6）及工件 4（见图 9-7）。用螺纹环规检测工件 4 的外螺纹。用螺纹塞规检测工件 1 的内螺纹，并将所测量的数据记录在作业 1 上。

4. 实训思考题

若用螺纹塞规检查螺纹孔，是否会出现通规不通过、止规通过的情况? 若有可能，试分析其原因。

实训项目 4　三坐标测量机的操作

1. 实训目的与要求

1）了解三坐标测量机的基本操作。

2）掌握通过三坐标测量机进行零件精度误差检测及报告生成方法。

2. 实训设备与工量具

三坐标测量机、规格为 ϕ 3mm×50mm 的测针 4 根、吸盘 1 个、机用虎钳 1 件、热熔胶枪 1 个、磁力 V 形铁 2 件、工业酒精、无尘布。

3. 实训材料

车削测量件 1 件、铣削测量件 1 件、车铣综合测量件 1 件。

4. 实训内容

1）结合图样与零件测量要求合理摆放零件、选择探针。确定好零件合理摆放方位后，采用正确的装夹方法将工件装夹在三坐标测量机工作台上，并提前规划好探针的使用。

2）校准探针。

①手动将主探针安装在探头上。

②选择"CMM"→"探针系统"命令，打开"探针校准"对话框，如图 9-14 所示。

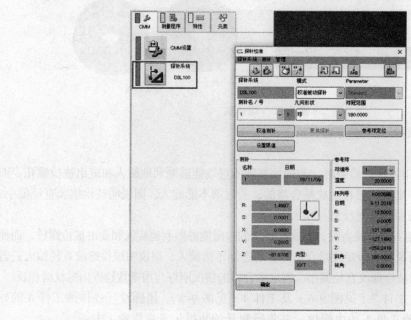

图 9-14　"探针校准"对话框

③单击手动安装探针。

④单击安装探针。

⑤ 在下拉菜单中选择主探针。

⑥ 根据参考球的安装方位选择单击"参考球定位"按钮（定位方法：人站在 CMM 机器前，从上往下看对应标准球的位置，单击即可）。

⑦ 操作设备操纵杆沿着测杆方向在标准球的最高点打一个点，之后主探针校准过程自动运行，直至完成，检查校准结果。

⑧ 手动拆卸主探针并安装工作探针。

⑨ 单击"校准测针"按钮，并在标准球最高点打一个点，启动测针校准过程，直至完成后检查校验结果，如图 9-15 所示，工作探针校准结果应小于 0.002mm；否则说明误差超差，此时应用工业酒精和无尘布擦拭干净后，重复上述步骤，重新校验。

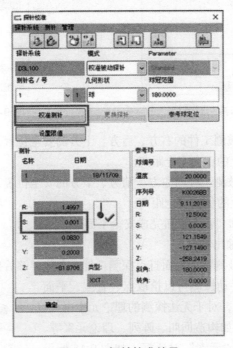

图 9-15　探针校准结果

3）建立基本坐标系。

① 在"测量程序"界面单击"基本 / 初定位坐标系"按钮，弹出"基础坐标系"对话框，如图 9-16 所示。

② 单击拾取元素确定"空间旋转"参考，建立工件坐标系的第一轴，限制两个旋转自由度，元素自身的法线方向就是坐标轴方向。

③ 单击拾取元素确定"平面旋转"参考，建立工件坐标系的第二轴，限制一个旋转自由度，元素在回转面上的投影方向就是坐标轴的方向。

④ 单击拾取元素确定"原点"参考，将零件原点平移到指定位置，限制 3 个移动自由度。

4）建立安全平面。

① 在"测量程序"界面单击"安全平面"按钮，打开"安全平面"对话框，如图 9-17 所示。安全平面使测量机可以在 CNC 自动运行状态下绕着工件移动探针而不发生碰撞，保护探针避免碰撞。

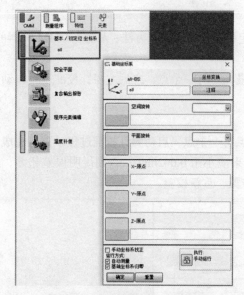

图 9-16 "基础坐标系" 对话框

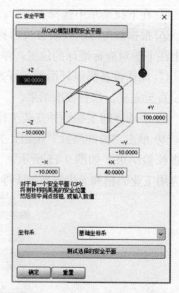

图 9-17 "安全平面" 对话框

② 移动设备操纵杆至被测工件的右方、后方、上方的安全位置，按下操纵杆上的按钮，确定出 X、Y、Z 这 3 个方向上的正向安全距离。

③ 移动设备操纵杆至被测工件的左方、前方、下方的安全位置，按下操纵杆上的按钮，确定出 X、Y、Z 这 3 个方向上的负向安全距离。

④ 依次单击 "确定" 和 "否" 按钮完成安全平面的建立。

5）编程（元素采集及输出特性）。

① 手动移动操纵杆在被测特征表面打点探测工件，点数打够后按下操纵杆确认按钮，自动完成元素的探测与构建。手动探测可以拾取点、直线、平面、圆、圆柱、圆锥、球等元素，对于无法探测的理论元素也可以利用构造元素来定义元素，如构造回叫、阵列、理论元素等。

② 双击选中元素打开 "元素" 对话框，如图 9-18 所示。单击 "策略" 按钮打开 "编辑策略" 对话框，根据测量要求编辑测量时的平面策略、圆策略、圆柱策略等。

③ 输出特性编辑，单击 "尺寸" 下拉按钮，根据工件测量要求分别创建不同的输出特性，如笛卡儿距离、二维距离、三维距离、元素夹角、直线度、平面度、圆度、圆柱度、轮廓度、平行度、倾斜度、同心度、同轴度、对称度、位置度等，在输出特性创建时分别选取已拾取与编辑的元素。

6）检查安全五项。程序运行前的安全五项检查与设置是指探针组、测针、安全平面、回退距离和安全距离的检查与设置，在 "测量程序" 界面单击 "程序元素编辑" 按钮，打开 "程序元素编辑" 对话框，如图 9-19 所示。

图 9-18 "元素" 对话框

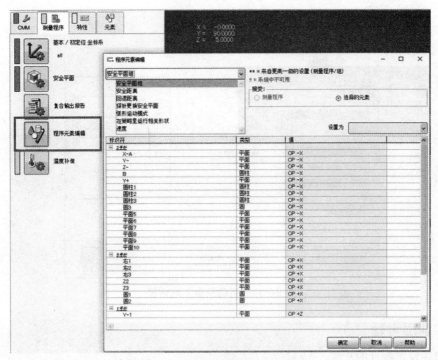

图 9-19 "程序元素编辑"对话框

① 探针组检查与设置。检查当前探针组是否与自己编程时的探针组一致，对于脱机编程，这里需要根据实际情况进行修改；对于上机编程，当程序过了几天后使用且当前的探针不是自己编程时所用的探针时，需注意检查探针组是否正确。

② 测针检查与设置。检查当前测针与拾取元素时所用的测针是否为同一测针，若不是则一定要用对的测针重新拾取元素，从而确认进针方向，如 CP+Z 即从 +Z 方向进针；否则程序运行时会出现故障。

③ 安全平面检查与设置。定义一个由 6 个面组成的安全区域围绕在工件及相关的夹具周围，通过此区域的设定可以避免测针碰撞的危险。

④ 回退距离检查与设置。设置测针在打完点回退时，沿测针法线反方向从探测点回退。

⑤ 安全距离检查与设置。对于圆、圆柱、圆锥、圆槽等环形封闭的几何体，其安全距离为 X 值是指：探测点沿其轴线方向距离为 X 值的地方进针，此时与回退距离相垂直。对于点、线、面等一般的几何元素，其安全距离为 X 值是指：探测点沿垂直方向为 X 值的地方进针，此时与回退距离在一条直线上。它是指元素与元素之间走的安全距离。

7）启动慢速运行程序与输出报告。当程序编辑完并检查安全五项后，单击"程序 _CNC 启动"，弹出"启动测量"对话框，如图 9-20 所示。选择"基础坐标系"单选按钮，勾选"自定义报告"复选框，CMM"运行顺序"选择"按特性列表"，首次运行速度选择"70"，单击"开始"按钮后，启动程序慢速运行，CMM 机器开始按照输出特性列表依次完成所有测量任务，并弹出报告页面。

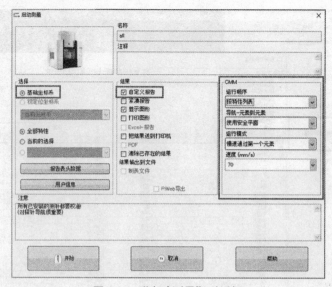

图 9-20 "启动测量"对话框

5. 实训思考题

1）简述校准探针的步骤。

2）简述基本坐标系的建立及注意事项。

3）简述关机步骤。

4）简述安全五项的含义。

5）请简述如何编写一个自动测量程序以及得到测量结果的 PDF 报告。

6. 实训注意事项

（1）工作前的准备

1）检查温度情况，包括测量机房环境温度和零件温度：连续恒温的机房要恒温在测量机要求的温度范围内，被测零件应按规定时间提前放入测量机房达到恒温。

2）开机运行一段时间，并检查软件、控制系统、测量机主机各部分工作是否正常。

3）测量人员必须要经过培训或持证上岗操作。

（2）检测工作中

1）按照测量方案安装探针及探针附件，要按下"急停"按钮再进行，并注意轻拿轻放、用力适当，更换后试运行时要注意检验测头保护功能是否正常。

2）被测工件上机时要小心轻放，避免损伤台面和仪器精度。

3）实施测量过程中，操作人员要精力集中，首次运行程序时要注意减速运行，确定编程无误后再使用正常速度，一旦有不正常的情况，应立即按"急停"按钮，保护现场，查找出原因后，再继续运行或进行设备维修。

4）严禁工作人员在操作过程中使头部位于 Z 轴下方。

5）禁止在工作台导轨面上放置任何物品，不要用手直接接触导轨工作面。

（3）关机及整理工作

1）将测量机测量探头退至原位（注意，每次检测完后均需退回原位），卸下零件，按顺序关闭测量机及有关电源。

2）清理工作现场，并为下一次工作做好准备。

工业测量实训安全操作规程

1）测量前要对所发放的测量工具及工件进行检查，若有损坏或其他问题应及时与指导人员进行协调。掌握测量工具的正确使用方法及读数原理，避免测错、读错。对于不合格的测量工具坚决不用，对不了解的量具不随便使用。

2）测量时，对所测工件及测量工具应轻拿轻放，以免损坏平台、测量工具、工件或掉落砸伤。使用测量工具时切勿用力过猛，要让测量工具的测量面轻轻接触工件。凡是有测力装置的量具，应充分使用这种装置使测量面慢慢接触工件。使用测量工具时不能暴力操作，以免损坏量具。

3）使用后，松开紧固装置，不要使两个测量面接触，数显游标卡尺使用完毕后应将电源关闭，将测量工具擦拭干净后放入专用的盒子里。

4）实习结束后应将工件、测量工具摆放整齐，清洁场地后离开。

第10章

机械拆装

实训项目1 车床溜板箱拆装

1. 实训目的与要求

1) 了解 C616 车床溜板箱的结构组成。

2) 了解 C616 车床溜板箱的传动原理。

3) 掌握 C616 车床溜板箱的拆装工艺流程。

2. 实训设备与工量具

内六角扳手、活扳手、锤子、顶拔器、铜棒、一字槽螺钉旋具、十字槽螺钉旋具、卡簧钳、C616 车床溜板箱。

3. 实训内容

1) 分析 C616 车床溜板箱装配图（见图 10-1），结合 C616 车床溜板箱箱体分析箱体结构的组成和传动原理。

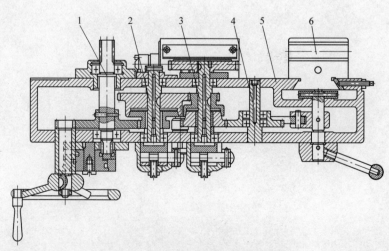

图 10-1　C616 车床溜板箱装配图

1—第四轴　2—第三轴　3—第二轴　4—第一轴　5—箱体　6—开合螺母

2）总结箱体的拆卸、装配工艺流程，准备所需要的拆装工具进行拆卸和装配操作。

① C616 车床溜板箱拆卸训练。

a. 松开开合螺母的调整螺钉，取下调整垫块，卸下开合螺母。

b. 拆卸车床溜板箱第一轴，第一轴结构组成如图 10-2 所示，按照零件的拆卸顺序选择相应的工具进行拆卸，其拆卸顺序见表 10-1。

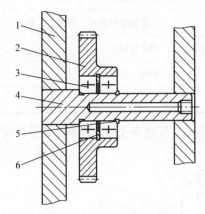

图 10-2 车床溜板箱第一轴

1—箱体 2—齿轮 3—轴承 4—轴
5—卡簧 6—挡圈

表 10-1 车床溜板箱第一轴拆卸顺序

序号	操作内容	辅助工具
1	松开卡簧	轴用卡簧钳
2	从右向左敲击轴，卸下轴	铜棒、锤子
3	取下齿轮和卡簧	
4	将两个轴承和卡簧从齿轮上卸下	压力机

c. 拆卸车床溜板箱第二轴，第二轴结构组成如图 10-3 所示，按照零件的拆卸顺序选择相应的工具进行拆卸，其拆卸顺序见表 10-2。

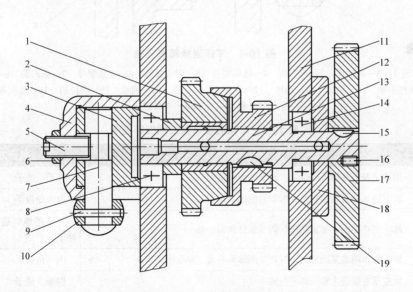

图 10-3 车床溜板箱第二轴

1—齿轮 1 2—调整环 3—调整块 4—轴承端盖 5—调节螺钉 6—锁紧螺母 7—偏心轴 8—轴承
9—销轴 10—调整手柄 11—箱体 12—齿轮 2 13—轴 14—轴承 15、19—半圆键 16—锁紧螺钉
17—蜗轮 18—轴承端盖

表 10-2　车床溜板箱第二轴拆卸顺序

序号	操作内容	辅助工具
1	拆卸蜗轮：先卸下轴向紧定螺钉，用顶拔器拔下蜗轮，取下半圆键	一字槽螺钉旋具、顶拔器
2	旋下轴承端盖紧固螺钉，拆卸右侧轴承端盖	内六角扳手
3	卸下调整手柄、锁紧螺母、调节螺钉和偏心轴	一字槽螺钉旋具、活扳手、冲子
4	旋下轴承盖紧固螺钉，拆卸左侧轴承端盖，并取出调整块	内六角扳手
5	从左至右敲击主轴，卸下主轴	铜棒、锤子
6	依次取下轴承、调整环、齿轮1、齿轮2和半圆键	

d.拆卸车床溜板箱第三轴，第三轴结构组成如图 10-4 所示，按照零件的拆卸顺序选择相应的工具进行拆卸，其拆卸顺序见表 10-3。

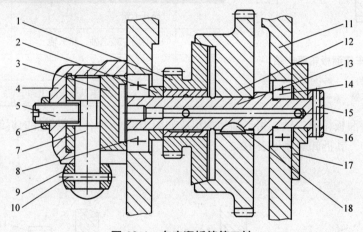

图 10-4　车床溜板箱第三轴

1—齿轮1　2—调整环　3—调整块　4—轴承端盖　5—调节螺钉　6—锁紧螺母　7—偏心轴　8—轴承
9—调整手柄　10—销轴　11—箱体　12—齿轮2　13—轴　14—轴承　15—限位销　16—轴向限位圈
17—轴承端盖　18—半圆键

表 10-3　车床溜板箱第三轴拆卸顺序

序号	操作内容	辅助工具
1	用冲子敲击并拆下限位销，卸下轴向限位圈	冲子、锤子
2	旋下轴承端盖紧固螺钉，拆卸右侧轴承端盖	内六角扳手
3	卸下调整手柄、锁紧螺母、调节螺钉和偏心轴	一字槽螺钉旋具、活扳手、冲子
4	旋下轴承端盖紧固螺钉，拆卸左侧轴承端盖，并取出调整块	内六角扳手
5	从左至右敲击主轴，卸下主轴	铜棒、锤子
6	依次取下轴承、调整环、齿轮1、齿轮2和半圆键	

e.拆卸车床溜板箱第四轴，第四轴结构组成如图 10-5 所示，按照零件的拆卸顺序选择相应的工具进行拆卸，其拆卸顺序见表 10-4。

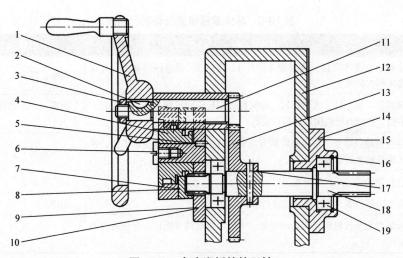

图 10-5　车床溜板箱第四轴

1—手轮　2—半圆键　3—六角螺母　4—刻度盘　5—紧定螺钉　6——字槽螺钉　7、9、15—内六角螺钉　8—端盖
10—轴承端盖　11—齿轮轴　12—箱体　13—齿轮　14—轴承支架　16—卡簧　17—销钉　18—轴　19—轴承

表 10-4　车床溜板箱第四轴拆卸顺序

序号	操作内容	辅助工具
1	卸下六方螺母，拆卸手轮，并取下半圆键	活扳手
2	卸下一字槽螺钉，拆下刻度盘	一字槽螺钉旋具
3	旋下内六角螺钉，拆卸端盖	内六角扳手
4	旋下内六角螺钉，拆卸轴承端盖；卸下骑缝紧定螺钉，进行分解	内六角扳手、一字槽螺钉旋具
5	拆下齿轮销钉，旋下轴承支架紧固螺钉，从左向右敲击主轴，拆下主轴，依次取下轴承和齿轮	冲子、内六角扳手、铜棒、锤子
6	用卡簧钳松开卡簧，将轴、轴承、轴承支架分解	孔用卡簧钳
7	从左至右取下齿轮轴	

② C616 车床溜板箱装配训练。

a. 装配车床溜板箱第四轴，第四轴结构组成如图 10-5 所示，按照零件的装配顺序选择相应的工具进行装配，其装配顺序见表 10-5。

表 10-5　车床溜板箱第四轴装配顺序

序号	操作内容	辅助工具
1	将轴、轴承、轴承支架进行组装，并将孔用卡簧进行轴向固定	铜棒、孔用卡簧钳
2	将轴从右向左安装到箱体上，并穿上齿轮和轴承，用销钉对齿轮进行轴向定位，旋紧内六角螺钉将轴承支架紧固	铜棒、内六角扳手
3	安装轴承端盖，用内六角螺钉进行紧固	内六角扳手
4	安装端盖，用内六角螺钉进行紧固	内六角扳手
5	安装刻度盘，用一字槽螺钉进行紧固	一字槽螺钉旋具
6	从右向左安装齿轮轴，放好半圆键，安装手轮，用六角螺母进行轴向紧固	活扳手
7	检验手轮的运动灵活性	

b. 装配车床溜板箱第三轴，第三轴结构组成如图 10-4 所示，按照零件的装配顺序选择相应的工具进行装配，其装配顺序见表 10-6。

表 10-6 车床溜板箱第三轴装配顺序

序号	操作内容	辅助工具
1	在主轴上安装半圆键，依次套上齿轮1、齿轮2、调整环和轴承，并安装到箱体相应位置上	铜棒、锤子
2	将调整块、偏心轴、调节螺钉、锁紧螺母安装到轴承端盖上，并安装上调整手柄，检测调整机构运动是否灵活	铜棒、一字槽螺钉旋具、活扳手
3	安装左侧轴承端盖，紧固好后调节调节螺钉，保证离合器正常工作，并用锁紧螺母锁紧调节螺钉	内六角扳手、一字槽螺钉旋具
4	安装右侧轴承端盖，并锁紧	内六角扳手
5	安装轴向限位圈，并用限位销进行轴向固定	铜棒
6	检验离合器及齿轮轴是否运动灵活、平稳，调整调节螺钉，保证离合器正常工作	

c. 装配车床溜板箱第二轴，第二轴结构组成如图10-3所示，按照零件的装配顺序选择相应的工具进行装配，其装配顺序见表10-7。

表 10-7 车床溜板箱第二轴装配顺序

序号	操作内容	辅助工具
1	在主轴上安装半圆键，依次套上齿轮1、齿轮2、调整环和轴承，并安装到箱体相应位置上	铜棒、锤子
2	将调整块、偏心轴、调节螺钉、锁紧螺母安装到轴承端盖上，并安装上调整手柄，检测调整机构运动是否灵活	铜棒、一字槽螺钉旋具、活扳手
3	安装左侧轴承端盖，紧固好后调整调节螺钉，保证离合器正常工作，并用锁紧螺母锁紧调节螺钉	内六角扳手、一字槽螺钉旋具
4	安装右侧轴承盖，并锁紧	内六角扳手
5	先放好半圆键，敲击安装蜗轮，并用紧定螺钉紧固	铜棒、一字槽螺钉旋具
6	检验离合器及齿轮轴是否运动灵活、平稳，调节调节螺钉，保证离合器正常工作	

d. 装配车床溜板箱第一轴，第一轴结构组成如图10-2所示，按照零件的装配顺序选择相应的工具进行装配，其装配顺序见表10-8。

表 10-8 车床溜板箱第一轴装配顺序

序号	操作内容	辅助工具
1	将两个轴承、卡簧安装到齿轮轴孔内	压力机或铜棒
2	将齿轮、卡簧、轴安装到箱体相应位置，先从左向右敲击，将齿轮安装到位，之后从右向左敲击，将轴安装到位	铜棒、锤子
3	将卡簧安装至卡簧槽	轴用卡簧钳

e. 安装开合螺母，通过调整垫块和调整螺钉来调整开合螺母的运动间隙。

f. 进行箱体的检验调整。

4. 实训思考题

1）常用的拆卸方法有哪几种？

2）装配前需做哪些准备工作？

实训项目 2　车床主轴箱拆装

1. 实训目的与要求

1）了解 C616 车床主轴箱的结构组成。

2）了解 C616 车床主轴箱的传动原理。

3）掌握 C616 车床主轴箱的拆装工艺流程。

2. 实训设备与工量具

内六角扳手、活扳手、钩扳手、锤子、顶拔器、铜棒、一字槽螺钉旋具、十字槽螺钉旋具、卡簧钳、C616 车床主轴箱。

3. 实训内容

1）分析 C616 车床主轴箱装配图（见图 10-6），结合 C616 车床主轴箱箱体和 C616 车床主轴箱仿真教学软件分析箱体结构组成和传动原理。

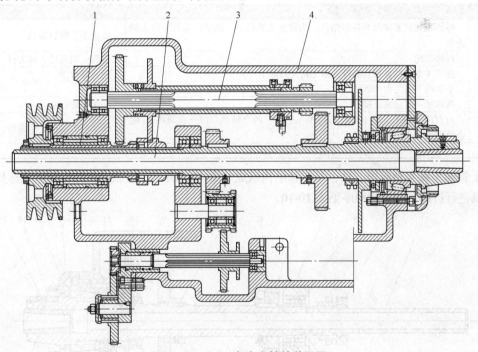

图 10-6　C616 车床主轴箱装配图

1—第一轴　2—第二轴　3—第三轴　4—箱体

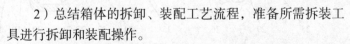

2）总结箱体的拆卸、装配工艺流程，准备所需拆装工具进行拆卸和装配操作。

① C616 车床主轴箱仿真教学软件虚拟仿真拆卸。

a. 拆卸车床主轴箱第一轴，第一轴结构组成如图 10-7 所示，按照零件的拆卸顺序选择相应的工具进行拆卸，其拆卸顺序见表 10-9。

扫码看
主轴箱装配

扫码看
主轴箱拆卸

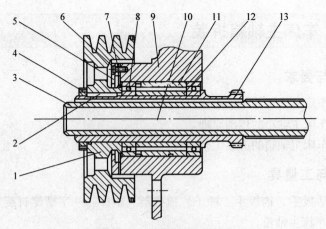

图 10-7　车床主轴箱第一轴

1—带轮　2—平键　3—主轴　4—锁紧螺母　5—法兰盘　6—内六角螺钉　7—纸垫　8—轴承　9—箱体
10—紧定螺钉　11—外止动环　12—内止动环　13—齿轮套筒

表 10-9　车床主轴箱第一轴拆卸顺序

序号	操作内容	辅助工具
1	拆卸带轮锁紧螺母和翅形垫片，为防止主轴转动，用螺钉旋具卡住主轴齿轮	钩扳手、螺钉旋具
2	拆卸带轮	抓钩、填充件、加力杆
3	拆卸 3 个法兰盘锁紧螺母，需先松开后卸下	内六角扳手
4	手动取下法兰盘和纸垫	
5	拆卸轴向定位紧定螺钉	一字槽螺钉旋具
6	由右向左敲击，卸下齿轮套筒组（平键、两个轴承、内外止动环），配合使用大、小铜棒将其敲下	锤子、大铜棒、小铜棒
7	分解齿轮套筒组，将零件按轴系依次摆放整齐	

　　b. 拆卸车床主轴箱第二轴，第二轴结构组成如图 10-8 所示，按照零件的拆卸顺序选择相应的工具进行拆卸，其拆卸顺序见表 10-10。

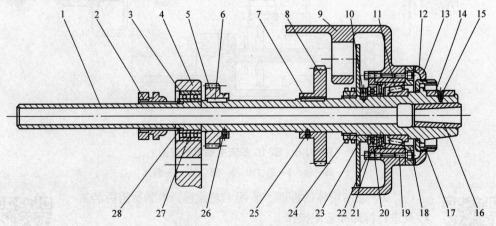

图 10-8　车床主轴箱第二轴

1—主轴　2—内齿轮　3、11、20—轴承　4、9—箱体　5—小齿轮　6、7、14—平键　8—大齿轮
10、25、26—紧定螺钉　12—防尘罩　13、15、19—螺钉　16—顶尖变径衬套　17—卡盘螺母
18—法兰盘　21—分油圈　22—螺栓　23—甩油盘　24—锁紧螺母　27—圆环　28—卡簧

表 10-10　车床主轴箱第二轴拆卸顺序

序号	操作内容	辅助工具
1	拆卸 3 个防尘罩紧固螺钉，取下防尘罩	内六角扳手
2	拆卸大齿轮、小齿轮和甩油盘 3 个紧定螺钉	一字槽螺钉旋具
3	松开两个甩油盘锁紧螺母	钩扳手、螺钉旋具
4	由左向右敲击主轴，将两个深沟球轴承带出箱体轴承座孔	大铜棒
5	松开轴向定位卡簧，去除轴向定位限制	轴用卡簧钳
6	手动继续向右串主轴，依次取下内齿轮、卡簧、轴承、挡圈、轴承、小齿轮、大齿轮、锁紧螺母两个、甩油盘、止推轴承，将主轴取下摆放在工作台上	
7	从主轴上拆下向心推力轴承内环	锤子、铜棒
8	拆卸法兰盘 6 个锁紧螺钉，螺钉需先松开后卸下	内六角扳手
9	手动取下法兰盘摆放好	
10	拆卸分油圈 6 根锁紧螺栓，先用外六角扳手松开，再手动依次旋下	外六角扳手
11	由右向左敲击分油圈将其卸下	锤子、小铜棒
12	由左向右敲击圆锥滚子轴承外环，将其卸下	锤子、小铜棒

c. 拆卸车床主轴箱第三轴，第三轴结构组成如图 10-9 所示，按照零件的拆卸顺序并选择相应的工具进行拆卸，其拆卸顺序见表 10-11。

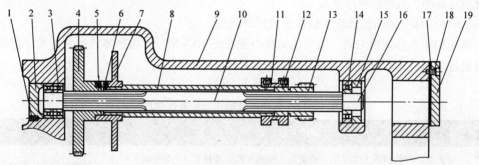

图 10-9　车床主轴箱第三轴

1、16、18—螺钉　2—堵头　3、14—轴承　4—大齿轮　5、6、12—紧定螺钉　7—拨动盘　8—距离套筒　9—箱体　10—花键轴　11—连接套　13—小齿轮　15—挡圈　17—纸垫　19—法兰盘

表 10-11　车床主轴箱第三轴拆卸顺序

序号	操作内容	辅助工具
1	拆卸挡圈紧定螺钉，连接套紧定螺钉，堵头骑缝螺钉	一字槽螺钉旋具
2	拆卸法兰盘，取下纸垫	内六角扳手
3	由右向左适量敲击花键轴，卸下堵头	锤子、小铜棒
4	由左向右敲击花键轴，卸下挡圈和轴承	锤子、小铜棒
5	继续由左向右敲击花键轴，卸下花键轴	锤子、小铜棒
6	取下距离套筒、波动片、大齿轮	
7	由左向右敲击卸下两个轴承	锤子、小铜棒

d. C616 车床主轴箱仿真教学软件仿真实训操作流程如下：

软件交互操作：单击选择零件或工具，按住鼠标中键进行视图平移，按住鼠标右键进行视图旋转。

第一步：单击选择当前工艺规则下需要进行装拆的零件，零件呈橙色高亮显示。

第二步：在选中的零件上单击右键，弹出功能选择按钮，选择当前操作状态，如"安装"或者"拆卸"。若当前操作状态选择正确，则零件呈绿色高亮显示；若选择错误，零件呈红色高亮显示。

第三步：从工具箱选择当前操作所需要的工具，选择完毕后单击"确定"按钮，若工具选择正确，软件界面右下角出现绿色勾号，如工具选择错误，软件界面右下角出现红色叉号。如需要重新选择拆装工具，单击"重置"按钮，进行重新选择并确定。

第四步：拾取工具的使用位置。选择工具正确的使用位置后单击鼠标左键，工具自动捕捉到相应位置。

第五步：软件自动演示工具的使用方法和零件的拆卸过程。

② C616 车床主轴箱拆卸训练。

a.拆卸车床主轴箱第一轴，第一轴结构组成如图 10-7 所示，按照零件的拆卸顺序选择相应的工具进行拆卸，其拆卸顺序见表 10-9。

b.拆卸车床主轴箱第二轴，第二轴结构组成如图 10-8 所示，按照零件的拆卸顺序选择相应的工具进行拆卸，其拆卸顺序见表 10-10。

c.拆卸车床主轴箱第三轴，第三轴结构组成如图 10-9 所示，按照零件的拆卸顺序选择相应的工具进行拆卸，其拆卸顺序见表 10-11。

③ C616 车床主轴箱仿真教学软件虚拟仿真装配。

a.装配车床主轴箱第三轴，第三轴结构组成如图 10-9 所示，按照零件的装配顺序选择相应的工具进行装配，其装配顺序见表 10-12。

表 10-12　车床主轴箱第三轴装配顺序

序号	操作内容	辅助工具
1	组装空心齿轮轴系（大齿轮、波动片、距离套筒、连接套、3 个顶丝），并安装到箱体合适位置	一字槽螺钉旋具、铜棒
2	将小齿轮套装在花键轴右端，并从右向左安装花键轴	锤子、小铜棒
3	安装花键轴右端轴承	锤子、小铜棒
4	安装挡圈并用紧固螺钉进行轴向定位	锤子、一字槽螺钉旋具、小铜棒
5	安装花键轴左端两个轴承	小铜棒
6	安装连接套与小齿轮之间轴向定位顶丝	一字槽螺钉旋具
7	安装堵头并调整轴向间隙至规定的技术要求，用骑缝螺钉进行轴向定位	大铜棒、一字槽螺钉旋具
8	安装纸垫、法兰盘，并用内六角螺钉进行紧固，螺钉需先预紧，再拧紧	内六角扳手

b.装配车床主轴箱第二轴，第二轴结构组成如图 10-8 所示，按照零件的装配顺序选择相应的工具进行装配，其装配顺序见表 10-13。

表 10-13　车床主轴箱第二轴装配顺序

序号	操作内容	辅助工具
1	安装分油圈并紧固，6 个紧固螺栓应对角位置优先安装，先旋入、预紧、后紧固	外六角扳手
2	安装圆锥滚子轴承外环	大铜棒
3	安装法兰盘并紧固，6 个紧固螺钉应对角位置优先安装，先旋入、预紧、后紧固	内六角扳手
4	安装两个深沟球轴承，中间安放圆环	锤子、大铜棒
5	从右向左穿入主轴，并依次安放推力轴承（松环、滚动体、紧环）、甩油盘、锁紧螺母两个、大齿轮、小齿轮、卡簧、内齿轮，将主轴敲击到位	扁铲、大铜棒
6	将卡簧安装到轴卡簧槽内	轴用卡簧钳
7	预紧甩油盘两个锁紧螺母	钩扳手、螺钉旋具
8	敲击大齿轮到对应位置，并用紧固螺钉进行轴向定位	大铜棒、一字槽螺钉旋具
9	调整小齿轮位置，并用紧固螺钉进行轴向定位	扁铲、大铜棒、一字槽螺钉旋具
10	调整主轴径向圆跳动、轴向窜动至技术要求	铜棒
11	拧紧两个锁紧螺母	钩扳手、螺钉旋具

c. 装配车床主轴箱第一轴，第一轴结构组成如图 10-7 所示，按照零件的装配顺序选择相应的工具进行装配，其装配顺序见表 10-14。

表 10-14　车床主轴箱第一轴装配顺序

序号	操作内容	辅助工具
1	组装齿轮套筒组（平键、两个轴承、内外止动环）并进行敲击安装	大铜棒
2	安装齿轮套筒组轴向定位紧定螺钉	一字槽螺钉旋具
3	添加纸垫，安装法兰盘并紧固，3 个紧固螺钉先旋入、预紧，后拧紧	内六角扳手
4	安装带轮	大铜棒
5	安装翅形垫片及带轮锁紧螺母	钩扳手、螺钉旋具

④ C616 车床主轴箱装配训练。

a. 装配车床主轴箱第三轴，第三轴结构组成如图 10-9 所示，按照零件的装配顺序选择相应的工具进行装配，其装配顺序见表 10-12 所示。

b. 装配车床主轴箱第二轴，第二轴结构组成如图 10-8 所示，按照零件的装配顺序选择相应的工具进行装配，其装配顺序见表 10-13 所示。

c. 装配车床主轴箱第一轴，第一轴结构组成如图 10-7 所示，按照零件的装配顺序选择相应的工具进行装配，其装配顺序见表 10-14 所示。

d. 进行箱体的检验调整。

4. 实训思考题

1）常见的可拆卸连接和不可拆卸连接都有哪些？

2）滚动轴承在拆装时应注意哪些事项？

3）常用的键有哪几种？各有哪些应用特点？

实训项目 3　车床变速箱拆装

1. 实训目的与要求

1）了解 C616 车床变速箱的结构组成。

2）了解 C616 车床变速箱的传动原理。

3）掌握 C616 车床变速箱的拆、装工艺流程。

2. 实训设备与工量具

内六角扳手、活扳手、锤子、铜棒、一字槽螺钉旋具、十字槽螺钉旋具、卡簧钳、顶拔器、C616 车床变速箱。

3. 实训内容

1）分析 C616 车床变速箱装配图（见图 10-10），结合 C616 车床变速箱箱体分析箱体结构组成和传动原理。

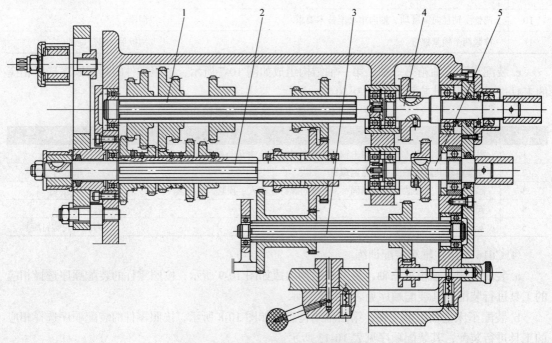

图 10-10　C616 车床变速箱装配图

1—第四轴　2—第三轴　3—中间轴　4—第二轴　5—第一轴

2）总结箱体的拆卸、装配工艺流程，准备所需要的拆装工具进行拆卸和装配操作。

① C616 车床变速箱拆卸训练。

a. 卸下紧固螺钉和定位销，卸下箱体的前面板和后箱盖。

b. 拆卸车床变速箱第一轴，第一轴结构组成如图 10-11 所示，按照零件的拆卸顺序选择相应的工具进行拆卸，其拆卸顺序见表 10-15。

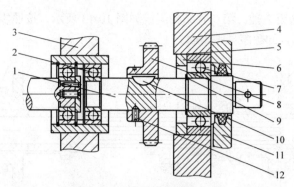

图 10-11　车床变速箱第一轴

1—轴　2、7—轴承　3、4—箱体　5、12—紧定螺钉　6—挡圈　8—齿轮　9—卡簧　10—半圆键　11—端盖

表 10-15　车床变速箱第一轴拆卸顺序

序号	操作内容	辅助工具
1	旋下端盖紧固螺钉，拆下端盖	内六角扳手
2	松开齿轮紧定螺钉	一字槽螺钉旋具
3	利用顶拔器从左向右拔出轴，并取下齿轮和半圆键	顶拔器
4	松开卡簧，卸下轴承	轴用卡簧钳、铜棒、锤子
5	松开挡圈紧定螺钉，从右向左敲击卸下挡圈	一字槽螺钉旋具、铜棒、锤子

　　c. 拆卸车床变速箱第二轴，第二轴结构组成如图 10-12 所示，按照零件的拆卸顺序选择相应的工具进行拆卸，其拆卸顺序见表 10-16。

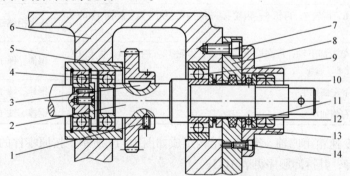

图 10-12　车床变速箱第二轴

1—紧定螺钉　2—轴　3—半圆键　4—轴承　5—齿轮　6—箱体　7、14—内六角螺钉　8—端盖　9—向心轴承
10、11—推力轴承　12—锁紧螺母　13—罩盖

表 10-16　车床变速箱第二轴拆卸顺序

序号	操作内容	辅助工具
1	旋下内六角螺钉，拆卸罩盖	内六角扳手
2	拆下两个锁紧螺母和推力轴承	活扳手
3	旋下内六角螺钉，拆卸端盖	内六角扳手
4	松开齿轮紧定螺钉	一字槽螺钉旋具
5	利用顶拔器从左至右拉出轴，并取下齿轮、半圆键、推力轴承	顶拔器
6	将深沟球轴承从轴上卸下	铜棒、锤子

d. 拆卸车床变速箱第三轴，第三轴结构组成如图 10-13 所示，按照零件的拆卸顺序选择相应的工具进行拆卸，其拆卸顺序见表 10-17。

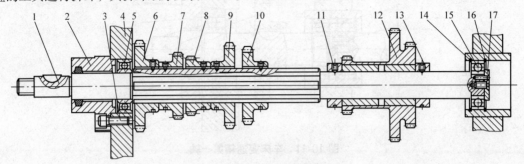

图 10-13　车床变速箱第三轴

1—轴　2—轴承端盖　3—内六角螺钉　4—箱体　5、15—轴承　6~10、12—齿轮
11、13—挡圈　14、16—卡簧　17—轴端盖

表 10-17　车床变速箱第三轴拆卸顺序

序号	操作内容	辅助工具
1	旋下紧定螺钉，卸下轴承端盖	内六角扳手
2	旋下一字槽螺钉，卸下定位销，拆卸轴端盖	一字槽螺钉旋具
3	拆卸两个卡簧	轴用卡簧钳
4	松开齿轮 6、齿轮 7、齿轮 8、齿轮 9、齿轮 10、挡圈 11、挡圈 13 的紧定螺钉	一字槽螺钉旋具
5	从右向左敲击卸下轴，依次取下挡圈 13、齿轮 12、挡圈 11、齿轮 10、齿轮 9、齿轮 8、齿轮 7、齿轮 6	铜棒、锤子
6	从轴上拆下左侧轴承	铜棒、锤子
7	敲击拆卸右侧轴承	铜棒、锤子

e. 拆卸车床变速箱第四轴，第四轴结构组成如图 10-14 所示，按照零件的拆卸顺序选择相应的工具进行拆卸，其拆卸顺序见表 10-18。

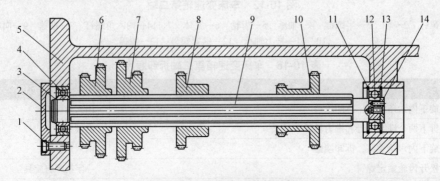

图 10-14　车床变速箱第四轴

1—内六角螺钉　2—端盖　3、11、13—卡簧　4、12—轴承　5—箱体　6、7、8、10—齿轮　9—轴　14—轴端盖

表 10-18 车床变速箱第四轴拆卸顺序

序号	操作内容	辅助工具
1	旋下紧定螺钉，拆卸左侧端盖	内六角扳手
2	旋下一字槽螺钉，拆下销钉，拆卸轴端盖	一字槽螺钉旋具
3	从右向左敲击主轴，拆卸轴，并依次取下齿轮 10、齿轮 8、齿轮 7、齿轮 6	铜棒、锤子
4	将左侧轴承从轴上拆下	铜棒、锤子
5	拆卸两个卡簧	轴用卡簧钳
6	敲击拆卸右侧轴承	铜棒、锤子

f. 拆卸车床变速箱中间轴，中间轴结构组成如图 10-15 所示，按照零件的拆卸顺序选择相应的工具进行拆卸，其拆卸顺序见表 10-19。

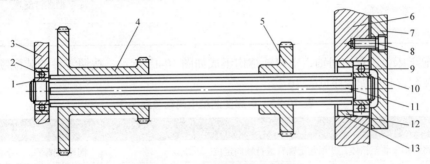

图 10-15 车床变速箱中间轴

1、10—卡簧 2、9—轴承 3、6—箱体 4—大齿轮 5—小齿轮 7—端盖 8—内六角螺钉
11—花键轴 12—挡圈 13—紧定螺钉

表 10-19 车床变速箱中间轴拆卸顺序

序号	操作内容	辅助工具
1	旋下紧固螺钉，拆卸端盖	内六角扳手
2	拆卸两个卡簧	轴用卡簧钳
3	从右向左敲击花键轴，卸下花键轴，并依次取下小齿轮、大齿轮	铜棒、锤子
4	将左侧轴承从花键轴上卸下	铜棒、锤子
5	松开挡圈紧定螺钉	一字槽螺钉旋具
6	敲击拆卸挡圈和轴承	铜棒、锤子

② C616 车床变速箱装配训练。

a. 装配车床变速箱第四轴，第四轴结构组成如图 10-14 所示，按照零件的装配顺序选择相应的工具进行装配，其装配顺序见表 10-20。

表 10-20 车床变速箱第四轴装配顺序

序号	操作内容	辅助工具
1	将右端轴承安装至轴承座孔，并用两个卡簧进行轴向定位	铜棒、锤子、轴用卡簧钳
2	将左端轴承安装至轴上	铜棒、锤子
3	从左至右将轴安装至箱体上，并依次套上齿轮 6、齿轮 7、齿轮 8、齿轮 10	铜棒、锤子
4	安装轴端盖，并用销钉定位，用一字槽螺钉紧固	铜棒、一字槽螺钉旋具
5	安装左侧端盖，并用螺钉紧固	内六角扳手
6	检查调整运行状况	

b. 装配车床变速箱第三轴，第三轴结构组成如图 10-13 所示，按照零件的装配顺序并选择相应的工具进行装配，其装配顺序见表 10-21。

表 10-21 车床变速箱第三轴装配顺序

序号	操作内容	辅助工具
1	将轴承安装至右侧轴承座孔，并用两个卡簧进行轴向定位	铜棒、锤子、轴用卡簧钳
2	将轴承安装到轴的左端，将轴安装至箱体上，并依次套上齿轮 6、齿轮 7、齿轮 8、齿轮 9、齿轮 10、挡圈 11、齿轮 12、挡圈 13	铜棒、锤子
3	安装轴端盖，用销钉定位，用一字槽螺钉紧固	一字槽螺钉旋具、铜棒
4	安装轴承端盖，并用螺钉进行紧固	内六角螺钉
5	固定齿轮 6、齿轮 7、齿轮 8、齿轮 9、齿轮 10、挡圈 11、挡圈 13 的轴向定位紧定螺钉	一字槽螺钉旋具
6	检查调整运行状况	

c. 装配车床变速箱中间轴，中间轴结构组成如图 10-15 所示，按照零件的装配顺序选择相应的进行装配，其装配顺序见表 10-22。

表 10-22 车床变速箱中间轴装配顺序

序号	操作内容	辅助工具
1	将挡圈安装至箱体，并用紧定螺钉进行轴向定位	铜棒、锤子、一字槽螺钉旋具
2	将左侧轴承安装至箱体轴承座孔	铜棒、锤子
3	将右侧轴承安装至花键轴上，并用卡簧进行轴向定位	铜棒、锤子、轴用卡簧钳
4	将花键轴安装到箱体上，并依次套上小齿轮、大齿轮	铜棒、锤子
5	安装左侧卡簧进行轴向定位	轴用卡簧钳
6	安装端盖，用螺钉进行紧固	内六角扳手
7	检查调整运行状况	

d. 装配车床变速箱第二轴，第二轴结构组成如图 10-12 所示，按照零件的装配顺序选择相应的工具进行装配，其装配顺序见表 10-23。

表 10-23 车床变速箱第二轴装配顺序

序号	操作内容	辅助工具
1	安装左侧轴承，使其与左侧调整环贴紧	铜棒、锤子
2	将向心轴承套在轴上，并在轴上安装半圆键，套上齿轮，将轴安装至箱体上	铜棒、锤子
3	旋紧齿轮紧定螺钉	一字槽螺钉旋具
4	安装推力轴承，安装端盖，并用内六角螺钉紧固	内六角扳手
5	安装另一个推力轴承，依次安装两个锁紧螺母进行锁紧	活扳手
6	安装罩盖，并用内六角螺钉紧固	内六角扳手
7	检查调整运行情况	

e. 装配车床变速箱第一轴，第一轴结构组成如图 10-11 所示，按照零件的装配顺序选择相应的工具进行装配，其装配顺序见表 10-24。

表 10-24　车床变速箱第一轴装配顺序

序号	操作内容	辅助工具
1	安装左侧轴承，使其与左侧调整环贴紧	铜棒、锤子
2	安装挡圈，并用一字槽螺钉进行轴向定位	铜棒、锤子、一字槽螺钉旋具
3	将轴承套在轴上，并用卡簧进行轴向定位	铜棒、锤子、轴用卡簧钳
4	在轴上安装半圆键，套上齿轮，将轴安装至箱体上	铜棒、锤子
5	安装齿轮紧定螺钉	一字槽螺钉旋具
6	安装端盖，并用螺钉进行紧固	内六角扳手
7	检查调整运行情况	

f. 安装箱体的前面板和后盖，并用螺钉紧固用销钉定位。在安装前面板时，注意按图样要求使每个拨叉安装到相应齿轮上。

g. 进行箱体的检验调整。

4. 实训思考题

1）顶拔器在使用过程中有哪些注意事项？

2）齿轮轴在装配时有哪些注意事项？

3）C616 车床变速箱可以实现多少种不同的输出转速？

4）结合实训中的 3 个箱体举例说明什么是组件装配、部件装配和总装配。

机械拆装实训安全操作规程

1）正确选择使用工量具进行变速箱的拆装、检查和调整。

2）必须在教师指导下搞清楚拆装实习步骤、方法和要求；否则不能盲目拆装，以免造成机件损坏。对不可拆卸的部位或机件应事先弄清楚，避免猛敲、猛打和强拆、蛮拆，防止零部件出现不应有的损伤。

3）拆下的零部件应放在箱内或搁架上，搬动大的零部件务必注意安全，以防砸伤人及机件，操作中，机件和工具不得落地。

4）实习结束后，清理场地、设备，整理好工位，清点并擦净工量具，放回原处。

第 11 章

模 具

实训项目 1 冲模拆装

1. 实训目的与要求

1）了解冲模的结构组成。

2）掌握冲孔、落料复合模具的冲裁成型原理。

3）掌握复合模具的拆卸、装配工艺流程。

2. 实训设备与工量具

内六角扳手、铜棒、锤子、活扳手、冲子、压力机、千分尺磁力表座、基准平板、垫圈倒装式复合模具。

3. 实训内容

1）分析冲孔、落料复合模具装配图（图 11-1），结合冲孔、落料复合模具分析模具零件组成、零件之间的连接固定方式、模具的冲裁成型过程。

2）总结模具的拆卸、装配工艺流程，准备所需要的拆装工具进行拆卸和装配操作。

① 冲孔、落料复合模具虚拟仿真拆卸。冲孔、落料复合模具组成结构如图 11-1 所示，其拆卸顺序见表 11-1。在冲模仿真教学软件的拆卸虚拟仿真实训平台上，按照零件的拆卸顺序要求仿真拆卸冲孔、落料复合模具。

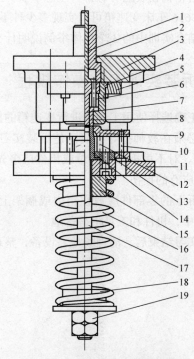

图 11-1　冲孔、落料复合模具

1—打杆　2—模柄　3—上模座　4—落料凹模　5—凹模固定板
6—推杆　7—冲孔凸模　8—推件块　9—压边圈
10—限位钉　11—下模座　12—托杆　13—凸凹模固定板
14—凸凹模　15—上托板　16—卸料弹簧
17—调节螺杆　18—下托板　19—螺母

表 11-1　冲孔、落料复合模具拆卸顺序

序号	操作内容	辅助工具
1	分模，将上、下模分开	
2	拆卸凹模固定板紧固螺钉和销钉，拆卸凹模组件，并取下打杆	活扳手、冲子、锤子
3	从凹模组件上依次拆下冲孔凸模、推杆、推件块，并拆下落料凹模	铜棒、锤子
4	拆卸模柄	铜棒、锤子
5	拆卸导套	铜棒、锤子
6	松开两个调节螺母，依次卸下下托板、卸料弹簧、上托板	活扳手
7	卸下调节螺杆	活扳手
8	旋下限位钉，拆卸压边圈，并取下托杆	内六角扳手
9	旋下凸模固定板紧固螺钉，拆卸凸模组件	内六角扳手
10	将凸模从凸凹模固定板上卸下	铜棒、锤子
11	拆卸导柱	铜棒、锤子

软件操作方法如下。

a. 打开冲模仿真教学软件。

b. 单击"手动拆装"，再单击"拆卸"按钮，使软件进入虚拟仿真交互拆卸模块。

c. 选中当前需要操作的模具零件，零件呈黄色高亮显示。

d. 双击鼠标左键或者单击界面上的"拆卸"按钮拆卸零件，如果当前选择的零件和操作步骤正确，则零件被拆下离开基础件，若选择错误，则模具零件无动作。当前被拆卸下来的零件摆放在工作界面中时，单击"回收"按钮，零件被回收至软件界面左侧的模型树中。

e. 在软件的交互界面中，选中零件后，按住鼠标左键进行零件的平移，按住鼠标右键实现当前视图的旋转，滚动鼠标滚轮实现当前视图的放缩。

② 冲孔、落料复合模具拆卸训练。参考表 11-1 中的冲孔、落料复合模具拆卸工艺，并选择相应的工具拆卸冲孔、落料复合模具。

③ 冲孔、落料复合模具虚拟仿真装配。冲孔、落料复合模具组成结构如图 11-1 所示，其装配顺序见表 11-2。在冲压模具仿真教学软件的装配虚拟仿真实训平台上，按照零件的装配顺序要求仿真装配冲孔、落料复合模具。

表 11-2　冲孔、落料复合模具装配顺序

序号	操作内容	辅助工具
1	将导套装入上模座孔，装配完成后检测导套与上模座的垂直度	铜棒、锤子、磁力表座千分尺、基准平板
2	将导柱装入下模座孔，装配完成后检测导柱与下模座的垂直度	铜棒、锤子、磁力表座千分尺、基准平板
3	将上模座与下模座合模试验导柱导套的配合情况	
4	将凹模装入凹模固定板，并依次装入推件块、冲孔凸模、推杆	铜棒、锤子
5	将凹模组件安装至上模座，并用销钉定位、用螺钉紧固	内六角扳手、铜棒
6	将凸凹模装入凸模固定板	铜棒、锤子
7	将凸模组件装入下模座，并用销钉定位，用螺钉紧固	内六角扳手、铜棒
8	安装调节螺杆	活扳手
9	依次装入上托板、调节弹簧、下托板，并用两个螺母进行固定	活扳手
10	安装托杆、压边圈，用限位螺钉固定	内六角扳手
11	上、下模合模，检查模具的运行情况和卸料力的大小	
12	调整螺母的位置，调节卸料力的大小，并用双螺母锁紧	活扳手

软件操作方法如下。

a. 打开冲压模具仿真教学软件。

b. 单击"手动拆装",再单击"安装"按钮,使软件进入虚拟仿真交互装配模块。

c. 在图 11-2 所示软件界面左侧模型树中单击当前需要操作的模具零件后移动光标至工作界面,当前需要操作的模具零件被拖动至界面中呈黄色高亮显示。

d. 选中界面中的单个零件(选中的零件呈黄色高亮显示),按住鼠标左键将零件拖动至安装位置处,零件自动捕捉安装位置,同时由高亮显示的黄色变暗,表示零件进入装配捕捉阶段;松开鼠标左键,若当前装配操作顺序正确,则零件安装到安装位置上,若当前装配操作顺序不正确,零件未被安装至安装位置,重新选择零件或者选择零件的安装位置。未被安装的或者多余的零件摆放在工作界面中,单击"回收"按钮,零件被回收至软件界面左侧的模型树中。

图 11-2 软件界面模型树

e. 在软件的交互界面中,选中零件后,按住鼠标左键进行零件的平移,按住鼠标右键实现当前视图的旋转,滚动鼠标滚轮实现当前视图的放缩。

④ 冲孔、落料复合模具装配训练。参考模具表 11-2 中冲孔、落料复合模具装配工艺顺序,并选择相应的工具装配冲孔、落料复合模具。

4. 实训思考题

1)试分析冲孔、落料复合模具的冲裁成型过程。

2)冲模装配时冲裁间隙如何保证?

实训项目 2 单分型面注射模具拆装

1. 实训目的与要求

1)了解注射模具的结构组成。

2)掌握单分型面注射模具的流动填充成型原理。

3)掌握注射模具的拆卸、装配工艺流程。

2. 实训设备与工量具

内六角扳手、铜棒、锤子、活扳手、冲子、压力机、千分尺磁力表座、基准平板、螺钉旋具、单分型面注射模具。

3. 实训内容

1)分析单分型面注射模具结构,如图 11-3 所示,结合单分型面注射模具分析模具零件组成、零件之间的连接固定方式、模具的流动填充成型过程。

2)总结模具的拆卸、装配工艺流程,准备所需要的拆装工具进行拆卸和装配操作。

① 单分型面注射模具虚拟仿真拆卸。单分型面注射模具组成结构如图 11-3 所示,其拆卸顺序见表 11-3。在注射模具仿真教学软件的拆卸虚拟仿真实训平台上按照零件的拆卸顺序要求

仿真单分型面注射模具。

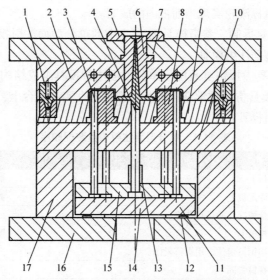

图 11-3 单分型面注射模具组成结构

1—边锁 2—定模板 3—推杆 4—拉料杆 5—定位圈 6—浇口套 7—定模座板 8—凸模 9—凸模固定板 10—支撑板 11—复位杆 12—限位钉 13—限位柱 14—推板 15—推杆固定板 16—动模座板 17—垫块

表 11-3 单分型面注射模具拆卸顺序

序号	操作内容	辅助工具
1	动、定模分模	铜棒
2	拆卸水嘴	活扳手
3	旋下垫板紧固螺钉,拆卸动、定模垫板	内六角扳手
4	旋下定位圈紧固螺钉,拆卸定位圈	内六角扳手
5	卸下定模固定螺钉和定位销钉,拆下定模座板	内六角扳手、冲子、锤子
6	拆卸浇口套和导套	铜棒、锤子
7	依次拆下动模紧固螺钉、动模板紧固螺钉、定位销和推板导柱	内六角扳手、冲子、锤子
8	卸下动模座板,并从动模座板上拆下限位钉	冲子、锤子
9	拆卸推出机构组件	
10	卸下垫块、支撑板	
11	从凸模固定板上卸下凸模、导柱	铜棒、锤子
12	旋下推板紧固螺钉,拆卸推板	内六角扳手
13	旋下限位柱紧固螺钉,拆卸限位柱	内六角扳手
14	将推杆、复位杆、拉料杆、推板导套从推杆固定板上卸下	铜棒、锤子

软件操作方法如下。

a. 打开注射模具仿真教学软件。

b. 单击"手动拆装",再单击"拆卸"按钮,使软件进入虚拟仿真交互拆卸模块。

c. 选中当前需要操作的模具零件,零件呈黄色高亮显示。

d. 双击或者单击界面上的"拆卸"按钮拆卸零件,如果当前选择的零件和操作步骤正确,则零件被拆下离开基础件,若选择错误,则模具零件无动作。当前被拆卸下来的零件摆放在工作界面中,单击"回收"按钮,零件被回收至软件界面左侧的模型树中。

e. 在软件的交互界面中，选中零件后，按住鼠标左键进行零件的平移，按住鼠标右键实现当前视图的旋转，滚动鼠标滚轮实现当前视图的放缩。

② 单分型面注射模具拆卸。参考模具表 11-3 中的单分型面注射模具拆卸工艺顺序，并选择相应的工具拆卸单分型面注射模具。

③ 单分型面注射模具虚拟仿真装配。单分型面注射模具组成结构如图 11-3 所示，其装配顺序见表 11-4。在注射模具仿真教学软件的装配虚拟仿真实训平台上，按照零件的装配顺序要求仿真装配单分型面注射模具。

表 11-4　单分型面注射模具装配顺序

序号	操作内容	辅助工具
1	将导套安装至定模板上	铜棒、锤子
2	将导柱安装至凸模固定板上	铜棒、锤子
3	检查导柱导套的配合情况，并进行调整	
4	将浇口套安装至定模板上	铜棒、锤子
5	安装定模座板，并用销钉定位，用螺钉紧固	内六角扳手、铜棒、锤子
6	安装定位圈，并用螺钉紧固	内六角扳手、铜棒、锤子
7	将凸模安装至凸模固定板	铜棒、锤子
8	安装支撑板	
9	组装推出机构组件，将推板导套安装至推杆固定板	铜棒、锤子
10	安装限位柱，并用螺钉紧固	内六角扳手
11	将复位杆、拉料杆、推杆安装至推杆固定板	铜棒
12	安装推板，并用螺钉进行紧固	内六角扳手
13	将推出机构组件安装至动模上，并通过往复运动检验推出机构运行情况	
14	安装垫块，并用销钉定位	冲子、锤子
15	将限位钉安装至动模座板，将动模座板安装到垫板上，并安装推板导柱	铜棒、锤子
16	依次安装动模板定位销、动模座板紧固螺钉、动模紧固螺钉	内六角扳手、铜棒、锤子
17	安装动、定模垫板，边锁，水嘴	活扳手、内六角扳手、铜棒、锤子
18	动、定模合模，并检查推出机构的运行情况	

软件操作方法如下。

a. 打开注射模具仿真教学软件。

b. 单击"手动拆装"，再单击"安装"按钮，使软件进入虚拟仿真交互装配模块。

c. 在图 11-4 所示的软件界面左侧模型树中单击当前需要操作的模具零件后移动鼠标至工作界面，当前需要操作的模具零件被拖动至界面中，呈黄色高亮显示。

d. 选中界面中的单个零件（选中的零件呈黄色高亮显示），按住鼠标左键将零件拖动至安装位置处，零件自动捕捉安装位置，同时由高亮显示的黄色变暗，表示零件进入装配捕捉阶段；松开鼠标左键，若当前装配操作顺序正确，则零件安装到安装位置上，若当前装配操作顺序不正确，零件未被安装至安装位置，重新选择零件或者选择零件的安装位置。未被安装的或者多余的零件摆放在工作界

图 11-4　软件界面模型树

面中，单击"回收"按钮，零件被回收至软件界面左侧的模型树中。

e.在软件的交互界面中，选中零件后，按住鼠标左键进行零件的平移，按住鼠标右键实现当前视图的旋转，滚动鼠标滚轮实现当前视图的放缩。

④ 单分型面注射模具装配。参考表 11-4 所示单分型面注射模具装配顺序，并选择相应的工具装配单分型面注射模具。

4. 实训思考题

1）简述单分型面注射模具浇注系统组成及浇口类型。

2）单分型面注射模具采用一模六腔，思考在塑料熔体流动填充过程中，6 个型腔是否同时被填满？如果同时被填满，在模具制造时是通过什么来控制的？

3）单分型面注射模具推出机构是如何复位的？

实训项目 3　冲模安装、调试及冲压成型

1. 实训目的与要求

1）了解冲模在压力机上的安装、调试过程。

2）掌握压力机的工作原理。

3）掌握冲模在压力机上的冲裁成型过程。

2. 实训设备与工量具

活扳手、外六角扳手、压板、垫块、铜棒、纸片、垫圈冲裁模具、手动压力机。

3. 实训材料

0.5mm 厚的铝板。

4. 实训内容

1）手动压力机的结构组成如图 11-5 所示。

2）模具安装、调试。

① 旋转压力机手轮，将压力机滑块旋至上止点，旋转压力机调节手轮，将压力机支架调至上极限位置。

② 模具合模。

③ 将模具放置在压力机工作台上。

④ 旋转压力机手轮，将滑块旋至下止点，并配合旋转调节手轮，将模柄完全放置于滑块模柄锁紧孔内，旋紧模柄锁紧螺钉，将模柄锁死。

⑤ 用压板螺钉将下模座压紧。

⑥ 调节滑块调节螺母，调节冲模至闭合高度。

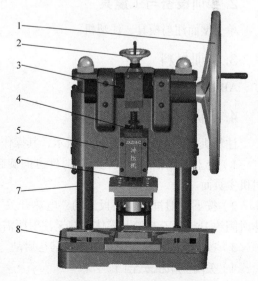

图 11-5　手动压力机的结构组成

1—手轮　2—调节手轮　3—曲轴　4—滑块　5—支架
6—模柄锁紧螺钉　7—立柱　8—工作台

3）试冲过程。

① 旋转压力机手轮，将压力机滑块旋至上止点。

② 将铝片条料放置于凹模上表面，铝片前端与侧边靠在定位销上进行定位。

③ 手动旋转压力机手轮转动一周，完成一次冲压过程。

④ 冲压完成后整理工作台面，清理废料。

5. 实训思考题

1）有导向冲模与无导向冲模的安装、调试过程有什么区别？

2）压力机的冲裁运动行程由什么来决定？

3）在试冲垫圈时，若发现垫圈卡在冲模的凸凹模内无法弹出应如何处理？

6. 实训注意事项

1）二人以上分组操作冲床时，必须有主有从，统一指挥。

2）一人操作调模、试模时，其他人禁止扳动手动手柄。

3）在试冲前，要将模具紧固在压力机工作台上。

实训项目 4 注射模具安装、调试及注射成型

1. 实训目的与要求

1）了解注射模在注塑机上的安装、调试过程。

2）了解注塑机的基本操作。

3）掌握注射模具在注塑机上的注射成型过程。

2. 实训设备与工量具

单分型面注射模具、注塑机。

3. 实训材料

ABS 颗粒原料。

4. 实训内容

注塑机操作面板　如图 11-6 所示，其操作过程如下：

1）合上电控柜总开关，沿顺时针方向旋起"急停按钮"开关，启动机床，约 3s 后进入注射机主页面。

2）按下注射机操作面板上的"电热开关"按钮，对注塑机料斗及注射装置进行加热，加热时间约 1h，直至料筒及熔体加热至注射所需熔体温度。

3）按下注塑机操作面板上的"马达启动"按钮，启动机床电动机。

4）关闭注塑机安全门。

5）按下注塑机操作面板上的"半自动"按钮，选择机床工作模式，机床开始按照预先设定好的工艺流程自动完成一个周期的产品注射成型。

6）拉开注塑机安全门，手动取出塑件。

7）重复进行步骤4）~6），循环生产注射成型产品。

8）长按注塑机操作面板上的"座退"按钮，退出射台。

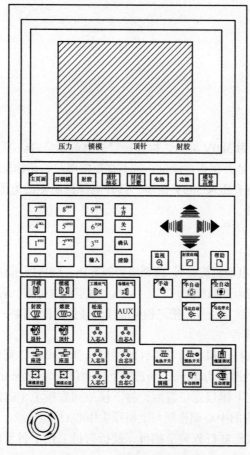

图 11-6 注射机操作面板

9）长按注塑机操作面板上的"马达停止"按钮，关闭机床电动机。

10）按下注塑机操作面板上的"急停按钮"按钮，关闭计算机电源。

11）拉下电控柜总开关，关闭机床电源。

5. 实训思考题

1）简述注塑机的注塑成型过程。

2）在注射工件时，若工件出现飞边，试结合注射成型过程分析飞边出现的原因。

实训项目5 板料折弯

1. 实训目的与要求

1）了解液压折弯机的基本操作。

2）掌握板料折弯成型工艺过程。

2. 实训设备与工量具

液压折弯机，500mm 上、下模一套，50mm、80mm、120mm 上模各一块，内六角扳手一套，活扳手一把，螺钉旋具一把。

3. 实训材料

2mm 厚的铝板。

4. 实训内容

（1）开机前的准备

1）检查电源插座是否为 380V 插口，检查折弯机电源线是否破损，电源金属线是否裸露。

2）检查油箱的液压油是否在正常液位，若不在正常液位，请添加液压油。

3）将折弯机电源线插头插入 380V 插座，打开电源控制柜的电源开关（空气开关），观察折弯机的电源指示灯是否亮。

（2）空负载试机

1）卸下下模具。

2）打开液压泵开关（电动机旋转），微调溢流阀旋钮，脚踩液压缸上、下行程开关，观察液压表指示位置，并将表针指示值调整到"7"（7MPa）数字刻度位置。若液压表在微调溢流阀旋钮时指示始终为零，说明电源线接反了，把三相电源线的任意两根调换一下，再重复上述步骤。

（3）模具装调与折弯零件

1）下模口宽位置的选择。根据折弯零件的厚度选择下模的口宽位置，下模的口宽是零件厚度的 8 倍，若折弯零件的厚度为 1mm，则选择下模的口宽为 8mm 的位置。

2）下模的装调。选定下模口宽位置后，将下模放到底板上（选定下模的口宽位置朝上），用前后调整旋钮将口宽位置的中心调整到与上模顶尖中心对齐。

3）行程调节。旋转液压缸行程调节螺母，使折弯机上模下行至最底部时必须保持有一个板厚的间隙。

（4）折弯零件

1）在折弯板料上画折弯位置线，并放在折弯机的下模上。

2）折弯机采用上、下行双踩开关。踩下脚踏下行开关时开始折弯，折弯开关可随时松开，松开脚，折弯机便停下，再踩继续下行。踩下脚踏上行开关时折弯机上模上行并复位。

5. 实训思考题

1）简述经常用来折弯的材料。

2）在折弯过程中若发现材料歪斜应如何处理？

6. 实训注意事项

1）折弯机未经培训，禁止操作。

2）折弯工作时要专心致志、严禁闲聊，以免分心造成人为事故。

3）严禁将手或身体其他部位放在刀具之下。

4）在装刀、检修和维护时，一定要将电动机置于停止位，用垫块将滑板支撑稳定，必要时设一人看护。

5）脚踏开关的使用必须在相关的专业指导和严格监督下进行。

6）所有折弯的板材厚度不可超出规定厚度。

7）严禁在刀具下放置杂物，工作完要清理干净工作区域。

8）离开时要断开电源，折弯机的上刀口和下刀口处于闭合状态。

实训项目6 剪板

1. 实训目的与要求

1）了解液压剪板机的基本操作。

2）掌握剪板成型工艺过程。

2. 实训设备与工量具

液压剪板机、内六角扳手一套、活扳手一把、螺钉旋具一把。

3. 实训材料

2mm厚的铝板。

4. 实训内容

（1）开机前的准备

1）检查电源插座是否为380V插口，检查剪板机电源线是否破损、电源金属线是否裸露。

2）检查油箱的液压油是否在正常液位，若不在正常液位，请添加液压油。

3）将剪板机电源线插头插入380V插座，打开电源控制柜的电源开关（空气开关），观察剪板机的电源指示灯是否亮启。

（2）空负载试机

1）打开液压泵开关，观察液压泵指示灯是否亮。

2）系统压力调整（出厂已调整好）。双手按住两个剪切开关，观察液压表指示位置、微调溢流阀旋钮，并将液压表针指示值调整到"10"（10MPa）数字刻度位置。如果液压表在微调溢流阀旋钮时指示始终为零，说明电源线接反了，把三相电源线的任意两根调换一下，再重复上述步骤。

3）空负载试机10次以上。

（3）剪板尺寸调整

1）该剪板机最大剪板宽度为500mm；数显调整剪板长度为10~99.9mm。以剪板长度25.9mm为例，按数显面板上的"设置"键，小位点一位数0灯闪烁，按"加数"键调整数字到9；按"复位调位"键，个位数0灯闪烁，按"加数"键调整数字到5；再按"复位调位"键，十位数0灯闪烁，按"加数"键调整数字到2；再按"复位调位"键大于3s后，数显调整面板上的数显灯黑屏，剪板长度复位后数显剪板长度为25.9mm，剪板长度调整完毕。

2）大于100mm的剪板长度调整。大于100mm的剪板长度在剪板机前台面刻度上调整。

（4）剪板操作

1）准备宽度不大于500mm、厚度不大于2mm的平整铝板。

2）将铝板放在剪板机上，慢慢向前插入剪板机的压板口中，与后面 25.9mm 的定位板轻轻接触，双手按下操作面板上的两个剪切开关，剪板机自动剪切出 25.9mm 长的铝条。

5. 实训思考题

1）简述剪板机开机前的注意事项。

2）简述调整切刀间隙的方法。

6. 实训注意事项

1）开机前，应检查机械各部位是否良好、防护装置是否齐全、刀口是否有缺损。开机空转确认正常后方可正式作业。

2）剪切钢板的厚度不得超过设备规定能力。应根据钢板厚度调整切刀间隙，而且必须是无硬痕、焊渣、夹渣、焊缝的材料，不允许超厚度，并经手动运转及空机运转试验。

3）切窄钢板时，应用宽钢板压住，使窄钢板能被压牢。

4）严格按操作顺序进行送料、剪切操作。严禁将手伸进压紧装置内侧。一人以上作业时，须根据指挥人员的信号作业。

5）送料要正、平、稳，手指不得接近切刀和压板。

6）制动装置应根据磨损情况及时调整。

7）严禁非指定人员操作设备，平常必须做到人离机停。

8）工作结束后切断电源，及时清理工作场地的边角余料。

实训项目 7　金属碗冲压

1. 实训目的与要求

1）了解机械式联合冲剪机的基本操作。

2）了解四柱液压机的基本操作。

3）了解机械式压力机的基本操作。

4）掌握金属碗的剪板下料、落料、首次拉深、二次拉深、切边、翻边、压型等成型工艺过程。

2. 实训设备与工量具

联合冲剪机、机械式压力机、四柱液压机、内六角扳手一套、活扳手一把、螺钉旋具一把。

3. 实训材料

0.5mm 厚的不锈钢板。

4. 实训内容

1）操作联合冲剪机对 0.5mm 厚的不锈钢条料进行宽度为 200mm 的剪板下料。

①打开联合冲剪机电源，启动设备。

②调整剪板宽度为 200mm。

③操作设备手柄，完成宽度为 200mm 板料的下料过程。

2）操作装载单工序落料模具的机械式压力机完成直径为 190mm 圆片的落料工序。

①启动机械式压力机。

②进料，手动将宽度为 200mm 的条料放置到圆片落料凹模上表面，并精确定位。

③完成落料冲压过程。

3）操作装载首次拉深模具的四柱液压机实现对落料圆片的首次拉深工序。

①启动四柱液压机。

②将直径为 192mm 的圆片放置到首次拉深模具上，并进行精确定位。

③完成首次拉深工艺过程。

4）操作装载二次拉深模具的四柱液压机完成对铁碗坯件的二次拉深工序。

①启动四柱液压机。

②将首次拉深后的坯件放置到二次拉深模具上，并进行精确定位。

③完成二次拉深工艺过程。

5）操作装载切边、翻边、压型复合模具的机械式压力机，完成对钢碗的切边、翻边、压型工序。

①启动机械式压力机。

②将经过二次拉深后的半成品放置到切边、翻边、压型复合模具上，并进行精确定位。

③完成切边、翻边、压型工艺过程。

5. 实训思考题

1）对比阐述机械式压力机和液压机在冲压生产中的优缺点。

2）简述金属碗冲压成型工艺过程。

6. 实训注意事项

（1）使用前的检查

1）开机前应先检查机械设备各部位是否良好、防护装置是否齐全、刀口是否有缺损，并将各运动部位充分润滑，开机空转确认正常后方可正式作业。

2）检查模具安装是否良好。

3）检查离合器是否为脱离状态。

（2）操作中的注意事项

1）使用单次行程运转时，应注意作业安全，在选用脚踏操作时随时要保持警觉状态，以免造成不必要的损失。

2）若需两人以上共同作业，彼此要配合，切勿同时操作以免造成意外事故。

3）严格按操作顺序进行送料、冲压操作，送料要正、平、稳。手指不得接近切刀和压板。

4）停机后将模具表面等各部位擦拭干净，并涂上少许机油，待一切处理好后方可离开工作岗位。

5）操作中若遇到各种故障应及时停机检查。

模具拆装安全操作规程

1）正确选择和使用工量具进行模具的拆装、检查和调整。

2）必须在教师指导下按照正确的拆装顺序、方法和要求进行实训操作，不能盲目拆卸，以免造成模具零件损坏。对于不可拆卸的部位应事先分析清楚，避免猛敲、猛打和蛮拆，防止模具零件出现不应有的损伤。严禁用硬物直接敲击模具零件表面。

3）拆下的模具零件应整齐摆放，标准件放置在特定容器内，搬动大的模具零件时务必注意安全，以防砸伤人或零件。操作中，零件和工具不得落地。

4）实训操作结束后，清理工作台、场地、设备，整理好工位，清点并擦净工量具，放回原处摆放整齐。

冲压成型安全操作规程

1）冲压模具在搬运过程中要轻拿轻放，防止砸伤人或模具。

2）模具在压力机上安装、调试时，严禁手或其他物件伸入模具内（上、下模中间位置）。

3）二人以上分组操作压力机时，必须有主有从，统一指挥。其中一人操作调模、试模时，其他人禁止扳动手轮或踩压离合器。

4）在试冲前，要确保模具紧固在压力机工作台和滑块上，结束所有调模工作，在确保安全的情况下，踏下离合器踏板，摇动手轮进行试冲。

5）实训操作结束后，清理工作台、场地、设备，整理好工位，清点并擦净工量具，放回原处摆放整齐。

第 12 章

■■■■■■■

数控车削加工

实训项目　数控车床的操作

1. 实训目的与要求

1）了解数控车床的结构。

2）了解数控车床的基本原理。

3）掌握数控车床的基本操作。

2. 实训设备与工量具

CAK4085di 数控车床、G-GNC6135B 数控车床、M-L400 数控车床、M-L-45a 数控车床、游标卡尺、切断刀、外圆车刀。

3. 实训材料

ϕ25mm 的铝棒。

4. 实训内容

（1）了解 CAK4085di/G-GNC6135B/M-L400/M-L-45a 数控车床结构　如图 12-1 所示。

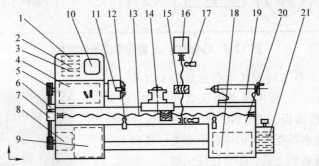

图 12-1　CAK4085di/G-GNC6135B/M-L400/M-L-45a 数控车床的结构

1—X 轴伺服控制器　2—Z 轴伺服控制器　3—计算机及信号处理系统　4—主轴箱　5—带轮　6—轴编码器
7—Z 轴伺服电动机　8—电动机　9—控制电源　10—显示器　11—自定心卡盘　12—限位保护开关
13、15—滚珠丝杠　14—回转刀台　16—X 轴伺服电动机　17—限位保护开关　18—冷却系统　19—尾座
20—床身　21—润滑系统

（2）加工零件　加工零件如图 12-2 所示。

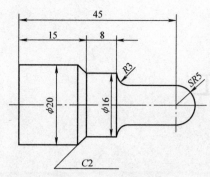

图 12-2　加工零件图

（3）机床操作步骤

1）CAK4085di 数控车床。CAK4085di 数控车床操作面板如图 12-3 所示。

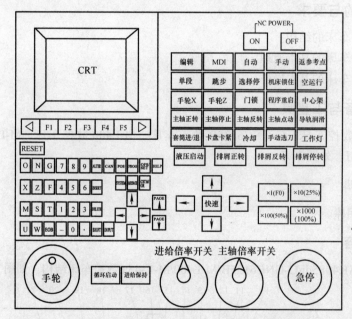

图 12-3　CAK4085di 数控车床操作面板

① 开机。沿顺时针方向旋转电源总开关（电源总开关如图 12-4 所示），将电源总开关置于"ON"位置，按下机床操作面板上的"NC POWER"绿色启动键，约 10s 后显示屏亮，显示屏显示有关位置和指令信息，未进入准备屏之前，不要按任何键。

② 安装工件。将工件放在自定心卡盘内，将扳手插入任一齿轮方孔中，沿顺时针方向转动扳手，三块卡爪同时做向心移动，夹紧工件，工件装夹尺寸应用游标卡尺测量。

图 12-4　CAK4085di 数控车床电源总开关

③ 对刀。

a. 按下操作面板上的"MDI""PROG"键，输入"M03S800"，按下"EOB""INSERT""循环启动"键，启动主轴；输入"T0400"，按下"EOB""INSERT""循环启动"键，换 4 号外圆车刀（注意：必须确保刀架处在安全位置）。

b. 转换工作方式开关，将工作方式转换到"手动"方式下，按下"手轮 Z"键，按下倍率开关"×1（F0）""×10（25%）""×100（50%）""×1000（100%）"控制脉冲手轮移动速度（当刀具距离工件较远时，倍率开关选择"×100（50%）"；当刀具接近工件时，倍率开关选择"×10（25%）"；移动脉冲手轮时倍率禁止使用"×1000（100%）"，使用脉冲手轮移动刀具切削工件端面并沿 −Z 进刀（不要移动 X 轴），Z 向吃刀量约为 1mm。按下"手轮 X"键，车端面（车完端面后刀具沿 X 轴退出外圆表面，Z 轴不动）。

c. 按下"OFS/SET"键，单击"刀偏"软键，单击"形状"软键，选择相应的刀具号，即 4 号刀，将光标移动到 Z 轴，输入"Z0"，单击"测量"软键，Z 向对刀完成。

d. 转换工作方式开关，将工作方式转换到"手动"方式下，按下"手轮 X"键，使用脉冲手轮（配合相应的倍率控制移动速度）移动刀具车外圆，（X 向吃刀量约为 1mm，长约 10mm，"进给倍率"开关打至"×10"）沿 +Z 退刀（不要移动 X 轴），按下"主轴停止"键停止主轴运转，用游标卡尺测量工件外径，如 23.96mm。

e. 按下"OFS/SET"键，单击"刀偏"软键，单击"形状"软键，选择相应的刀具号，即 4 号刀，将光标移动到 X 轴，输入"X23.96"，单击"测量"软键，X 向对刀完成。

f. 转换工作方式开关，按下"MDI""PROG"键，输入指令"G00X100.Z100."按"EOB""INSERT""循环启动"键，将 X、Z 坐标值移动至（100，100）。

④ 输入加工程序。

a. 将工作方式转换到编辑工作方式下，按"EDIT"键，按"PROG"键进入程序编辑界面，输入文件名，如 O1111，按"INSERT"键，按分隔符"EOB"键，输入主程序：

T0101 ;

M03 S800 ;

G00X100 Z100 ;

G00 X23.0 Z2.0 ;

G01 G99 Z-55.0 F0.1 ;

X26 ;

G00 X30.0 Z2.0 ;

G00 X21.0 ;

G01 Z-55.0 ;

G00 X25.0 Z2.0 ;

⋮

G00 X100.0 Z100.0 ;

b. 输入完成后按"INSERT"键。

⑤ 加工。按下"自动""循环启动"键，加工零件。

⑥ 关机。

a. 将扳手插入任一齿轮方孔中，沿逆时针方向转动扳手，三块卡爪同时做离心移动，松开工件。

b. 按下机床操作面板上的"NC POWER"红色关机键，关闭数控装置开关。

c. 沿逆时针方向旋转电源总开关（电源总开关如图 12-4 所示），将电源总开关置于"OFF"位置，关闭电控柜总开关。

2）G-GNC6135B 数控车床，其电源总开关如图 12-5 所示。

① 开机。将电源总开关置于"ON"位置，按下机床操作面板上的"POWER ON"绿色电源键，（G-GNC6135B 数控车床操作面板如图 12-6 所示），约 10s 后显示屏亮，显示屏显示有关位置和指令信息，按下"RESET"键，解除机床报警信息。

② 安装工件。将工件放在三爪卡盘内，将扳手插入任一齿轮方孔中，沿顺时针方向转动扳手，三块卡爪同时做向心移动，夹紧工件，工件装夹尺寸应用卡尺测量。

③ 对刀。

图 12-5 G-GNC6135B 数控车床电源总开关

a. 按下"MDI""程序""MDI 程序"软体键，输入"M03S800；"按"循环启动"键，启动主轴；按"全部清空"软键，输入"T0400；"换 4 号外圆车刀，按"循环启动"键（注：必须确保刀架处于安全位置）。

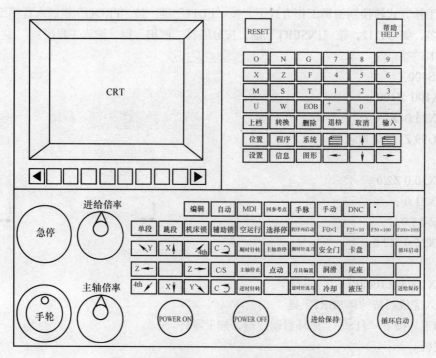

图 12-6 G-GNC6135B 数控车床操作面板

　　b. 转换工作方式开关，将工作方式转换到"手脉"方式下，按下"Z"向方向键，使用脉冲手轮移动刀具切削工件端面，并沿 −Z 向进刀（不要移动 X 轴），Z 向吃刀量约为 1mm，按下方向键"X"向，车端面（车完端面后刀具沿 X 轴退出外圆表面，Z 轴不动）。

　　c. 转换工作方式开关，按"设置"键，找到对应的刀号，即 004 号刀，将光标移动到"偏置"Z 轴，单击"测量输入"键，出现"测量输入"对话框，输入"Z0"后，单击"确定"键。

　　d. 转换工作方式开关，将工作方式转换到"手脉"方式下，按下方向键"X"，使用脉冲手轮移动刀具车外圆（X 向吃刀量约为 1mm，长约 10mm，"进给倍率"开关打至"×10"，沿 +Z 向退刀（不要移动 X 轴），按下"主轴停止"键停止主轴运转，用游标卡尺测量工件外径，如 23.96mm。

　　e. 转换工作方式开关，按"设置"键，找到对应的刀号，即 004 号刀，将光标移动到"偏置"X 轴，单击"测量输入"软键，出现"测量输入"对话框，输入"X23.96"后，单击"确定"软键。对刀完成。

　　f. 转换工作方式开关，将工作方式转换到"MDI"方式下，按下"程序""MDI 程序"软键后输入指令"G00X100.Z100.；"，按"循环启动"键，将 X、Z 坐标值移动至（100，100）。

　　④ 输入加工程序。

　　a. 将工作方式转换到编辑工作方式下，按"编辑"键，再按"程序"键进入程序编辑界面。

　　按"本地目录"软键，按"新建"软键，输入文件名，如"1111"，单击"确定"软键，输入以下主程序：

```
T0101 ；
M03 S800 ；
G00 X100 Z100 ；
G00 X23.0 Z2.0 ；
G01 G99 Z-55.0 F0.1 ；
X26 ；
G00 X30.0 Z2.0 ；
G00 X21.0 ；
G01 Z-55.0 ；
G00 X25.0 Z2.0 ；
⋮
G00 X100.0 Z100.0 ；
```

　　b. 输入完成后按"执行"软键。

　　⑤ 加工。按下机床操作面板上的"循环启动"键，程序自动运行。

　　⑥ 关机。

　　a. 将扳手插入任一齿轮方孔中，沿逆时针方向转动扳手，三块卡爪同时做离心移动，松开工件。

　　b. 按下机床操作面板上的"POWER OFF"红色电源键，关闭数控装置开关。

　　c. 将电源总开关置于"OFF"位置，关闭电控柜总开关。

　　3）M-L400 数控车床（M-L400 数控车床操作面板如图 12-7 所示）。

　　① 开机。沿顺时针方向旋转电源总开关（电源总开关如图 12-8 所示），将电源总开关置于

"ON"位置，按下操作面板上的"电源ON"白色启动键，约10s后显示屏亮，显示屏显示有关位置和指令信息，未进入准备屏之前，不要按任何键。

② 安装工件。踩下"卡盘卡紧"踏板开关，自定心卡盘松开，将工件放在自定心卡盘内，再次踩下"卡盘卡紧"踏板开关，自定心卡盘夹紧工件，工件装夹尺寸用游标卡尺测量。

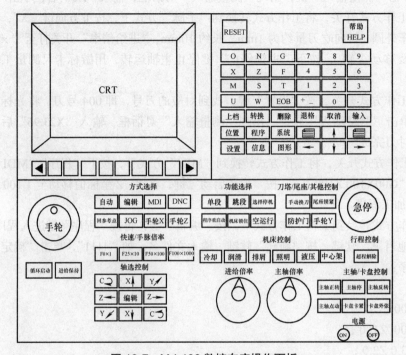

图 12-7　M-L400 数控车床操作面板

③ 对刀。

a. 按下"MDI""程序 PRG""MDI 程序"键，输入"M03S800"，按"循环启动"键，启动主轴；按"全部清空"软键，输入"T0400;"，换 4 号外圆车刀，按"循环启动"键（注意：必须确保刀架处在安全位置）；按"防护门"键，打开机床防护门。

b. 转换工作方式开关，将工作方式转换到"手轮 Z"方式下，使用脉冲手轮（配合快速手脉倍率控制移动速度"F0×1、F25×10、F50×100、F100×1000"）移动刀具切削工件端面并沿 -Z 向进刀（不要移动 X 轴），Z 向吃刀量约为 1mm，按下"手轮 X"键，车端面（车完端面后刀具沿 X 轴退出外圆表面，Z 轴不动）。

图 12-8　M-L400 数控车床电源总开关

c. 转换工作方式开关，按"设置"键，找到对应的刀号，即 004 号刀，将光标移动到"偏置"Z 轴，单击"测量输入"软键，出现"测量输入"对话框，输入"Z0"后，单击"确定"

软键。

d. 转换工作方式开关，将工作方式转换到"手动"方式下，按下"手轮 X"键，使用脉冲手轮移动刀具车外圆（X 向吃刀量约为 1mm，长约 10mm，"进给倍率"开关打至"×10"），沿 +Z 向退刀（不要移动 X 轴），按下"主轴停"键停止主轴运转，用游标卡尺测量工件外径，如 23.96mm。

e. 转换工作方式开关，按"设置"键，找到对应的刀号，即 004 号刀，将光标移动到"偏置"X 轴，单击"测量输入"软键，出现"测量输入"对话框，输入"X23.96"后，单击"确定"软键，对刀完成。

f. 转换工作方式开关，将工作方式转换到"MDI"方式下，按下"程序""MDI 程序"软体键后输入指令"G00X100.Z100.；"，按"循环启动"键，将 X、Z 坐标值移动至（100，100）。

④ 输入加工程序。

a. 将工作方式转换到编辑工作方式下，按"编辑"键，按"程序 PRG"键进入程序编辑界面，单击"新建"软键，输入文件名，如"O1111"，单击"确定"软键，输入主程序：

T0101 ；

M03 S800 ；

G00 X100 Z100 ；

G00 X23.0 Z2.0 ；

G01 G99 Z-55.0 F0.1 ；

X26 ；

G00 X30.0 Z2.0 ；

G00 X21.0 ；

G01 Z-55.0 ；

G00 X25.0 Z2.0 ；

⁝

G00 X100.0 Z100.0 ；

b. 输入完成后按"执行"软键。

⑤ 加工。按下"自动"键显示程序屏幕；按下机床操作面板上的"循环启动"键，程序自动加工。

⑥ 关机。

a. 踩下"卡盘夹紧"踏板开关，松开工件。

b. 按下操作面板上的"电源 OFF"键，关闭数控装置开关。

c. 沿逆时针方向旋转电源总开关（电源总开关如图 12-8 所示），将电源总开关置于"OFF"位置，关闭电控柜总开关。

4）M-L-45a 数控车床（面板见图 12-9）。

① 开机。沿顺时针方向旋转电源总开关，将电源总开关置于"ON"位置，按下机床操作面板上的"电源 ON"白色启动键，约 10s 后显示屏亮，显示屏显示有关位置和指令信息，未进入准备屏之前，不要按任何键。

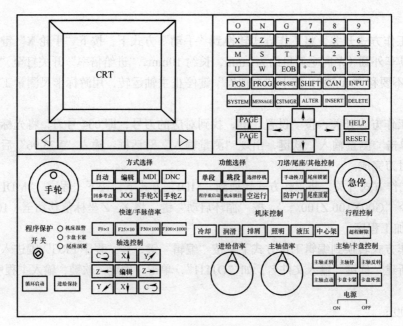

图 12-9　M-L-45a 数控车床操作面板

② 安装工件。踩下"卡盘卡紧"踏板开关，自定心卡盘松开，将工件放在自定心卡盘内，再次按下"卡盘卡紧"按钮，自定心卡盘夹紧工件，工件装夹尺寸应用卡尺测量。

③ 对刀。

a. 按下"MDI"键，按下"PROG"键，输入"M03S800；"启动主轴，按"INSERT"键、"循环启动"键，输入"T0400；"，换 4 号外圆车刀，按"INSERT"键、"循环启动"键（注意：必须确保刀架处在安全位置）。

b. 转换工作方式开关，在"JOG"方式下，按下"手轮 Z"键，使用脉冲手轮移动刀具切削工件端面并沿 −Z 向进刀（不要移动 X 轴），Z 向吃刀约 1mm，按下"手轮 X"键，车端面（车完端面后刀具沿 X 轴退出外圆表面，Z 轴不动）。

c. 转动工作方式开关，按下"OFS/SET"键，进入"偏置、形状"界面，单击"形状"软键，找到相应的刀号，即 4 号刀，将光标移动到 Z 轴，输入"Z0"后，单击"测量"软键。

d. 转换工作方式开关，将工作方式转换到"JOG"方式下，按下"手轮 X"键，使用脉冲手轮移动刀具车外圆（X 向吃刀量约为 1mm，长约 10mm，"进给倍率"开关打至"×10"），沿 +Z 向退刀（不要移动 X 轴），按下"主轴停"键停止主轴运转，用游标卡尺测量工件外径，如 23.96mm。

e. 转换工作方式开关，按下"OFS/SET"键，进入"偏置、形状"界面，单击"形状"软键，找到相应的刀号，即 4 号刀，将光标移动到 X 轴，输入"X23.96"后，单击"测量"软键，对刀完成。

f. 转动工作方式开关，将工作方式转换到"MDI"方式下，输入指令"G00X100.Z100.；"，按"INSERT"键、"循环启动"键，将 X、Z 坐标值移动至（100，100）。

④ 输入加工程序。将工作方式转换到编辑工作方式下，按"编辑"键，按"PROG"键进入程序编辑界面，输入文件名，如"O1111"，按"INSERT"键，按分隔符"EOB"键，按"IN-SERT"键，输入主程序：

T0101 ；

M03 S800 ；

G00 X100 Z100 ；

G00 X23.0 Z2.0 ；

G01 G99 Z-55.0 F0.1 ；

X26 ；

G00 X30.0 Z2.0 ；

G00 X21.0 ；

G01 Z-55.0 ；

G00 X25.0 Z2.0 ；

　⋮

G00 X100.0 Z100.0 ；

　⑤加工。选择工作方式，按"编辑"键，输入程序文件名"O1111"，按下上挡键，找到要加工的程序；转换工作方式，按下"自动"键，按下机床操作面板上的"循环启动"键。所选择的程序会启动自动运行，启动键的灯会亮。当程序运行完毕后，指示灯会熄灭。

　⑥关机。

a.踩下"卡盘夹紧"踏板开关，松开工件。

b.按下操作面板上的"电源 OFF"键，关闭数控装置开关。

c.沿逆时针方向旋转电源总开关，将电源总开关置于"OFF"位置，关闭电控柜总开关。

5. 实训思考题

1）简述数控车床的主要结构。

2）简述数控车床对刀的目的。

数控车削加工实训安全操作规程

1）加工零件时，必须关上防护门，不准把头、手伸入防护门内，加工过程中严禁私自打开防护门。

2）禁止用手或其他任何方式接触正在旋转的主轴、工件或其他运动部位，禁止用手接触刀尖和切屑，切屑必须要用铁钩子或毛刷来清理。

3）机床加工时任何人不得触动工件。

4）机床工作时操作者不得离开现场，加工完毕后及时切断电源。

5）发生紧急情况时，应立即按"急停"开关（红色按钮），并等教学指导人员来处理。

6）刀架换刀时，需先将刀架移至安全位置再换刀。

7）加工程序编制完成后，必须先模拟运行程序，待程序准确无误后，再起动机床加工。

8）未经教学指导人员许可，禁止操作机床。

9）打扫现场卫生，填写设备使用记录。

第 13 章

■■■■■■

数控铣削加工

数控铣雕机实训项目　数控铣雕机的操作

1. 实训目的与要求

1）了解数控铣雕机的结构。

2）了解数控铣雕机的基本操作。

2. 实训设备与工量具

CM650K 数控铣雕机、游标卡尺、立铣刀、球头铣刀。

3. 实训材料

300mm×80mm×8mm 铝板。

4. 实训内容

1）CM650K 数控铣雕机结构如图 13-1 所示。

2）加工图 13-2 所示零件。

3）CM650K 数控铣雕机操作步骤如下（操作面板见图 13-3）：

① 开机操作。

a. 将数控铣雕机电源总开关置于"ON"位置，打开外部总电源（CM650K 数控铣雕机电源总开关如图 13-4 所示）。

b. 按下操作面板的电源开关"ON"绿色按钮，系统上电，约 10s 后显示屏亮，显示屏显示有关位置和指令信息，未进入准备屏之前，不要按任何键。

c. 沿顺时针方向旋开"急停"按钮。

② 回参考点。按主菜单中的"MAIN MENU""F4 手动""F1 回参考点"，再按下"F7 所有轴"选择所有轴回参考点，按下"循环启动"键待机床返回参考点后进行其他操作。

③ 装夹工件。为便于工件安装，尽量把 Z 轴抬高，按主菜单中的"MAIN MENU"，再按"手动"键（转换到手轮模式，手轮打到 Z 挡），将 Z 轴抬高用压块、螺杆、扳手等把工件锁紧在工作台上或机用虎钳上。

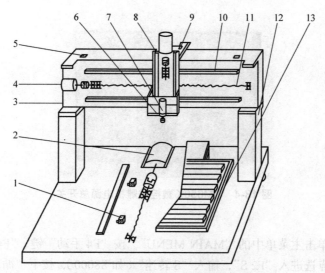

图 13-1　CM650K 数控铣雕机结构

1—Y 轴行程开关　2—Y 轴步进电动机　3—横梁　4—X 轴步进或交流伺服驱动电动机　5—X 轴行程开关
6—刀具卡头　7—主轴电动机　8—Z 轴光检　9—X 轴光检　10—X 轴矩形导轨　11—X 轴滚珠丝杠
12—立柱　13—工作台

图 13-2　加工零件图

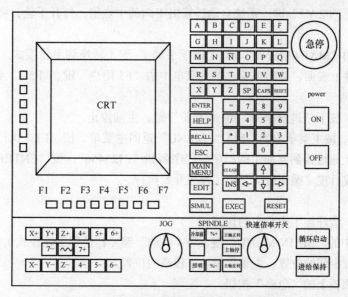

图 13-3　CM650K 数控铣雕机 MDI 操作面板

图 13-4　CM650K 数控铣雕机电源总开关

④ 对刀。

a.启动主轴。单击主菜单中的"MAIN MENU"，按"F4 手动"键、"F4（MDI）"键、"F5（F、S、T、D）"键，点选进入"F2 S"，输入"S 转速"（如 S8000），按下"循环启动"键，"F6M功能组"键、"F4（M3）"键，按下"循环启动"键。

b.按主菜单中的"MAIN MENU"键、"F4(手动)"键，（转换到手轮模式，手轮打到 X 挡）移动刀具轻碰工件 X 一侧，关闭手轮；按主菜单中的"F5 用户"键、"F1 X+"键，"X+"清零。

c.按主菜单中的"MAIN MENU"键、"F4 手动"键（转换到手轮模式，手轮打到 X 挡），移动刀具轻碰工件 X 另一侧，关闭手轮；按主菜单中的"F5 用户"键、"F2 X-"键，关闭手轮；按"F5 用户"键、"F2 X-"键，系统自动计算出 X 向的中点值，打开手轮，将 X 向数值摇到零点，X 向清零。

d.按主菜单中的"MAIN MENU"键、"F4(手动)"键（转换到手轮模式，手轮打到 Y 挡），移动刀具轻碰工件 Y 一侧，关闭手轮；按主菜单中的"F5 用户"、"F3 Y+"，"Y+"清零。

e.按主菜单中的"MAIN MENU"键、"F4 手动"键（转换到手轮模式，手轮打到 Y 挡），移动刀具轻碰工件 Y 另一侧，关闭手轮；按主菜单中的"F5 用户"键、"F2 Y-"键，关闭手轮；按"F5 用户"键、"F2 Y-"键，系统自动计算出 Y 向的中点值，打开手轮，将 Y 向数值摇到零点，Y 向清零。

f.按菜单中的"MAIN MENU"键、"F4（手动）"键（转换到手轮模式，手轮打到 Z 挡），移动刀具轻碰工件上表面，关闭手轮；按主菜单中的"F5 用户"键、"F5 Z"键，输入"0"，Z向清零。

g.关闭主轴。按下"进给保持"键、"复位"键，主轴停止。

⑤ 执行程序。按主菜单中的"MAIN MENU"返回主菜单，按"F1（执行）"，出现程序界面，通过上、下光标键找到要加工的程序，程序名如"P123456"，按"ENTER"键，进行程序加载，等加载完成后按"循环启动"键，程序开始执行。

⑥ 关机。

a.卸下工件，清理加工中心中的切屑。

b.按主菜单中的"MAIN MENU"键，"F4 手动"键（转换到手轮模式），选择相应的轴向使工作台处在比较中间的位置，主轴尽量处于较高的位置。

c.按下操作面板上的"急停"按钮。

d.断开数控系统电源，按下操作面板上的电源"OFF"红色键。

e.将数控铣雕机电源总开关置于"OFF"位置，关闭外部总电源。

5. 实训思考题

1）简述数控铣雕机的结构。

2）数控铣雕机适用于加工哪些类型的工件？

数控铣雕机安全操作规程

1）加工零件时，必须关上防护门，不准把头、手伸入防护门内，加工过程中严禁私自打开防护门。

2）雕刻前及雕刻过程中必须检查并确认电动机的冷却系统和润滑系统是否正常工作。

3）装夹工件时，必须遵循"装实、装平、装正"的原则，严禁在悬空的材料上雕刻；为了防止材料变形，材料的厚度要比雕刻深度大 2mm 以上。

4）禁止用手或其他任何方式接触正在旋转的主轴、工件或其他运动部位；禁止用手接触刀尖和切屑，切屑必须要用铁钩子或毛刷来清理。

5）机床加工时任何人不得触动工件。

6）回原点前要确保各轴在运动时不与工作台上的夹具或工件发生干涉。

7）机床工作时操作者不得离开现场，加工完毕后及时切断电源。

8）打扫现场卫生，填写设备使用记录。

加工中心实训项目　加工中心的操作

1. 实训目的与要求

1）了解加工中心的基本原理。

2）了解加工中心的结构。

3）掌握加工中心的基本操作。

2. 实训设备与工量具

VDL600A 加工中心、M-VT6 加工中心、游标卡尺、面铣刀、立铣刀。

3. 实训材料

140mm × 100mm × 30mm 合金铝块。

4. 实训内容

1）VDL600A 加工中心结构如图 13-5 所示。

2）零件图如图 13-6 所示。

3）VDL600A 加工中心机床操作步骤如下（VDL600A 加工中心 MDI 操作面板如图 13-7 所示）。

① 开机操作。

a.沿顺时针方向旋转外部总电源开关（外部总电源开关如图 13-8 所示），将总电源开关置于"ON"位置，起动空气压缩机。

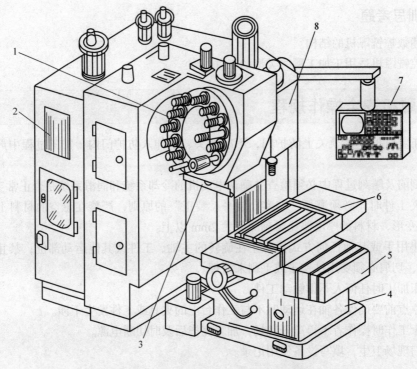

图 13-5　VDL600A 立式加工中心结构

1—刀库　2—数控柜　3—换刀机械手　4—底座　5—横向工作台（Y）
6—纵向工作台（X）　7—操作面板　8—主轴箱

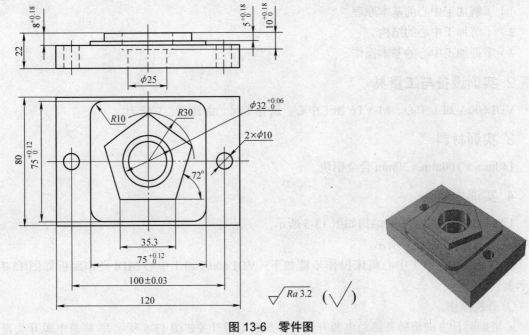

图 13-6　零件图

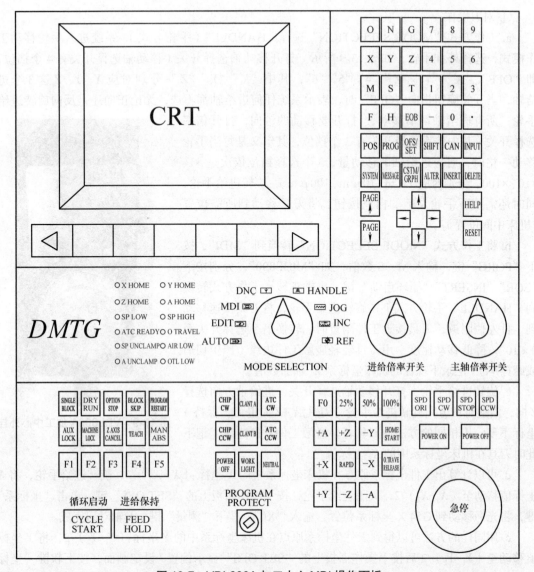

图 13-7　VDL600A 加工中心 MDI 操作面板

　　b. 按下电源键"POWER ON"，系统上电，约 10s 后显示屏亮，显示屏显示有关位置和指令信息，未进入准备屏前，不要按任何键。

　　c. 沿顺时针方向旋开"急停"按钮。

　　d. 检查加工中心 CPU 风扇运转及面板指示灯是否正常。

　　② 返回参考点操作。工作方式转换开关"MOOE SELEC-TION"选择"REF"（回参考点）方式，按下"+Z""−X""+Y"键，再按下"HOME START"键，等待机床返回参考点，机床返回参考点后，"X HOME""Y HOME""Z HOME"指示灯亮，加工中心回参考点完成。

　　③ 装夹工件。用专用夹具将工件合理安装并固定。

图 13-8　VDL600A 加工中心外部
总电源开关

④ 对刀操作。

a. 工作方式"MOOE SELECTION"选择"HANDLE"（手轮方式），系统进入手轮移动工作模式，选择外挂手轮，如图 13-9 所示。打开移动轴选择开关（移动轴选择开关有 4 个挡位，即"OFF"，"X""Y""Z""4""5""6"，其中"X""Y""Z"分别对应 X、Y、Z 这 3 个进给轴，当开关旋钮指向"OFF"时，表示系统任何进给轴都不选，无论正向还是反向旋转进给手轮，所有进给轴都不移动），打开要移动的轴向，打开倍率选择开关（其中倍率选择开关有 3 个挡位，其定义是每当手轮移动一格时，对应进给轴的移动量，3 个选择挡位依次是 ×1、×10、×100，分别对应 $1\mu m$、$10\mu m$、$100\mu m$），旋转进给手轮，同时还需按下手轮左侧的白色按钮，将刀具移动到所需位置（机床中间位置）。

b. 将工作方式"MOOE SELECTION"转换到"MDI"，按下"PORG"键，输入 M、S 数值，如"M03S800"，分别按下"EOB""INSERT""循环启动"键，主轴正转。工作方式转换到"HANDLE"手轮方式下，旋转进给手轮，将刀具快速移动到工件左侧附近，刀具接近工件附近时，转换倍率选择开关至"×10"，降低移动速度，用刀具轻轻碰触工件边缘（产生切屑或摩擦声），记录下现在的机床坐标系 X_1 轴的数值。

c. 旋转进给手轮，打开移动轴选择开关，进给轴方向选择 Z 向，沿逆时针方向旋转进给手轮，刀具沿 +Z 向退刀，保持 Y 坐标不变，用相同的方法使刀具轻轻碰触工件右侧边缘，记下此时刀具在机床坐标系中的 X_2 坐标值。

图 13-9 VDL600A 加工中心外挂手轮

d. 可以计算出工件坐标系原点在机床坐标系中的 X 坐标：$(X_1-X_2)/2$，旋转进给手轮，将 X 坐标值移动至 $(X_1-X_2)/2$，关闭进给手轮，按下操作面板上的"SET OFS"键，单击"坐标系"键，将光标移动到 G54 X 坐标系位置，输入"X0"，按下"测量"键，X 轴对刀完成。

e. 用同样的方法可以得到工件坐标系原点在机床坐标系中的 Y 坐标：$(Y_1-Y_2)/2$，将 Y 坐标值移动至 $(Y_1-Y_2)/2$ 后按下操作面板上的"SET OFS"显示偏置 / 设定画面，按下软键"坐标系"，将光标移动到 G54 Y 坐标系位置，输入"Y0"，按下软键"测量"，Y 轴对刀完成。

f. Z 方向对刀及 X、Y 方向对刀后，打开脉冲手轮开关，选择 Z 向进给轴，沿顺时针方向旋转脉冲手轮，将刀具快速移动到工件的上表面，马上接近工件上表面时，转换倍率选择开关至"×1"，降低移动速度，使刀具轻微接触到工件的上表面，关闭进给手轮，按下操作面板上的"SET OFS"键，按下"坐标系"键，将光标移动到 G54 Z 坐标系位置，输入"Z0"，按下"测量"键，Z 轴对刀完成。

⑤ 传输程序。将工作方式转换到"INC"下，打开计算机桌面上的 CIMCO Edit V6 软件，CIMCO Edit V6 软件图标如图 13-10 所示。CIMCO Edit V6 软件界面如图 13-11 所示。单击软件上的"Transmission"，单击"发送文件"按钮，发送文件界面如图 13-12 所示，弹出"发送文件"对话框，选择要加工的文件，单击"打开"按钮，文件开

图 13-10 CIMCO Edit V6 软件图标

始传输，文件传输界面如图 13-13 所示。

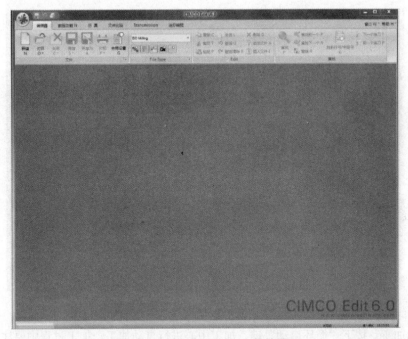

图 13-11 CIMCO Edit V6 软件界面

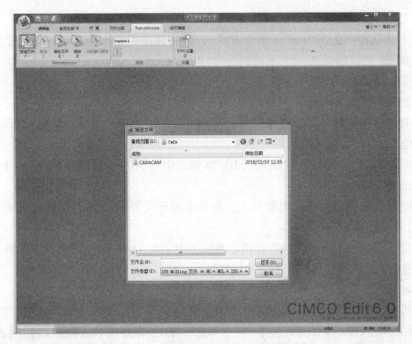

图 13-12 CIMCO Edit V6 发送文件界面

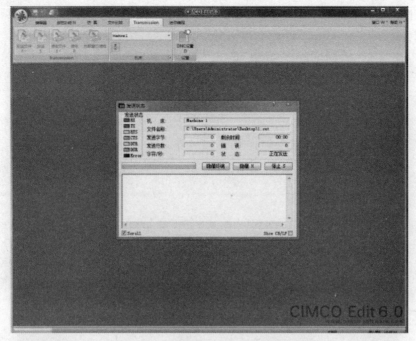

图 13-13　CIMCO Edit V6 文件传输界面

⑥自动加工。按下"循环启动"键，加工中心进行自动加工。加工过程中要注意观察切削情况，并随时调整进给速率，保证在最佳条件下切削，直至运行结束。

⑦关机。

a. 卸下工件，清理加工中心中的切屑。

b. 工作方式选择"HANDLE"（手轮方式），旋转脉冲手轮，使工作台处在比较中间的位置，主轴尽量处于较高的位置。

c. 按下操作面板上的"急停"键。

d. 断开数控系统电源，按下"POWER OFF"键。

e. 沿逆时针方向旋转外部总电源开关，将总电源开关置于"OFF"位置，如图 13-8 所示，关闭外部总电源。

4）M-VT6 加工中心操作步骤如下（M-VT6 加工中心 MDI 操作面板如图 13-14 所示）。

①开机操作。

a. 沿顺时针方向旋转外部总电源开关，将总电源开关置于"ON"位置，启动空气压缩机（外部总电源开关如图 13-15 所示）。

b. 按下操作面板上的电源"开"按钮，系统上电，约 10s 后显示屏亮，显示屏显示有关位置和指令信息，未进入准备屏前，不要按任何键。

c. 沿顺时针方向旋开"急停"按钮。

d. 检查机床 CPU 风扇运转及面板指示灯是否正常。

②返回参考点操作。工作方式选择"回参考点"方式，顺序按下基本轴控制中【Z】【X】【Y】键，按下循环启动键，等待机床返回参考点，加工中心回参考点完成后，方可进行其他操作。

③装夹工件。用专用夹具将工件合理安装并固定。

④对刀操作。

118

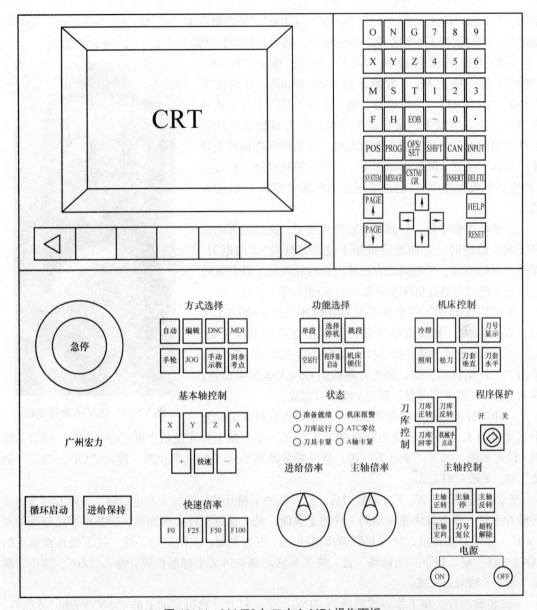

图 13-14 M-VT6 加工中心 MDI 操作面板

a. 工作方式选择"手轮"方式，系统进入手轮移动工作模式，选择外挂手轮，如图 13-16 所示，打开移动轴选择开关（移动轴选择开关有 5 个挡位，即"OFF""X""Y""Z""4"，其中"X""Y""Z"分别对应 X、Y、Z 这 3 个进给轴，当开关旋钮指向"OFF"时，表示系统任何进给轴都不选，无论正向还是反向旋转进给手轮，所有进给轴都不移动），打开要移动的轴向，打开倍率选择开关（其中倍率选择开关有 3 个挡位，其定义是每当手轮移动一格时对应进给轴的移

图 13-15 M-VT6 加工中心外部总电源开关

动量，3 个选择位依次是"×1""×10""×100"，分别对应 1μm、10μm、100μm），旋转进给手轮，同时需按下手轮左侧的绿色按钮，将刀具移动到所需要位置（机床中间位置）。

b. 将工作方式转换到"MDI"方式，按下"PORG"（程序）键，输入 M、S 数值，如"M03S800"，分别按下"EOB""INSERT""循环启动"键，主轴正转。工作方式转换到"手轮"方式下，旋转进给手轮，将刀具快速移动到工件左侧附近，刀具接近工件附近时，转换倍率选择开关置于"×10"位置，降低移动速度，用刀具轻轻碰触工件边缘（产生切屑或摩擦声），记录下现在的机床坐标系 X_1 轴的数值。

c. 旋转进给手轮，打开移动轴选择开关，进给轴方向选择 Z 向，沿逆时针方向旋转进给手轮，刀具沿 +Z 向退刀，保持 Y 坐标不变，用相同的方法使刀具轻轻碰触工件右侧边缘，记下此时刀具在机床坐标系中的 X_2 坐标值。

d. 可以计算出工件坐标系原点在机床坐标系中的 X 坐标：$(X_1-X_2)/2$，旋转进给手轮，将 X 坐标值移动至 $(X_1-X_2)/2$，关闭进给手轮，按下操作面板上的"OFS/SET"键，单击"工件坐标系"键，将光标移动到 G54 X 坐标系位置，输入"X0"，按下"测量"键，X 轴对刀完成。

图 13-16　M-VT6 外挂手轮

e. 用同样的方法可以得到工件坐标系原点在机床坐标系中 Y 坐标：$(Y_1-Y_2)/2$ 将 Y 坐标移动至 $(Y_1-Y_2)/2$ 后按下操作面板上的"OFS/SET"键显示偏置 / 设定画面，按下"坐标系"键，将光标移动到 G54 Y 坐标系位置，输入"Y0"，按下"测量"键，Y 轴对刀完成。

f. Z 方向对刀及 X、Y 方向对刀后，打开脉冲手轮开关，选择 Z 向进给轴，沿顺时针方向旋转脉冲手轮，将刀具快速移动到工件的上表面，马上接近工件上表面时，转换倍率选择开关至"×1"，降低移动速度，使刀具轻微接触到工件的上表面，关闭进给手轮，按下操作面板上的"OFS/SET"键，按下"坐标系"键，将光标移动到 G54 Z 坐标系位置，输入"Z0"，按下"测量"键，Z 轴对刀完成。

⑤ 传输程序。将工作方式转换到"INC"下，打开计算机桌面上的 CIMCO Edit V6 软件，CIMCO Edit V6 软件图标如图 13-10 所示，CIMCO Edit V6 软件界面如图 13-11 所示；单击软件中的"Transmission"，再单击"发送文件"按钮，弹出"发送文件"对话框，选择要加工的文件，单击"打开"按钮，文件开始传输，文件传输界面如图 13-13 所示。

⑥ 自动加工。按下"循环启动"键，加工中心进行自动加工。加工过程中要注意观察切削情况，并随时调整进给速率，保证在最佳条件下切削，直至运行结束。

⑦ 关机。

a. 卸下工件，清理加工中心中的切屑。

b. 工作方式选择"手轮"方式，旋转脉冲手轮，使工作台处在比较中间的位置，主轴尽量处于较高的位置。

c. 按下操作面板上的"急停"按钮。

d. 断开数控系统电源，按下电源"关"按钮。

e. 沿逆时针方向旋转外部总电源开关，将总电源开关置于"OFF"位置，如图 13-11 所示，关闭外部总电源。

5. 实训思考题

1）简述加工中心加工的主要特点。

2）简述加工中心的结构。

加工中心安全操作规程

1）起动机床前，要检查机床电气控制系统是否正常、润滑系统是否畅通、油质是否良好，并按规定要求加足润滑油，各操作手柄是否正确，工件、夹具及刀具是否已夹持牢固，检查冷却液是否充足，然后慢速空转 3～5min，检查各传动部件是否正常，确认无故障后才可正常使用。

2）使用手轮或快速移动方式移动各轴位置时，一定要看清机床 X、Y、Z 轴各方向"+""–"号标牌后再移动。移动时先慢转手轮，观察机床移动方向无误后方可加快移动速度。

3）加工零件时，必须关上防护门，不准把头、手伸入防护门内，加工过程中严禁私自打开防护门。

4）禁止用手或其他任何方式接触正在旋转的主轴、工件或其他运动部位；禁止用手接触刀尖和切屑，切屑必须要用铁钩子或毛刷来清理。

5）机床加工时任何人不得触动工件。

6）回原点前要确保各轴在运动时不与工作台上的夹具或工件发生干涉。

7）机床工作时操作者不得离开现场，加工完毕后及时切断电源。

8）打扫现场卫生，填写设备使用记录。

五轴加工中心实训项目　五轴加工中心的操作

1. 实训目的与要求

1）了解五轴加工中心的基本原理。

2）了解五轴加工中心的基本操作。

2. 实训设备与工量具

MILLE500U 五轴加工中心、游标卡尺、对刀仪、立铣刀、球头铣刀。

3. 实训材料

规格为 100mm×100mm×50mm 铝合金块。

4. 实训内容

1）MILLE500U 五轴加工中心结构如图 13-17 所示。

2）加工零件图如图 13-18 所示。

3）MILLE500U 五轴加工中心操作步骤如下（MILLE500U 五轴加工中心 MDI 操作面板如图 13-19 所示）。

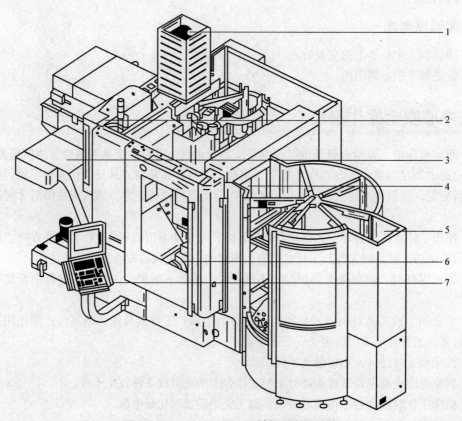

图 13-17　MILLE500U 五轴加工中心结构

1—油雾抽排装置　2—刀库　3—冷却系统　4—内防护罩　5—托盘交换系统　6—回转工作台　7—操纵台

扫码看
叶轮模型

图 13-18　加工零件图

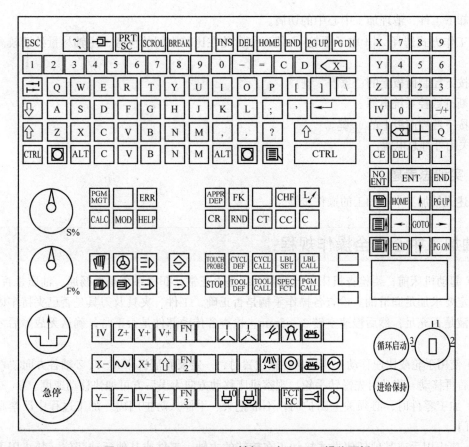

图 13-19 MILLE500U 五轴加工中心 MDI 操作面板

① 开机操作。

a. 打开外部总电源，启动空气压缩机。等待系统启动，开机完成。

b. 按下 "CE" 键，机床启动。手动打开机床门，检验安全装置开关是否开启，待出现 75ITC AGAINA 界面后，关上机床门。

c. 按下锁门键，锁上机床门

d. 按下刀库锁门键，锁上刀库。

e. 按下键，机床上电，等待机床上电完成。

② 装夹工件。便于工件安装，尽量把 Z 轴抬高，选择（电子手轮）键，选择 Z 向逆时针摇动脉冲手轮将 Z 轴抬高，用压块、螺杆、扳手等把工件锁紧在工作台上或机用虎钳上。

③ 热机操作。按下（手动操作）键，按下 "S" 软键，输入转速 "s=3000"，按下 "循环启动" 键，按下 "M" 软键，输入转速 "M3"，按下 "循环启动" 键，热机 3min。

④ 查找加工程序。按下（编程与编辑）键，按下（选择或删除程序与文件）键，移动键找到文件名为 "O1111" 的文件，按（回车）键确认。

⑤ 自动加工。自动加工执行前，须将光标移动到程序头，确认是加工程序。按下 "循环启动" 键，五轴加工中心进行自动加工。加工过程中要注意观察切削情况，并随时调整进给速率，保证在最佳条件下切削，直至运行结束。

⑥ 关机。

a. 卸下工件，清理加工中心中的切屑。

b. 工作方式选择 ⌂（电子手轮），使工作台处在比较中间的位置，主轴尽量处于较高的位置。

c. 按下控制面板上的"急停"键。

d. 断开数控系统电源。

e. 按下数控面板上的 ◯ 键。

f. 关闭外部总电源。

5. 实训思考题

简述五轴加工中心加工的操作步骤。

五轴加工中心安全操作规程

1）起动机床前，要检查机床电气控制系统是否正常，润滑系统是否畅通、油质是否良好，并按规定要求加足润滑油。检查各操作手柄是否正确，工件、夹具及刀具是否已夹持牢固，检查切削液是否充足，然后慢速空转 3～5min，检查各传动部件是否正常，确认无故障后才可正常使用。

2）使用手轮或快速移动方式移动各轴位置时，一定要看清机床 X、Y、Z 轴各方向"+""−"号标牌后再移动。移动时先慢转手轮，观察机床移动方向无误后方可加快移动速度。

3）加工零件时，必须关上防护门，不准把头、手伸入防护门内，加工过程中严禁私自打开防护门。

4）禁止用手或其他任何方式接触正在旋转的主轴、工件或其他运动部位；禁止用手接触刀尖和切屑，切屑必须要用铁钩子或毛刷来清理。

5）机床加工时任何人不得触动工件。

6）回原点前要确保各轴在运动时不与工作台上的夹具或工件发生干涉。

7）机床工作时操作者不得离开现场，加工完毕后及时切断电源。

8）打扫现场卫生，填写设备使用记录。

第 14 章

▪▪▪▪▪▪

3D 打印

实训项目 1　Objet 30 的操作

1. 实训目的与要求

1）了解 Objet 30 3D 打印系统的工作原理。

2）了解 Objet 30 3D 打印系统的基本结构。

3）掌握 Objet 30 3D 打印系统的基本操作。

2. 实训设备与工量具

Objet 30 3D 打印机。

3. 实习材料

成型材料，包括液态光敏树脂、支撑材料。

4. 实训内容

Objet 30 控制软件和机器的操作：Objet 30 的控制软件有两个，一个是外部计算机上安装的 Objet Studio，另一个是内置计算机的 Objet。操作时先将内置计算机 Objet 软件双击打开，然后切换到外置计算机打开 Objet Studio。

开机方法：在 Objet 30 3D 打印机后面找到开关打开，内置计算机将启动，启动后找到"Objet"软件，双击打开。打开内置计算机软件后，连着按两次"Scroll Lock"键，按回车键切换到外置计算机，将外置计算机启动，找到桌面上的"Objet Studio"软件，双击打开。

（1）Objet Studio 软件

1）Objet Studio 软件包含两个主屏幕，即托盘设置 / 模型设置屏幕和作业管理器屏幕。打开 Objet Studio 时，会出现托盘设置屏幕，显示空的成型托盘，如图 14-1 所示，用于排列模型并使模型准备好进行打印。

2）加载模型。单击"托盘设置屏幕"→"插入"命令，将要打印的 STL 格式的模型文件置于成型托盘上，如图 14-2 所示。

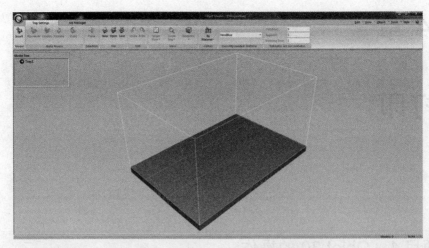

图 14-1　Objet Studio 打开屏幕

　　模型工具栏中包含用于执行常见任务的图标，将模型设置成哑光或者光泽表面，设置"网格风格"和"空心"选项的高级属性对话框以及切换"锁定模型方向"的设置。当在成型托盘上放置对象时，会显示模型设置功能区，如图 14-3 所示。

　　3）在成型托盘上定位对象。自动布局，在将多个对象置于成型托盘上之后，可以让 Objet Studio 在托盘上排列这些对象以进行打印。这可确保放置对象正确，并且可在最短时间内使用最少材料打印模型。若要在成型托盘上自动排列对象，在托盘设置功能区上单击"自动布局"按钮。图 14-4 和图 14-5 显示了自动布局的效果。

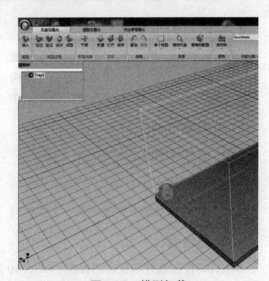

图 14-2　模型加载

图 14-3　模型设置功能区

图 14-4　对象适当排列前的托盘

图 14-5　应用自动放置后进行的托盘排列

如果要获得最佳效果，应该使用托盘设置功能区上的自动布局来排列托盘上的模型，即使使用自动定向选项插入对象也是如此。

4）操控成型托盘上的对象。

① 若要手动操控对象，首先通过在成型托盘上或模型树窗格中单击对象来选择。在模型工具栏或模型设置功能区上单击"移动"按钮，一个框架会出现在对象周围，并且光标会更改以指示可以移动对象，如图 14-6 所示。如果单击框架的一角，则光标会改变形状以指示可以旋转对象，如图 14-7 所示。

图 14-6　手动移动对象

图 14-7　手动旋转对象

② 在模型工具栏或模型设置功能区上单击"转换"按钮或者从右键菜单中选择"转换"命令，均可弹出"转换"对话框，如图 14-8 所示，可以在"转换"对话框中更改属性来精确地更改对象。

若要使用"转换"对话框更改对象、更改任何值，可以单击"应用"按钮以查看对象在成型托盘上如何更改。注意，在单击"应用"按钮之后，更改的值会保留在对话框中。因此，可以在对话框中对数值进行大小的更改，以便在每次单击"应用"按钮时查看对象在屏幕上如何更改。

③ 更改对象定向，在托盘设置或模型设置功能区中单击"选择平面"按钮，单击成型托盘上对象的某部分，会显示所选平面，如图 14-9 所示。

图 14-8　"转换"对话框

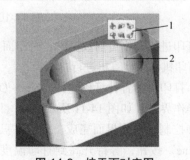
图 14-9　按平面对齐图
1—对齐工具栏　2—所选平面

④ 冻结模型方向，如果在成型托盘上操作对象，可以冻结其方向，这样当对其进行自动定位时对象就不会更改了。若要冻结对象，选中成型托盘上的对象，在模型设置功能区的操控组中或在模型工具栏上，单击"锁住"按钮即可。若要解除冻结对象，选择对象并单击"解锁"按钮即可。

5）处理已完成的托盘。在将所有对象妥善置于成型托盘上之后，将托盘保存为 .objtf 文件，该文件将被发送到 3D 打印机打印。单击工具栏中的"托盘设置"按钮，进行以下操作。

① 托盘验证。在向打印机发送作业进行生产前，应该检查托盘是否有效及是否能打印。在托盘设置功能区的成型流程组中，单击"验证"按钮，如果托盘是无效的，则托盘上有问题的模型的颜色将根据预设的代码而更改。验证状态会出现在屏幕底部栏上。

② 生产估算。Objet Studio 可使用户在发送托盘至打印机前计算生产托盘所需的时间和材料资源。Objet Studio 进行计算所花的时间取决于托盘上的对象数量及其复杂度。在托盘设置功能区的成型流程组中，单击"估计"按钮，Objet Studio 完成生产资源的计算之后，所需的成型材料、支撑材料以及打印时间会显示在托盘设置功能区上的估计消耗组中。

6）单击监控和管理打印作业，再单击"建模"按钮，生成 .objdf 文件，如图 14-10 所示，此文件既描述了单一对象的几何构型，又描述了打印该对象所需的材料和表面。可以使用 .objdf 文件保存成型托盘上的对象。在 Objet Studio 的作业管理器界面中，可监控和管理发送到打印机的作业。

图 14-10　.objdf 文件生成图

当打印进程开始传输数据时，时间面板显示打印时间以及发送到打印机的切片数。此时可切换到打印机自带计算机进行打印操作。

（2）打印机内置计算机软件 Objet　Objet30 3D 打印机操作界面，如图 14-11 所示。3D 打印机的所有监控和控制均在此界面完成。此时，只需要单击"Go Online"按钮，等待升高到打印温度，即开始打印。

（3）处理打印的模型

1）打印后卸下模型。打印模型后，应该在处理模型之前尽可能让模型冷却。如果无需在打印机上打印其他模型，最好关闭封盖，尽量让模型在打印机里冷却。务必小心地用刮刀或刮铲（工具包有提

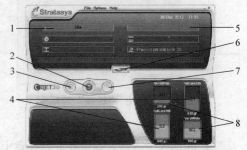

图 14-11　Objet30 3D 打印机操作界面

1—打印机模式　2—在线 / 离线按钮
3—停止按钮　4—支撑材料盒　5—当前活动
6—显示切换按钮　7—暂停按钮　8—模型材料盒

供）将模型从托盘上卸下，注意不要撬动或弄弯模型。

2）移除支撑材料。打印模型冷却后，必须移除支撑材料。手动移除多余支撑材料时，需要戴上防护手套。若是精致的模型，要将模型放入水中浸渍，再用牙签、针、小刷子清理。也可用水压移除支撑材料，对于大多数模型来说，移除支撑材料最有效的方法是使用高压水枪，如 Objet Water Jet 清洁设备，如图 14-12 所示。

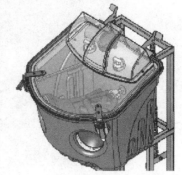

若要使用该设备清洁模型，可将其置于室内，使用内置防水袖操作设备和水枪。水泵可将普通的自来水转变成高压水枪，而弧刷则可保持玻璃窗清晰。

（4）储藏模型　模型打印后就会凝固，在相当长一段时间内都可保持稳定。然而，为防止变形，必须达到适当的储存条件。

图 14-12　Objet Water Jet 清洁设备

5. 实训思考题

1）Objet 30 3D 打印机的打印工艺是什么？

2）Objet 30 3D 打印机打印模型用的材料是什么？

实训项目2　熔融挤压快速成型设备的操作

1. 实训目的与要求

1）了解熔融挤压快速成型设备的工作原理。

2）了解熔融挤压快速成型设备的基本结构。

3）掌握熔融挤压快速成型设备的基本操作方法。

2. 实训设备与工量具

熔融挤压快速成型设备。

3. 实训材料

PLA（聚乳酸）。

4. 实训内容

（1）切片软件操作——精简界面

1）打开埃尔德设备的切片软件，单击"专业"选项切换到精简界面，如图 14-13 所示。

2）加载模型。单击"Open"按钮出现"加载模型"对话框，找到要打印的 STL 模型，单击"打开"按钮，模型加载到界面的工作台上。

3）模型设置。根据打印模型的需要分别设置耗材、品质、速度、填充、附着方式、支撑等项目。

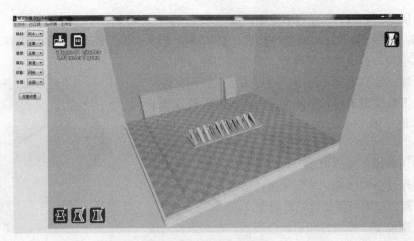

图 14-13　精简软件界面

耗材：可选择 PLA 和 ABS，通常学生使用的材料是 PLA。品质：可选择精细、优良、正常。速度：可选择稍快、正常、稍慢。填充：可选择空壳、疏松、标准、稠密、实心。附着：可选择外廓、边界、网格。支撑：可选择无、底部、全部。根据模型需要进行相应选择。

4）模型变换。

① 模型旋转。单击界面左下角的"旋转"按钮，可以看到模型周围出现 3 条环状线，分别表示沿 X、Y、Z 方向旋转。把光标放在任意圆环上，此圆环变成亮色显示，按住鼠标左键，拖动鼠标默认旋转 15°，按住"Shift"键可以限制角度为 1° 旋转。

② 模型缩放。单击左下角"缩放"按钮"Scale"，可以看到模型周围出现轮廓线，并显示当前模型的尺寸，可以在"Scale"$X/Y/Z$ 中输入尺寸缩放比例，在"Size"$X/Y/Z$ 中直接显示缩放后的尺寸。

5）模型变换完成，界面的左上角会显示打印此模型需要的时间、材料等信息。

单击界面右上角的"view mode"→"Layers"按钮，可以查看分层之后的信息，确定模型信息无误。将设备自带的 U 盘插在计算机上，单击界面上的"Save to SD"按钮，模型的 Gcode 会以命名保存在 U 盘上。

（2）设备操作　XTPLUS 设备构造如图 14-14 所示。打开设备电源开关，会显示设备的触摸屏，如图 14-15 所示。

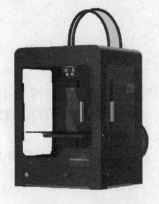

图 14-14　XTPLUS 设备构造

图 14-15　设备触摸屏

1）耗材送丝、退丝。单击触摸屏上的"预热"，喷嘴开始加热，单击"状态"，如图 14-16
所示，会看到喷头的加热状态，当喷头加热到 210℃左
右时，将设备后面对应"1"的螺钉拧松就可以进行送
丝或者退丝了。在预热到 210℃的状态下将丝推进喷嘴，
熔融的丝材从喷嘴处挤出，再将螺钉拧紧，送丝完成。

注意：耗材送丝或者撤丝都必须在喷头加热到
210℃时进行。

2）模型打印。将 U 盘插在 3D 打印机上，单击
图 14-15 中的"U 盘"，会显示 U 盘中所有的 Gcode 文件，
找到需要打印的文件，单击"打印"按钮，开始打印模型。

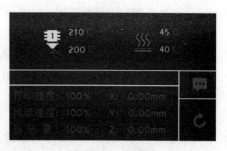

图 14-16　状态图

3）后处理。模型打印过程中，打印机触摸屏上显示打印进程，如图 14-17 所示。模型打
印完毕，单击"移轴""+Z"，工作台下降，如图 14-18 所示，最右侧的数值表示选中某数值后
单击移动轴"+Z"或者"-Z"，将按照此数值平台上下移动。关闭打印机电源，等待温度下降，
用铲刀将模型从工作台上铲下来，利用小钳子将支撑材料去除。

图 14-17　打印进度图

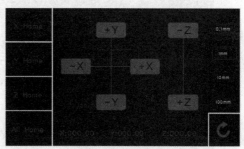

图 14-18　移轴

5. 实训思考题

1）简述 FDM 的工艺。

2）简述 3D 打印的应用领域。

实训项目 3　全彩 3D 打印机的操作

1. 目的与要求

1）了解全彩 3D 打印机的工作原理。

2）了解全彩 3D 打印机的基本结构。

3）掌握全彩 3D 打印机的基本操作。

2. 实训设备与工量具

台湾 T10 全彩 3D 打印机。

3. 实训材料

石膏粉末、CMYK 胶水、透明胶水、清洁液。

4. 实训内容

1）全彩 3D 打印机如图 14-19 所示，按下机器上的绿色按钮，开机。

2）打开 ComeTrue Print 软件，如图 14-20 所示，单击"汇入"按钮，选取格式为 wrl 或者 stl 的文件并打开，开启后选取单位即可。

3）打印设定。如图 14-21 所示，打印"语言"可选择中文、繁体、英文；内部胶水可设置为 0%～100%，默认为 75%；粉末种类分为 TP-71 石膏粉及 TP-80 陶瓷粉（默认为 TP-71 石膏粉）。

图 14-19　全彩 3D 打印机

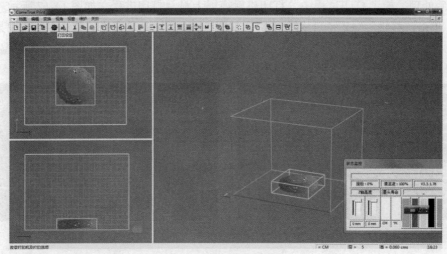

图 14-20　软件界面

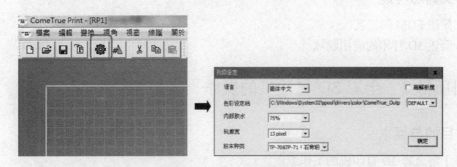

图 14-21　打印设定视窗

4）铺粉。

① 先提升构建槽高度至最高，构建槽的高度可以由软件图三维工具内的"Z 轴位置（构建槽）"来控制。

② 在"铺粉"旁输入铺粉次数，单击"铺粉"按钮便开始铺粉动作。确认铺粉完毕后，两槽的粉末皆为平整即可。

5）打印测试。第一次铺粉完成，要先做一次打印测试，包含直线喷头校正和喷嘴测试。

在"呈真维护工具"对话框内单击"墨头校正"按钮，完成打印测试后，根据喷头在铺好的粉末上打印的测试条，如图 14-22 所示。在"HeadAlign Dailog 3"中选取确认后的值，完成校正。

6）层厚、打印模式设定。单击工具栏中的"列印"按钮，弹出对话框，如图 14-23 所示。有 0.04mm、0.08mm、0.12mm、0.16mm、0.20mm、0.24mm 这 6 种打印层厚度可供选择，依据模型要求进行选择。打印模式设定会影响打印品质和打印速度，可设定 Normal、Best 及 Super Best，品质要求越高打印速度越慢。

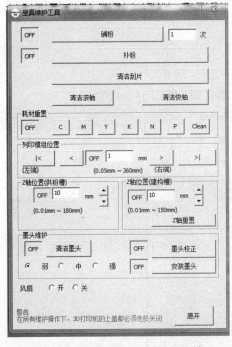

图 14-22 "呈真维护工具"对话框

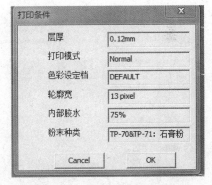

图 14-23 "打印条件"对话框

7）打印。降低构建槽约 5mm，并将玻璃放置于构建槽中。最后在构建槽上铺两层粉末，开始正式打印模型。

8）关机。按机器上的绿色按钮关闭 3D 打印机电源。

9）后处理。模型打印完毕后，戴上手套和护目镜将模型小心地从构建槽中取出。在一个容器中倒入适量的 TI-915 后处理剂，利用浸泡、笔刷、浇淋的方式将模型表面处理干净，处理完成后进行干燥。

5. 实训思考题

1）T10 打印机的打印工艺是什么？

2）T10 打印机打印模型是否需要加支撑？

实训项目 4 金属打印机的操作

1. 实训目的与要求

1）了解金属打印机的打印原理。

2）了解金属打印机的使用材料。

3）了解金属打印机的基本操作。

2. 实训设备与工量具

金属打印机（YLMs-I）。

3. 实训材料

不锈钢粉末。

4. 实训内容

（1）切片软件操作

1）打开桌面上的 Magics 软件，导入 STL 格式的模型，如图 14-24 所示。

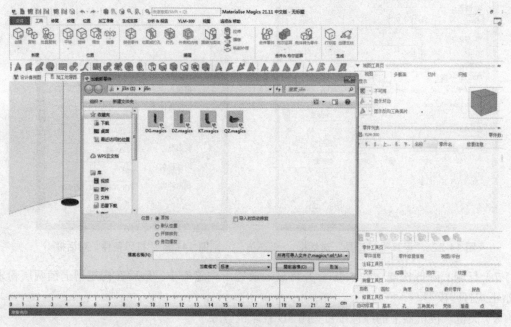

图 14-24　导入文件图

2）模型变换

① 平移。在界面的 3D 空间中选择一个轴或者基面来移动零件。勾选"启动捕捉"复选框可以按照定义的距离移动零件，如图 14-25 所示。

② 旋转。与平移类似，选择其中一条圆弧路径旋转。选择蓝色的圆弧按照与当前视角垂直的轴向旋转，如图 14-26 所示。

3）判断模型是否需要加支撑。

① 不需要加支撑。模型在 Z 轴方向平移，使 Z 轴归 0。

② 需要加支撑。模型变换完成，单击菜单栏中的"生成支撑"按钮，如图 14-27 所示。在界面右侧"视图工具页"中找到支撑"类型"，单击"锥形"按钮，在"支撑列表"中选中创建需要加支撑的面，单击"创建锥体"按钮。将锥体列表中的数值按照要求设置好，单击工具栏中的"退出 SG"按钮。

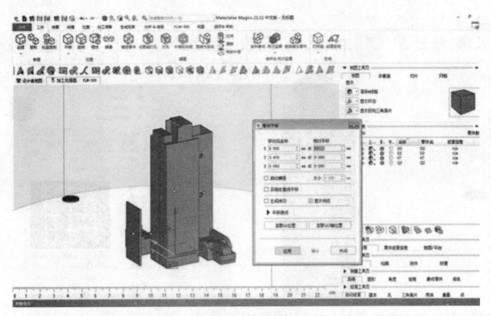

图 14-25　移动模型图

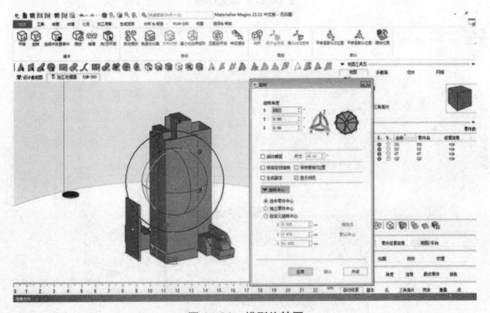

图 14-26　模型旋转图

4）单击"YLM-300"按钮、"加工"按钮，弹出"Job Name"对话框，选择保存路径，在"Configure Job"对话框中选择打印用的材料，单击"Submit Job"按钮，设置"Job name"以确定名称。

5）单击"Configure 3D Printer"按钮选择保存路径。

6）单击"Configure Job"按钮选择打印材料"不锈钢 316L"，如图 14-28 所示。

7）单击"Submit Job"按钮开始分层，分层完成后在保存路径中获得分层文件，如图 14-29 所示。

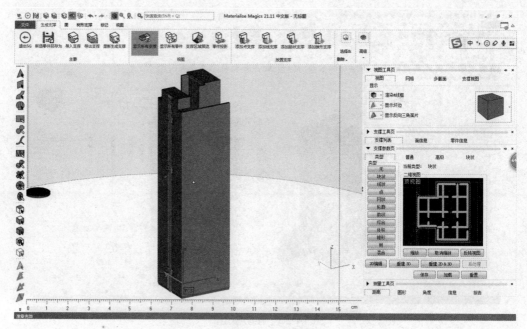

图 14-27　加支撑图

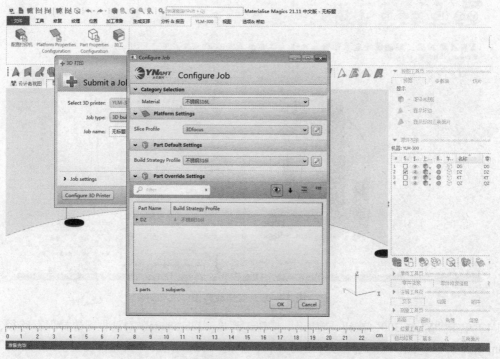

图 14-28　选择材料图

（2）金属打印机操作

1）打印前的准备工作。

① 金属打印机如图 14-30 所示，将设备通电，打开机器主电源开关，再打开激光器冷水机电源开关，同时打开激光器（沿逆时针方向旋转至 REM 位置）。

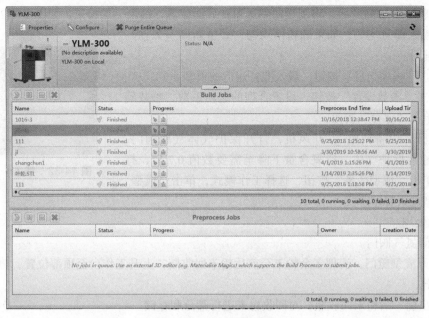

图 14-29　切片完成图

②用毛刷、吸尘器清理成型舱内粉尘，擦拭成型舱内壁及舱门，每次打印模型前清理一次。

③用无尘布蘸无水乙醇擦拭激光窗口保护镜，每次打印模型前清理一次。

④用鼓风球清理螺纹孔内粉末，安装适用于加工粉末材料的基板，用无尘布蘸无水乙醇擦拭基板，确保表面干燥，安装基板。

⑤安装刮板内橡胶条，确保橡胶条两端留出半圆间隙，同时保证橡胶条均匀受力且平整，之后将刮板安装到机器上。

⑥安装机器前后粉末回收瓶，安装好之后确保瓶口连接阀门处于开启状态。

⑦填装粉末，直接装入送粉箱，确保粉末分布均匀。

2）打印模型

①打开 Zflash 软件，单击"连接设备"，单击"设备调整"。

②调整成型缸高度，退回刮板到基板中心位置，调整 Z 轴高度，用塞尺测量，使刮板下方可放置 0.03mm 的塞尺，如图 14-31 所示。

图 14-30　金属打印机

图 14-31　调整工作台高度

③ 调整好 Z 轴高度后，将刮板回到送粉缸后面位置，铺第一层粉末，如图 14-32 所示，确保第一层粉末薄且均匀，如果铺粉不均匀，要重新调整 Z 轴高度并重新铺粉。

④ 单击"模型信息"按钮，载入准备建造的模型。

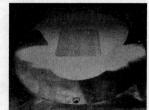

图 14-32　铺第一层粉末

⑤ 单击"参数设置"按钮，设置合理的送粉系数，参数确认修改后单击"保存"按钮。

⑥ 打开"设备调整"，开风机，打开保护气体气瓶阀门，向机器内输入保护气体，待氧含量下降至需要数值 0.7 后，打开光闸，单击"成型任务"按钮，选择工作模式，单击"成型"按钮，模型进入打印阶段。

3）后处理。

① 关闭氮气阀门。

② 打开成型舱门，清理多余粉末至前后粉末回收瓶，上升工作台至顶部位置，将工件与基板一起取出。

③ 取出前、后粉末回收瓶，对回收粉末进行筛分和存储。

④ 清理储粉箱内剩余的粉末，直接存储。

⑤ 拆开过滤器，取出滤芯进行清洁，更换新滤芯。

⑥ 关闭激光器，关闭冷水机，关闭设备主电源开关。

5. 实训思考题

1）金属打印机的打印工艺是什么？

2）金属打印机打印模型是否需要加支撑？

3）3D 打印的基本原理是什么？

实训项目 5　手持式三维扫描仪的操作

1. 目的与要求

1）了解三维扫描仪的基本原理。

2）了解三维扫描仪的基本结构。

3）掌握三维扫描仪的基本操作。

2. 实训设备与工量具

形创 Go! SCAN 三维扫描仪、工作站。

3. 实训材料

工艺品、人物。

4. 实训内容

（1）连接设备　将设备（见图 14-33）和计算机连接后，接通电源。

图 14-33　三维扫描仪

（2）扫描仪操作

1）扫描仪校准。打开 VX elements 软件，单击主工具栏上的"扫描仪校准"按钮。将保护箱置于稳定的平面上，然后打开校准板，将扫描仪垂直于用户校准板中心放置，两者距离约为 20cm（8in）。按下触发器，缓慢向前移动扫描仪，使白色方框与中间的绿色方框相吻合。绿色区域表示各个方向的扫描仪目标点位置。首次测量完成后，手臂保持不动，缓慢向上移动扫描仪进行其他测量。校准总共需要 10 次测量，直到计算机屏幕上出现"扫描仪校准已优化"字样为止，如图 14-34 所示，即可进行模型扫描。

2）扫描。

扫描对象必须无污染，如果表面发光，需要先向扫描对象添加粉末。

① 扫描距离。如图 14-35 所示，红色 / 黄色指示灯表示扫描仪与扫描对象距离太近，应向后移动。绿色指示灯表示扫描仪与扫描对象距离适中。深蓝色 / 浅蓝色指示灯表示扫描仪与扫描对象距离太远，应向前移动。为获得最佳视野，基准距应为 380mm，工作距离应在 330 ~ 430mm 之间。

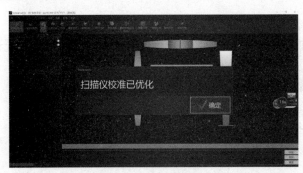

图 14-34 标定完成

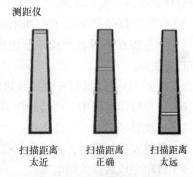

图 14-35 扫描距离显示

② 扫描仪参数设定。选中"自动曝光""捕捉纹理"选项，并进行扫描参数设定，分辨率选中"1.0"，选中"使用切平面"。单击"扫描"按钮，开始针对模型进行扫描，扫描时每转一个角度，两个角度扫描的图像要求至少有 3 个共同点才能进行拟合。

③ 编辑扫描数据。模型扫描完成后，单击"编辑扫描"按钮，可以针对扫描完成的数据进行编辑，首先设定分面模式，删除被扫描工件的局部。单击菜单栏中的"查看""实体面片"按钮可选择编辑模式。编辑完成的点云图如图 14-36 所示。

图 14-36 点云图

④ 保存结果。保存任务选项用来保存文件以便以后在软件中重新进行编辑。这样保存的数据最为完整，并可以被恢复和再调入进行继续扫描。选择"保存实体面片"可导出供后处理软件接受的文件，这种保存方法仅保存分面体，导出格式可以是 STL 文件或者点云文件。

5. 实训思考题

简述三维扫描是怎么实现三维重建的。

3D 打印实训安全操作规程

1）学生实训期间必须遵守中心指定的各项规章制度和安全操作规程，防止人身和设备事故的发生。

2）进行工程训练，必须按照国家规定做好防护。工作服上衣要求紧领紧袖，夏装要求长裤；不准穿高跟鞋、凉鞋、拖鞋参加实训；佩戴安全帽，长发必须纳入帽内。经实训指导人员检查合格方可进入实训场地。

3）实训期间须严格遵守实训时间及教学要求。请假，串课需按照实习手册要求进行。

4）学生需在指导教师指导下使用加工设备，实训场地的任何机器设备及工具，未经允许一律禁止使用。

5）桌面 3D 打印机打开温控预热后禁止触摸喷头。

6）模型打印过程中，严禁触碰设备。

7）按动触摸屏时，力度适中，严禁拍打成型平台，导轨，送丝机构。

8）设备发生故障时，及时告知指导人员维修。

9）打印完成后，关闭电源。

10）实训完成后要认真清理现场，设备及工量具恢复初始状态。

第 15 章

■ ■ ■ ■ ■ ■

特种加工

实训项目 1　数控线切割机床的操作

1. 实训目的与要求

1）掌握数控线切割机床的基本原理。

2）了解数控线切割机床的结构。

3）掌握数控线切割机床的基本操作。

2. 实训设备与工量具

新火花 M3 系列数控线切割机床、磁力表座。

3. 实训材料

规格为 100mm×70mm 的不锈钢板（厚度为 0.4～0.6mm）。

4. 实训内容

1）新火花 M3 系列数控线切割机床结构如图 15-1 所示。

2）按设计方案加工学生创作的作品，如图 15-2 所示。

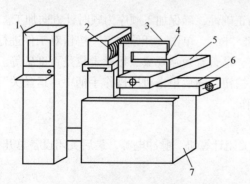

图 15-1　新火花 M3 系列数控线切割机床的结构

1—控制柜　2—储丝桶　3—丝架　4—钼丝
5—Y 向工作台　6—X 向工作台　7—床身

图 15-2　零件图

3）机床操作步骤如下：

① 开启设备总开关。

② 开启机床控制柜上的计算机，双击"AutoCut"进入 AutoCut 线切割控制系统，如图 15-3 所示。

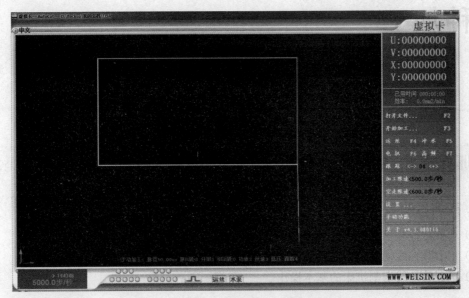

图 15-3　AutoCut 线切割控制系统主屏幕

③ 开启脉冲电源开关。

④ 检查钼丝安装情况是否完好，检查运丝机构的各个组件是否正确，确认无误后方可进行下一步。

⑤ 按设计图装夹工件紧固无松动，并通过 X、Y 向手轮摇至合适位置。检查工件装夹，确信钼丝工作时不会超出工件范围；X、Y 向不超出机床加工极限；夹具、挡板、导线及切削液接盘在加工时无干涉。

⑥ 开启设备。在机床操作手柄依次按下"运丝开"按钮、"水泵开"按钮，确定运丝系统与循环水系统运行正常。

⑦ 在控制系统中进行模拟加工，检查程序的正确性，确保加工顺序为顺时针方向加工。

⑧ 按下控制系统中高频键"F7"和电动机键"F6"，单击"开始加工"按钮对工件进行切割，在加工时，应观察电流及电流波形是否稳定、是否有短路现象、钼丝走位是否准确等。若有不正常，首先应立即单击操作界面中"暂停"按钮，随后单击机床操作手柄中"运丝关"按钮及"水泵关"按钮，待排除故障后方可继续工作。

⑨ 加工完毕后设备会自动停止运行。

⑩ 加工完毕后取下工件，清洗干净、晾干；关闭计算机、脉冲电源，最后关闭设备总开关；清理设备上残留的切削液。

5. 实训思考题

1）加工过程中出现夹丝、短路等现象，应该如何处理？

2）简述线切割加工时被加工工件装卡的注意事项。

实训项目 2　电火花成型机床的操作

1. 实训目的与要求

1）掌握电火花成型机床的基本原理。

2）了解电火花成型机床的结构。

3）掌握电火花成型机床的基本操作。

2. 实训设备与工量具

SF100 电火花成型机床、150mm 深度尺、ϕ8mm 内径千分表。

3. 实训材料

规格为 ϕ100mm × 50mm 的钢件。

4. 实训内容

1）了解 SF100 电火花成型机床结构，如图 15-4 所示。

2）在 ϕ100mm × 50mm 工件中心加工出 ϕ5mm × 10mm 的孔，表面粗糙度为 Ra0.8μm，如图 15-5 所示。

3）机床操作步骤如下。

① 合上电控柜总开关，脱开"急停"按钮（蘑菇头按箭头方向旋转），启动机床。

② 约 20s 进入准备屏后（见图 15-6），用键盘的上下箭头键执行回原点动作。未进入准备屏之前，不要按任何键。

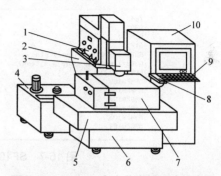

图 15-4　SF100 电火花成型机床的结构

1—滑枕　2—底座　3—主轴箱　4—油箱
5—工作台　6—床身　7—工作液槽
8—手控盒　9—控制台　10—数控电源柜

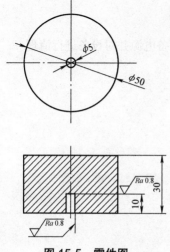

图 15-5　零件图

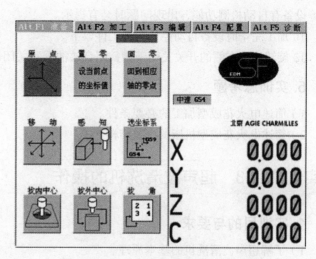

图 15-6　SF100 电火花成型机床准备屏

143

③ 将主轴头移动到加工所需位置。

④ 安装电极和工件。松开电极头的螺钉，将电极安装上并拧紧。工件放到磁力吸盘上，压下吸盘把手，吸住工件。

⑤ 按 "Alt+F2" 组合键进入加工屏（见图 15-7），"材料组合" 选择 "铜 - 钢"；"工艺选择" 选择 "低损耗"；"加工深度" 选择 "10.000"；"粗糙度" 选择 "0.80"；"平动类型" 选择 "关断"，生成 NC 文件。

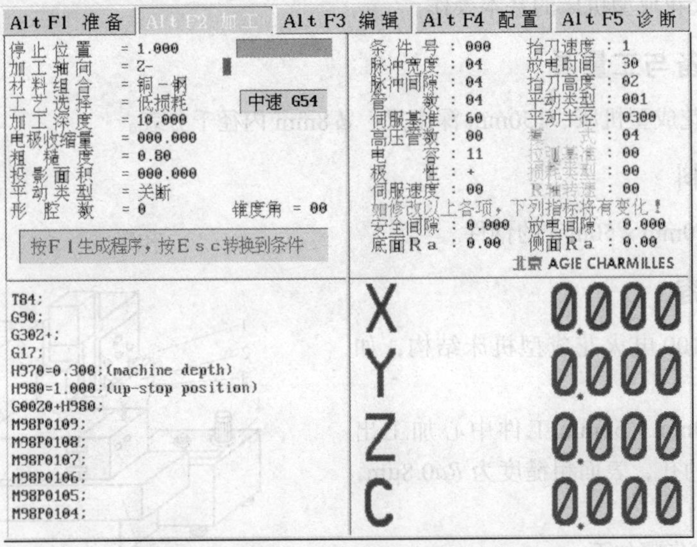

图 15-7　SF100 电火花成型机床加工屏

⑥ 根据加工要求，设置好平动、抬刀数据，选择好加工条件。

⑦ 关闭液槽，闭合放油阀。

⑧ 回到加工屏，移动光标到起始程序段，按回车键执行。

⑨ 液压泵的启停可以用手控盒操作，也可编入程序。

⑩ 在加工过程中，可以更改加工条件或者暂停加工，但是不可以修改程序。对于液温、液面等设备有自动检测功能，出现问题时会有提示。

⑪ 加工完毕时设备自动停止，将工件取下。

⑫ 旋转油箱左侧的开关关闭液槽，闭合放油阀；关闭设备电源并对设备进行清理。

5. 实训思考题

1）简述电火花成型加工的必要条件。

2）简述电火花成型机床的主要结构。

实训项目 3　超声波清洗机的操作

1. 实训目的与要求

1）了解超声波清洗机的基本原理。

2）观摩超声波清洗机的基本操作。

2. 实训设备与工量具

JP-040 超声波清洗机、清洗篮。

3. 实训材料

学生创新件（0.4mm 厚的不锈钢板）。

4. 实训内容

1）了解超声波清洗机的控制面板，如图 15-8 所示。

2）对学生创新件进行清洗。

3）超声波清洗机操作步骤如下。

① 按清洗所需加入适量的清洗液（清水）于清洗槽内。

② 正确连接电源插头，务必确保所供电源可靠接地。

③ 开机。打开机器背面右方的电源总开关，机器处于通电状态。

④ 打开定时控制开关，沿顺时针方向旋转，有 0～30min 定时工作制。指示灯亮，并发出"滋滋"的声音，显示超声波正常运行。

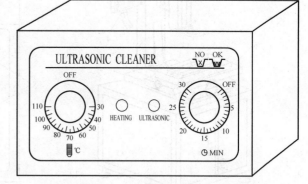

图 15-8　JP-040 超声波清洗机控制面板

⑤ 打开加热控制开关，沿顺时针方向旋转至相应时间刻度，温度以 40～60℃为宜。

⑥ 关机。旋转超声波定时器开关至"OFF"位置，超声波停止运行，指示灯熄灭，旋转加热控制开关至"OFF"位置，指示灯熄灭，实际温度数停止闪烁，断开整机电源。

⑦ 倒掉清洗液，用干净抹布对槽体及外围进行清洁保养，以备下一次使用。

5. 实训思考题

1）简述超声波清洗机的工作原理。

2）简述超声波清洗机使用时的注意事项。

实训项目 4　高速电火花小孔加工机床的操作

1. 实训目的与要求

1）掌握高速电火花小孔加工机床的基本原理。

2）了解高速电火花小孔加工机床的结构。

3）掌握高速电火花小孔加工机床的基本操作。

2. 实训设备与工量具

新火花 D703 型高速电火花小孔加工机床。

3. 实训材料

规格为 100mm×30mm 的淬火钢板（厚度为 8mm）。

4.实训内容

1）新火花 D703 型高速电火花小孔加工机床如图 15-9 所示。

2）机床操作面板，如图 15-10 所示。

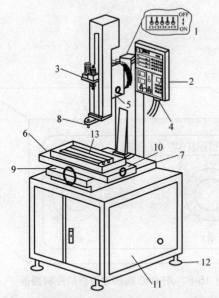

图 15-9　新火花 D703 型高速电火花小孔加工机床

1—电容盒　2—操作盒　3—旋转头　4—光栅尺
5—二次行程手柄　6—X 轴拖板　7—Y 轴拖板
8—导向器　9—Y 轴导轨注油孔 2 个　10—X 轴导轨注
油孔 4 个　11—水泵区域（水泵＋过滤器）
12—水平螺钉（可调节）　13—大理石工作平台

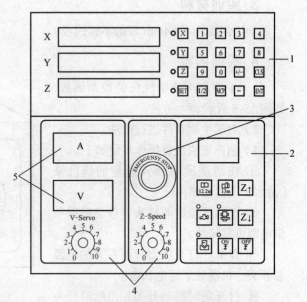

**图 15-10　新火花 D703 型高速电火花
小孔加工机床操作面板**

1—光栅数显设定及显示区域　2—急停
3—功能键及参数显示区域
4—调节按钮　5—电流电压显示

3）机床操作步骤如下。

①合上电控柜开关。

②根据要求选择电极及适当的参数（可参见加工工艺参数参考表）。

③工件装卡并定位。

④安装电极，并测试加工液是否流畅。

⑤将电极和工件接触，若报警则继续。

⑥将伺服电压调节旋钮沿逆时针方向旋到底。

⑦先开泵，再开始加工，然后调节伺服电压到合适位置，使得加工状况稳定。

⑧出现加工不稳定产生大幅回退时，可尝试将"极性"键按下，用负极性反向加工。此时电极损耗比较大，观察电极损耗大概 3mm 左右后，再按下此键恢复正常加工。

⑨电极快要穿透工件时，会出现工件底部出水、冒火花的现象。此时，因加工区缺水，加工不能稳定进行，可以采取工件底部加垫块或极性转换等方法使电极顺利穿出被加工工件。

⑩加工结束后按下"关闭"键，停止加工，关水泵，主轴自动回升，此时蜂鸣器报警。当电极拉出工件后，报警停止，Z 轴停止上升。至此一个加工过程结束。

⑪关闭设备电源，并对设备进行清理。

5. 实训思考题

1）开机报警，主轴不进给，应该如何处理？

2）加工后出现蓝色火花应如何解决？

实训项目 5 单轴数控电火花成型机床的操作

1. 实训目的与要求

1）掌握单轴数控电火花成型机床的基本原理。

2）了解单轴数控电火花成型机床的结构。

3）掌握单轴数控电火花成型机床的基本操作。

2. 实训设备与工量具

SPZ 系列单轴数控电火花成型机床。

3. 实训材料

规格为 50mm × 50mm 的淬火钢板（厚度为 20mm）。

4. 实训内容

1）了解 SPZ 系列工控计算机单轴数控电火花成型机床的结构，如图 15-11 所示。

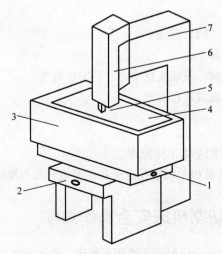

图 15-11 SPZ 系列工控计算机单轴
数控电火花成型机床的结构

1—X 轴运动：实现工作台横向移动（手动） 2—Y 轴运动：实现工作台纵向移动（手动）
3—加工台：加工工件放置台 4—油槽：作为工作液的存储容器
5—Z 轴运动：实现主轴（电极）上下移动（伺服电动机驱动） 6—电极头：能实现电极固定和位置调整
7—主轴箱（W 轴）运动（二次行程）：实现主轴箱进给运动（电动机驱动）

2）在 50mm × 50mm 的淬火钢板中心加工出 ϕ5mm × 10mm 的孔，表面粗糙度为 Ra0.8μm。

3）机床操作步骤（手动）如下，操作界面如图 15-12 所示。

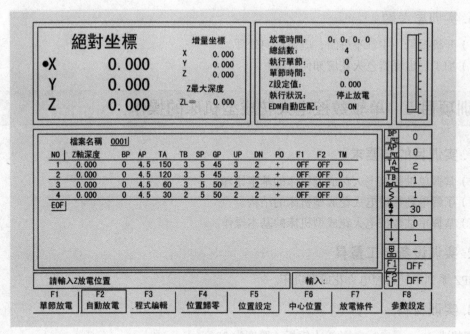

图 15-12　SPZ 系列工控计算机单轴数控电火花成型机床操作界面

① 打开设备总电源。

② 按下"F1"键进入手动功能。

③ 输入手动放电尺寸。

④ 调整放电参数（使用"F7"键）。

⑤ 按放电后，设备开始加工。

⑥ 当尺寸到达所需尺寸时，系统会自动上升至安全高度。

⑦ 关闭设备电源，并对设备进行清理。

5. 实训思考题

1）简述电火花成型加工的基本工作原理。

2）简述 SPZ 系列工控计算机单轴数控电火花成型机床的主要结构。

单轴数控电火花线切割机床安全操作规程

1）未经机床管理人员许可，任何人不得使用机床，也不得改变控制柜和其他附件位置。

2）机床启动前应上润滑油，使用完毕要擦净机床。

3）工件安装位置要合理，避免超程、切割夹具或碰撞丝架、挡板等。

4）电源接通后，不得用手触摸工件及钼丝。

5）切割过程中操作者不得离开现场，加工完毕先切断脉冲电源，后停工作液，储丝筒反向后停走丝，关闭计算机及总电源。

6）保证工作液充足，机床附近严禁存放易燃易爆品，废丝、废渣、废液及时处理，注意环保和防火。

第 16 章

■■■■■■

液压传动

实训项目 1　采用行程阀的速度换接回路实训

1.实训目的与要求

1）了解液压泵站的各部分组成、工作原理及注意事项。

2）熟悉液压实训操作台的组成及用法。

3）掌握采用行程阀的速度换接回路的连接及操作。

2.实训设备与工具

1）液压实训操作台。

2）液压胶管若干、测压胶管、三通、四通。

3）液压缸、直动式溢流阀、单向阀、节流阀、调速阀、换向阀、压力表、活扳手、内六角扳手、一字槽螺钉旋具、十字槽螺钉旋具。

4）生料带、O形圈、组合垫。

5）线手套、抹布若干块。

3.实训内容

采用行程阀的速度换接回路如图 16-1 所示。

具体操作步骤如下。

1）检查油箱是否漏油。

2）检测油温是否在 30 ~ 50℃工作温度范围内，若未达标则应启动热交换器。

3）按图 16-1 所示连接"采用行程阀的速度换接回路"。

4）再次检查连接的每根管线是否接好。

5）合上电控柜总开关。

6）把溢流阀 2 调到最大的限度。

7）打开位于"智能终端人机交互界面"箱体侧面的液压系统开关，将其置"ON"位置，

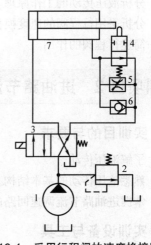

图 16-1　采用行程阀的速度换接回路

1—定量泵　2—溢流阀　3—换向阀
4—行程阀　5—节流阀
6—单向阀　7—液压缸

"智能终端人机交互界面"的"智能设备安全保护系统"屏幕启动，按下"电源管理"屏幕出现红、绿两个颜色的圆形键，绿色圆形键上有"ON"字样，按下"ON"液压系统启动，各油路开始进油，此时"智能终端人机交互界面"红色圆形键会出现"OFF"字样。

8）调节溢流阀，使压力表压力显示为 3MPa。

9）再次检查各管线是否有漏油。

10）换向阀阀芯换向至左侧位置，看到液压缸活塞杆右移，液压缸右侧液压油液经行程阀、换向阀流回油箱，活塞快速运行。

11）当活塞移动到挡块压下行程阀的阀芯时，将其通路关闭，液压缸右腔油液经节流阀、换向阀流回油箱，看到活塞由快速运动转换为慢速运动。

12）换向阀阀芯换向至右侧位置，换向阀右位接入回路时，液压油经换向阀、单向阀进入液压缸右腔，其左腔油液经换向阀流回油箱，使活塞快速退回。

13）经过 10）~ 12）的操作，液压缸实现上升、下降的往复运行。

14）结束操作如下。

① 按下"智能终端人机交互界面"红色圆形键"OFF"键。

② 关闭位于"智能终端人机交互界面"箱体侧面的液压系统开关，置其为"OFF"位置。

③ 拉下电控柜总开关。

15）拆卸所有管线及元件，擦拭所有管线、元件及操作台，并将管线及元件按指定位置摆放好。

4. 实训思考题

1）简述液压泵站的组成。

2）分析液压传动的工作原理。

3）分析采用行程阀的速度换接回路。

4）简述行程阀的作用。

实训项目2　进油路节流调速回路实训

1. 实训目的与要求

1）了解液压传动。

2）熟悉液压传动的基本结构。

3）掌握进油路节流调速回路的操作，并能举一反三。

2. 实训设备与工具

1）液压实训操作台。

2）液压胶管若干、三通、四通、液压缸、直动式溢流阀、单向阀、调速阀、手动换向阀、压力表。

3）活扳手、内六角扳手、一字螺钉旋具、十字螺钉旋具。

4）生料带、O 形圈、组合垫。

5）线手套、抹布若干块。

3. 实训内容

进油路节流调速回路如图 16-2 所示。

具体操作步骤如下。

1）检查油箱是否漏油。

2）检测油温是否在 30～50℃ 工作温度范围内，若未达标则应启动热交换器。

3）按图 16-2 所示连接"进油路节流调速回路"。

4）再次检查连接的每根管线是否接好。

5）合上电控柜总开关。

6）把溢流阀调节到最大限度。

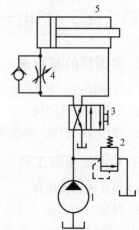

图 16-2　进油路节流调速回路
1—定量泵　2—溢流阀　3—手动换向阀
4—单向节流阀　5—液压缸

7）打开位于"智能终端人机交互界面"箱体侧面的液压系统开关，将其置于"ON"位置，"智能终端人机交互界面"的"智能设备安全保护系统"屏幕启动，按下"电源管理"键，屏幕出现红、绿两个颜色的圆形键，绿色界面上有"ON"字样，按下"ON"，液压系统启动，各油路开始进油，此时"智能终端人机交互界面"红色圆形键会出现"OFF"字样。

8）调节溢流阀，使压力表压力显示为 3MPa。

9）再次检查各管线是否有漏油。

10）手动换向阀使阀芯换向至左侧位置，看到液压缸活塞杆左移，液压缸左侧液压油液经单向节流阀中的单向阀流回油箱。

11）手动换向阀使阀芯换向至右侧位置，液压油液经单向节流阀中的节流阀进入液压缸，调节节流阀控制进油量，看到液压缸上升的速度随之发生变化。可以进行各种油量变化的调试，看到液压缸上升速度的变化。

12）经过 10）、11）的操作，液压缸实现上升、下降的往复运行。

13）按下"智能终端人机交互界面"的红色圆形键"OFF"，液压系统停止运行。

14）可以把单向节流阀接到液压缸右侧的线路上，看到液压缸下降速度的快慢各种变化；还可以在液压缸两侧分别接上单向节流阀，可以看到液压缸上升、下降都会有速度变化。

15）步骤同 9）～12）。

16）结束操作如下。

①按下"智能终端人机交互界面"红色圆形键"OFF"。

②关闭位于"智能终端人机交互界面"箱体侧面的液压系统开关，将其置于"OFF"位置。

③拉下电控柜总开关。

17）拆卸所有管线及元件，擦拭所有管线、元件及操作台，并将管线及元件按指定位置摆放好。

4. 实训思考题

1）简述液压系统正常工作油温范围。

2）分析直动式溢流阀的工作原理。

3）分析进油路节流调速回路。

4）简述热交换器的作用。

实训项目 3 机电一体化液压回路实训

1. 实训目的与要求

1）了解机电一体化的概念。

2）熟悉电磁换向阀。

3）掌握连接机电一体化液压回路的要领。

2. 实训设备与工具

1）液压实训操作台。

2）液压胶管若干、三通、四通、液压缸、直动式溢流阀、先导式溢流阀、调速阀、三位四通电磁换向阀（O 型、Y 型）、二位四通电磁换向阀、压力表。

3）电源线、万用表、接电导线若干。

4）活扳手、内六角扳手、一字槽螺钉旋具、十字槽螺钉旋具。

5）生料带、O 形圈、组合垫。

6）线手套、抹布若干块。

3. 实训内容

机电一体化多功能控制回路如图 16-3 所示。

具体操作步骤如下。

1）检查油箱是否漏油。

2）检测油温是否在 30～50℃工作温度范围内。若未达标则应启动热交换器。

3）按图 16-3a 所示连接液压系统回路，按图 16-3b 所示连接电气线路。

4）再次检查连接的每根管线是否接好。

5）合上电控柜总开关。

6）把先导式溢流阀和直动式溢流阀调到最大限度。

7）打开位于"智能终端人机交互界面"箱体侧面的液压系统开关，将其置于"ON"位置，"智能终端人机交互界面"的"智能设备安全保护系统"屏幕启动，按下"电源管理"键屏幕出现红、绿两个颜色的圆形键，绿色圆形键上有"ON"字样，按下"ON"，液压系统启动，各油路开始进油，此时"智能终端人机交互界面"红色圆形键会出现"OFF"字样。

8）调动先导式溢流阀和直动式溢流阀，使压力表压力为 3MPa。

9）再次检查各管线是否有漏油。

10）不按下 SB8 按钮，系统压力由先导式溢流阀 1 来控制，二位三通电磁换向阀 3 处于常态，P→A 相通，直动式溢流阀 2 处于原始状态，不起作用。当按下 SB8 按钮后，Z1 得电，二位三通电磁换向阀换向，P→B 相通，直动式溢流阀 2 有油液进入，可以调控压力，系统压力由先导式溢流阀 1 和直动式溢流阀 2 组合完成，即可实现远程控制。

11）按下 SB1 按钮后，再按下 SB2 按钮，Z2 得电，三位四通 Y 型电磁换向阀 4 阀芯左移，阀处在右侧位置，P→A 相通，液压缸 7 左侧进油，活塞杆上升（右移），B→T 相通，回油直接进油箱。

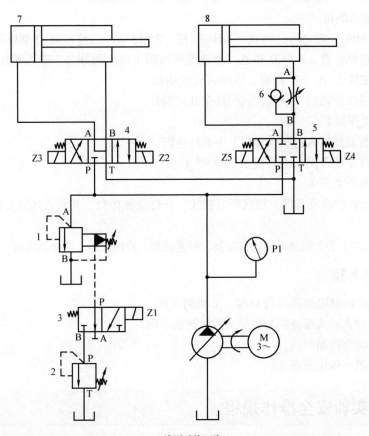

a) 液压系统回路

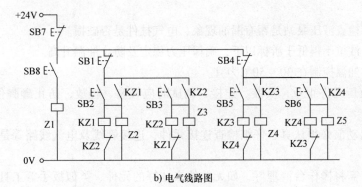

b) 电气线路图

图 16-3　机电一体化多功能控制回路

1—先导式溢流阀　2—直动式溢流阀　3—二位三通电磁换向阀　4—三位四通电磁换向阀（Y 型）
5—三位四通电磁换向阀（O 型）　6—调速阀　7、8—液压缸

12）按下 SB4 按钮之后，再按下 SB5 按钮，Z4 得电，三位四通 O 型电磁换向阀 5 阀芯
左移，阀处在右侧位置，P→A 相通，液压缸 8 左侧进油，活塞杆上升（右移），B→T 相通，
调节调速阀（节流阀部分）控制回油量的大小，即可看到液压缸 8 的上升速度随之改变。

13）按下 SB1 按钮后，再按下 SB3 按钮，Z3 得电，三位四通 Y 型电磁换向阀 4 阀芯右移，

153

阀处在左侧位置，P口、B口相通（P→B），液压缸 7 右侧进油，活塞杆下降（左移），A→T
相通，回油直接进油箱。

14）按下 SB4 按钮之后，再按下 SB6 按钮，Z5 得电，三位四通 O 型电磁换向阀 5 阀芯
右移，阀处在左侧位置，P→B 相通，油液经调速阀（单向阀部分）进入液压缸 8 右侧进油，
活塞杆下降（左移），A→T 相通，回油直接进油箱。

15）按下 SB7 按钮后，系统控制回路全部被断开。

16）结束操作如下。

①按下"智能终端人机交互界面"中的红色键"OFF"。

②关闭液压系统开关，将其置于"OFF"位置。

③拉下电控柜总开关。

17）拆卸所有管线及元件，擦拭所有管线、元件及操作台，并将管线及元件按指定位置摆
放好。

这个实训包含了多个回路，如远程控制、调速回路、换向回路、两个液压缸上升顺序回路等。

4. 实训思考题

1）简述三位四通电磁换向阀 O 型、Y 型的区别。

2）简单分析直动式溢流阀与先导式溢流阀的不同。

3）分析多功能控制回路。

4）简述机电一体化的意义。

液压传动实训安全操作规程

1）必须在指定地点，指定操作台进行实习，严禁乱窜操作台，严禁乱动与本操作无关的
一切设施。

2）实训前检查液压泵站是否有漏油现象、电气挂件是否破损。

3）油箱中油位不得低于游标以下，确保压力稳定及防止油温升高。

4）使用时油温控制在 30～50℃为宜。

5）由于液压元件很重，安装、连接、调试时应轻拿、轻放，防止砸脚伤害自己或他人，
或砸坏操作台。

6）设备起动前必须认真、仔细检查连接元件、连接管线及电气线路等是否连接正确，是
否连接完好。

7）起动前需将操作台清理好，如无关的未挂好的元件、类似扳手等工具、用完的辅助材
料，以及手套、抹布等清理干净，确保操作台无杂物影响设备运行。

8）操作前须了解各按钮及开关。

9）设备启动后禁止靠近液压泵站以防受伤害。

10）操作时应注意周围人员及自身安全，防止喷油。

11）实训结束后应将操作台擦拭干净，检查电源、液压泵站是否关闭，元器件、工具放回
原处，相关物品摆放整齐，清洁场地后离开。

第 17 章

气压传动

实训项目 1　气动基本回路的连接

1. 实训目的与要求

1）了解气压传动的基本概念、应用范围。

2）认识气压传动的基本元件。

3）熟练连接气压传动的基本回路。

2. 实训设备与工具

1）气动实训操作台。

2）连接管、三通、四通。

3）气缸、节流阀、换向阀。

4）活扳手、内六角扳手。

3. 实训内容

（1）方向控制回路　方向控制回路利用换向阀（以二位五通换向阀为例）来调节气缸内活塞运动方向。连接步骤如下。

1）找出回路连接所需元件：一个气缸、一个二位三通手动换向阀、一个二位五通手动换向阀、若干根连接管。

2）用第一根连接管将气源和二位三通手动换向阀的进气孔连接在一起。

3）将第二根连接管的两端分别接在二位三通手动换向阀的出气孔和二位五通手动换向阀的进气孔 P 处。

4）将第三根连接管的两端分别接在气缸的底端和二位五通手动换向阀的出气口 A 处。

5）将第四根连接管的两端分别接在气缸的顶端和二位五通手动换向阀的出气口 B 处。

6）连接完成。回路连接结构如图 17-1 所示。

7）检查并确认所有连接管是否连接完好。

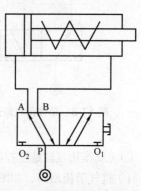

图 17-1　二位五通手动换向阀的
方向控制回路

8）回路验证。打开气源（压缩空气），控制二位三通手动换向阀，看图中的原始状态是P→A通，B→O_1通，即压缩空气由P孔进入，通过二位五通手动换向阀直接进入气缸的底端，气缸里面活塞顶部的气体经由二位五通手动换向阀直接排出，活塞杆上升。当将二位五通手动换向阀换向时，P与A不通，P→B通，A→O_2通，即压缩空气通过二位五通换向阀进入气缸的顶端，气缸里面活塞底部的气体经由二位五通手动换向阀排出，活塞杆下降。气缸活塞可以实现上升和下降的往复运行。方向控制回路实物如图17-2所示。

（2）速度控制回路　速度控制回路可以调节气缸内活塞的运动速度等。在气动实训中，主要采用的是节流调速。

1）找出回路连接所需元件：一个气缸、一个二位三通手动换向阀、一个单向节流阀、若干根连接管。

2）用第一根连接管将气源和二位三通手动换向阀的进气孔P连接在一起。

3）将第二根连接管的两端分别连接二位三通手动换向阀出气孔A和单向节流阀进气口P_1。

4）将第三根连接管的两端分别接在气缸的底端和单向节流阀的出气口A_1。

5）连接完成。回路连接结构如图17-3所示。

6）检查并确认所有连接管是否连接完好。

图17-2　方向控制回路实物

1—二位三通手动换向阀
2—二位五通手动换向阀

7）回路验证。打开气源（压缩空气），控制二位三通手动换向阀，看图中的原始状态是否为P→A通，即压缩空气通过二位三通换向阀进入单向节流阀，经由单向节流阀进入气缸的底端，气缸里面活塞上部的气体从气缸上端直接排出，活塞杆上升。调节单向节流阀，可以控制进入气缸底端压缩空气的流量，从而达到控制气缸活塞杆上升速度的目的。速度控制回路实物如图17-4所示。

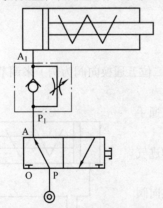

图17-3　单作用气缸速度控制回路

图17-4　速度控制回路实物

1—二位三通手动换向阀　2—单向节流阀

（3）双作用气缸速度控制回路

1）进气节流回路，如图17-5所示。

① 找出回路连接所需元件：一个气缸、一个二位三通手动换向阀、一个二位五通手动换向阀、两个单向节流阀、若干根连接管。

② 用第一根连接管将气源和二位三通手动换向阀的进气孔连接在一起。

③ 将第二根连接管两端分别连接在二位三通手动换向阀的出气口和二位五通手动换向阀的进气孔 P 处。

④ 将第三根连接管的两端分别连接二位五通手动换向阀出气孔 A 和单向节流阀 1 的进气口 P_1。

⑤ 将第四根连接管的两端分别连接二位五通手动换向阀出气孔 B 和单向节流阀 2 的进气口 P_2。

⑥ 将第五根连接管的两端分别接在气缸的底端和单向节流阀 1 的出气口 A_1。

⑦ 将第六根连接管的两端分别接在气缸的顶端和单向节流阀 2 的出气口 B_1。

⑧ 连接完成。回路连接结构如图 17-5 所示。

⑨ 检查并确认所有连接管是否连接完好。

⑩ 回路验证。打开气源（压缩空气），控制二位三通手动换向阀原始状态为二位五通手动换向阀 P→A 通，B→O_1 通，压缩空气通过二位五通手动换向阀，经由单向节流阀 1 进入气缸的底端，气缸底部进气，活塞杆上升，气缸顶端的空气经由单向节流阀 2 进入二位五通手动换向阀，通过出气口 O_1 排出；当二位五通手动换向阀换向时，A→O_2 通，P→B 通，即 P 与 B 通，压缩空气经由单向节流阀 2 进入气缸的顶端，气缸顶部进气，活塞杆下降，气缸底端的空气经由单向节流阀 1 进入二位五通手动换向阀，最后通过出气口 O_2 排出；通过调节两个单向节流阀，可以分别控制进入气缸底部和顶部的气体流量，从而实现进气节流回路。进气节流回路实物如图 17-6 所示。

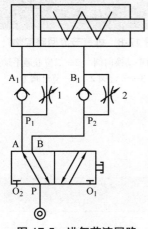

图 17-5　进气节流回路

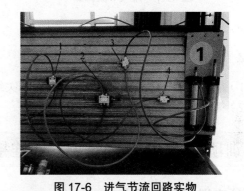

图 17-6　进气节流回路实物

1—二位三通手动换向阀　2—二位五通手动换向阀
3—单向节流阀 2　4—单向节流阀 1

2）排气节流回路。

① 找出回路连接所需元件：一个气缸、一个二位三通手动换向阀、一个二位五通手动换向阀、两个节流阀、若干根连接管。

② 用第一根连接管将气源和二位三通手动换向阀的进气孔连接在一起。

③ 将第二根连接管的两端分别连接在二位三通手动换向阀的出气孔和二位五通手动换向阀的进气孔 P 处。

④ 将第三根连接管的两端分别连接二位五通手动换向阀出气孔 A 和气缸的底端。

⑤ 将第四根连接管的两端分别连接二位五通手动换向阀出气孔 B 和气缸的顶端。

⑥ 将第五根连接管的两端分别接在二位五通手动换向阀的出气口 O_1 和节流阀 1 的进气口 P_1。

⑦ 将第六根连接管的两端分别接在二位五通手动换向阀的出气口 O_2 和节流阀 2 的进气口 P_2。

⑧ 连接完成。回路连接结构如图 17-7 所示。

⑨ 检查并确认所有连接管是否连接完好。

⑩ 回路验证。打开气源（压缩空气），控制二位三通手动换向阀，原始状态为二位五通手动换向阀 P→A 通、B→O_2 通，压缩空气通过二位五通手动换向阀进入气缸的底端，气缸底部进气，气缸上端的空气经由二位五通手动换向阀，通过节流阀 2 排出，活塞杆上升；二位五通手动换向阀换向后，A→O_1 通、P→B 通，压缩空气通过二位五通手动换向阀进入气缸的顶端，气缸顶部进气，气缸下端的空气经由二位五通手动换向阀，通过节流阀 1 排出，活塞杆下降。通过调节两个节流阀，可以分别控制气缸底部和顶部排出气体的流量，从而实现排气节流回路。排气节流回路实物如图 17-8 所示。

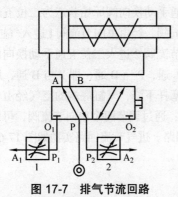

图 17-7　排气节流回路

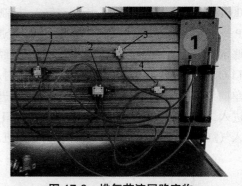

图 17-8　排气节流回路实物

1—二位三通手动换向阀　2—二位五通手动换向阀
3—节流阀 2　4—节流阀 1

4. 实训思考题

1）简述气压实训中气动系统的组成及相关组件。

2）简述气动系统中的基本回路种类。

实训项目 2　气动典型回路的连接

1. 实训目的与要求

1）认识并熟练掌握气压传动典型回路。

2）能够熟练分析典型回路的工作原理。

3）通过对典型回路的学习能够自主设计出自动往返回路。

2. 实训设备及工具

1）气动系统操作台。

2）连接管、三通、四通。

3）气缸、节流阀、换向阀、延时换向阀。

4）活扳手、内六角扳手。

3. 实训内容

（1）顺序动作回路

1）找出回路连接所需元件：两个气缸（1、2）、一个二位三通手动换向阀、一个二位四通手动换向阀、两个顺序阀（3、4）、两个三通（S_1、S_2）、若干根连接管。

2）用一根连接管将气源和二位三通手动换向阀的进气孔连接在一起。

3）用一根连接管将二位三通手动换向阀的出气孔和二位四通手动换向阀的进气孔 P 连接在一起。

4）三通 S_1 的 3 个接口用 3 根连接管分别接到二位四通手动换向阀的出气孔 A、气缸 1 的底端和顺序阀 4 的进气口 P_2。

5）三通 S_2 的 3 个接口用 3 根连接管分别接到二位四通手动换向阀的出气孔 B、气缸 2 的顶端和顺序阀 3 的进气口 P_1。

6）用一根连接管将顺序阀 4 的出气孔 A_2 与气缸 2 的底端相连。

7）用一根连接管将顺序阀 3 的出气孔 A_1 与气缸 1 的上端相连。

8）连接完成。回路连接结构如图 17-9 所示。

9）检查并确认所有连接管是否连接完好。

10）回路验证。打开气源（压缩空气），控制二位三通手动换向阀，原始状态为二位四通手动换向阀 P→A 通、B→O 通，即压缩空气进入二位四通手动换向阀，通过三通 S_1，一部分进入气缸 1 的底端，气缸 1 底部进气，活塞杆 1 上升，另一部分经由顺序阀 4，进入气缸 2 的底端，活塞杆 2 上升。气缸 1 上端的气体经过顺序阀 3，通过二位四通换向阀排出，气缸 2 上端的气体直接通过二位四通换向阀排出。顺序阀 4 的调定压力大于气缸 2 右行的工作压力时，压缩空气先进入气缸 1 下端，实现动作①；

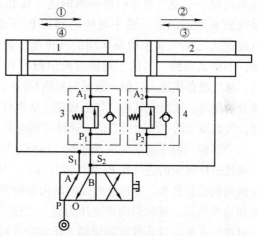

图 17-9　顺序动作回路

当活塞运动到终点时，回路气体压力升高，气体打开顺序阀 4 而进入气缸 2 实现动作②。

二位四通手动换向阀换向后，P→B 通，A→O 通，压缩空气进入二位四通手动换向阀，通过三通 S_2，一部分进入气缸 2 的顶端，气缸 2 顶部进气，活塞杆 2 下降，另一部分经由顺序阀 3，进入气缸 1 的顶端，活塞杆 1 下降。气缸 2 底端的气体经过顺序阀 4，通过二位四通换向阀排出，气缸 1 底端的气体直接通过二位四通换向阀排出。顺序阀 3 的调定压力大于气缸 1 左行的工作压力时，压缩空气先进入气缸 2 顶端，实现动作③；当活塞运动到终点时，回路气体压力升高，气体打开顺序阀 3 而进入气缸 1 实现动作④。

此回路中所使用的顺序阀起到控制压力的作用，由于存在压力差，使两个气缸上升产生先后顺序动作①②，下降产生先后顺序动作③④，顺序动作回路实物如图 17-10 所示。

（2）延时控制回路

1）找出回路连接所需元件：一个气缸、一个

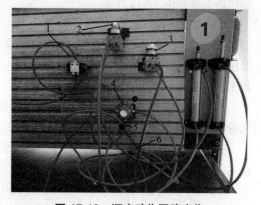

图 17-10　顺序动作回路实物

1—二位三通手动换向阀
2—二位四通手动换向阀　3—顺序阀 3
4—顺序阀 4　5—三通 S_1　6—三通 S_2

二位三通手动换向阀、一个二位三通延时换向阀、一个四通、若干根连接管。

2）将四通的 4 个接口用 4 根连接管分别连接到气源、二位三通手动换向阀的进气孔 P_1、气缸底端和二位三通延时换向阀的进气孔 P_2。

3）用一根连接管将气缸顶端与二位三通延时换向阀的出气孔 A_2 相连。

4）用一根连接管将二位三通延时换向阀的控制孔 K 与二位三通手动换向阀的出气孔 A_1 相连。

5）连接完成。回路连接结构如图 17-11 所示。

6）检查并确认所有连接管是否连接完好。

7）回路验证。打开气源（压缩空气），原始状态是压缩空气通过四通，分别进入二位三通手动换向阀、二位三通延时换向阀的进气孔 P_2 以及气缸底端。二位三通手动换向阀内 P_1 不通，直接进入二位三通手动换向阀的气体部分被阻断，不形成回路。二位三通延时换向阀内 P_2 不通，从气源直接进入二位三通延时换向阀的气体部分被阻断。压缩空气通过气缸底端，活塞杆上升，气缸顶端的空气通过二位三通延时换向阀排出（$A_2 \rightarrow O_2$）。

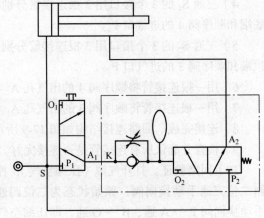

图 17-11　延时控制回路

当二位三通手动换向阀换向时，压缩空气通过四通，分别进入二位三通手动换向阀、二位三通延时换向阀的进气孔 P_2 及气缸底端。二位三通手动换向阀内 $P_1 \rightarrow A_1$ 通，压缩空气进入延时换向阀控制孔 K，通过延时换向阀内部的节流阀，进入气容，经过一段时间后，气容内的压力到达预约值，延时阀内产生压力差，二位三通延时换向阀换向，此时 $P_2 \rightarrow A_2$ 通，压缩空气经过进气孔 P_2，进入气缸的顶端，压缩空气同时进入气缸的底端和顶端，但由于两路气体压强相等，活塞两端存在面积差，作用在活塞顶端的压力大于底端所受压力，活塞下降，通过调节二位三通延时阀可以控制进入气容的气体流量，从而控制气容充气时间，达到延时开启回路的效果。延时控制回路实物如图 17-12 所示。

（3）差动回路

1）找出回路连接所需元件：一个气缸、一个二位三通手动换向阀、一个单向节流阀、一个三通、若干根连接管。

2）将三通的 3 个接口用 3 根连接管分别连接到气源、二位三通手动换向阀的进气孔 P 和气缸顶端。

3）用一根连接管将二位三通手动换向阀的出气孔 A 与单向节流阀的进气口 P_1 相连。

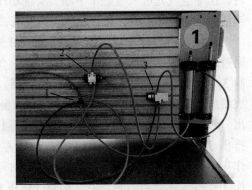

图 17-12　延时控制回路实物
1—四通 S　2—二位三通手动换向阀
3—二位三通延时换向阀

4）用一根连接管将单向节流阀的出气孔 A_1 与气缸底端相连。

5）连接完成。回路连接结构如图 17-13 所示。

6）检查并确认所有连接管是否连接完好。

7）回路验证。打开气源（压缩空气），看图 17-13 中的二位三通手动换向阀原始状态是 P

不进气，气源通过三通直接进入气缸顶端，气缸底端的空气通过单向节流阀中的单向阀和二位三通手动换向阀 O 孔直接排出，活塞杆下降。

二位三通手动换向阀换向，即二位三通手动换向阀的状态变为 P→A 通，压缩空气经过二位三通手动换向阀的出气孔 A，经由单向节流阀进入气缸的底端，此时，压缩空气同时进入气缸的上端和下端，但由于两路气体压强相等，活塞两端存在面积差，作用在活塞下端的压力大于上端所受压力，活塞杆上移，通过调节单向节流阀的开度，可以控制活塞杆上移的速度，完成活塞杆上下移动的差动回路。差动回路实物如图 17-14 所示。

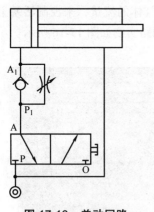

图 17-13 差动回路

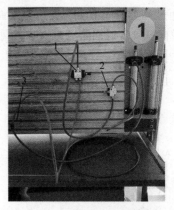

图 17-14 差动回路实物

1—二位三通手动换向阀 2—单向节流阀 3—三通

4. 实训思考题

1）简述现实生活中气压传动的实例。

2）简述如何将进气节流回路改为排气节流回路。

实训项目 3 气动回路设计实例

1. 实训目的与要求

1）熟练应用气压传动的基本元件。

2）由学生自由设计并连接气动回路。

2. 实训设备与工具

1）气动实训操作台。

2）气缸、连接管。

3）活扳手、内六角扳手。

4）学生自由选择气动元件。

3. 气动回路实例参考

（1）用单向节流阀实现单向排气节流回路

1）找出回路连接所需元件：一个气缸、一个二位三通手动换向阀、一个单向节流阀、若干连接管。

2）用第一根连接管将二位三通手动换向阀的进气孔 P_1 和气源连接。

3）用第二根连接管将二位三通手动换向阀的出气孔 A_1 接气缸的底端。

4）用第三根连接管将气缸顶端与单向节流阀的进气孔 P_2 相连。

5）连接完成。回路连接结构如图 17-15 所示。

6）检查并确认所有连接管是否连接完好。

7）回路验证。打开气源（压缩空气），原始状态为二位三通手动换向阀 $P_1 \rightarrow A_1$ 通，压缩空气经由二位三通手动换向阀进入气缸的底端，气缸底部进气，气缸顶端的空气通过单向节流阀排出，通过调节单向节流阀，可以控制气缸底端排出气体的流量，来控制活塞上升的速度，从而实现单向排气节流回路。单向节流阀实现排气节流回路实物如图 17-16 所示。

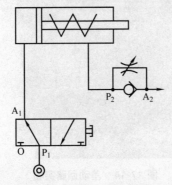
图 17-15　单向节流阀实现排气节流回路

图 17-16　单向节流阀实现排气节流回路实物
1—二位三通手动换向阀　2—单向节流阀

（2）实现双气缸的交错或同向运动

1）找出回路连接所需元件：两个气缸、一个二位四通手动换向阀、两个三通、若干连接管。

2）用一根连接管将二位四通换向阀的进气孔 P 和气源连接。

3）三通 S_1 的 3 个接口用 3 根连接管分别接到二位四通手动换向阀的出气孔 A、气缸 1 的底端和气缸 2 的顶端。

4）三通 S_2 的 3 个接口用 3 根连接管分别接到二位四通手动换向阀的出气孔 B、气缸 1 的顶端和气缸 2 的底端。

5）连接完成。回路连接结构如图 17-17 所示。

6）检查并确认所有连接管是否连接完好。

7）回路验证。打开气源（压缩空气），原始状态为二位四通手动换向阀内 $P \rightarrow A$ 通、$B \rightarrow O$ 通，压缩空气经过二位四通手动换向阀，由三通 S_1 将压缩空气分为两部分，分别进入气缸 1、2 的底端和顶端，两个气缸的活塞杆分别上升和下降，两气缸顶端和底端的空气通过三通和二位三通手动换向阀的出气孔 O 排出，完成动作①和动作②。当二位四通手动换向阀换向时，即 $P \rightarrow B$ 通、$A \rightarrow O$ 通，压缩空气经过二位四通手动换向阀，由三通 S_2 将压缩空气分为两部分，分别进入气缸 1、2 的顶端和底端，两个气缸的活塞杆分别下降和上升，两气缸底端和顶端的空气通过三通和二位三通手动换向阀排出，实现动作③和动作④，完成了双气缸的交错运动回路。双气缸交错运动回路实物如图 17-18 所示。

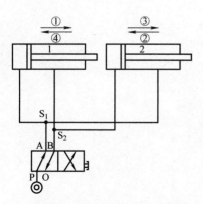

图 17-17　双气缸的交错运动回路

图 17-18　双气缸交错运动回路实物

1—二位四通手动换向阀　2—三通 S_1　3—三通 S_2

4. 思考题

自行设计并连接一个气动回路，且画出完整气动回路设计图。

气压传动实训安全操作规程

1）必须在指定地点、指定操作台进行实习操作，严禁乱窜操作台，严禁乱动与本操作无关的一切设施。

2）操作前将减压阀压力调至 0.3～0.5MPa。

3）操作前检查气源连接插管是否紧密，检查二联体的油雾器是否有润滑油。

4）连接回路后检查气管是否插好，之后才能开启气源。

5）接头损坏后要及时更换，防止气管甩出伤人。

6）操作时应注意周围人员及自身安全。

7）操作结束后，将气管收起放回原处。

第 18 章

■■■■■■

机电一体化

实训项目 1　万用铣床电路分析、故障排除

1. 实训目的与要求

1）熟悉常用低压电气元器件的功能及工作原理。

2）熟悉万用铣床的基础控制原理。

3）了解具有排除预先设置的万用铣床电路故障的基本方法。

2. 实训设备与工具

万用铣床实训台（见图 18-1）、万用铣床模拟机器、万用表。

3. 实训材料

熔丝、断路器、按钮、开关、交流接触器等。

4. 实训内容

（1）熟悉主要电气元器件　主电路共有 3 台电动机，M1 是主轴电动机、M2 是进给电动机、M3 是冷却泵电动机，它们分别承担铣削加工、工作台的 6 个方向进给和加工时提供切削液的服务，有短路过载保护功能。

（2）分析电路工作原理（见图 18-2）

1）控制电路电源由变压器 TC 输出 110V 电压供电，KM1 接触器的通断是控制 M1 电动机和 M3 电动机用的，M2 电动机是由 KM3

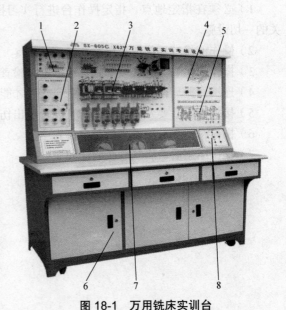

图 18-1　万用铣床实训台

1—电源台　2—按钮/指示区　3—机床电路
4—外形图　5—原理图　6—试验桌
7—电动机区　8—测量区

和 KM4 接触器来控制正反转的，并通过机械转换达到 6 个方向进给。

2）制动过程。变压器 TC 输出 36V 电压为电磁离合器 YC1、YC2、YC3 供电。

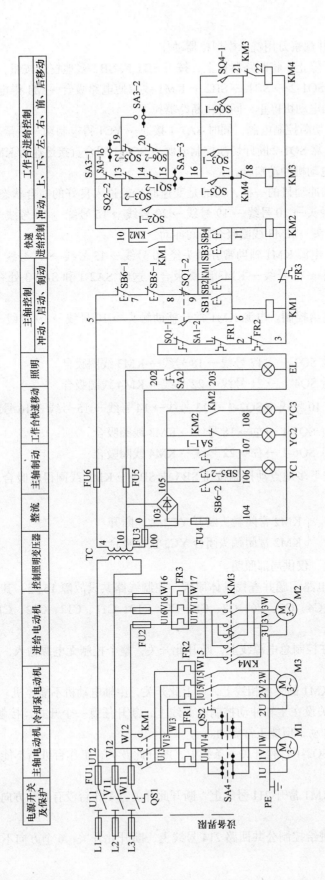

图18-2 万用铣床电路

（3）熟练使用实训台并观察万用铣床模拟机器动作

1）主轴电动机启动、停止。将断路器推上，按下 SB1 或 SB2 多地控制按钮，控制电源经 FU6 → SB6-1 → SB5-1 → SQ1-2 → SB1 → SB2 → KM1 线圈使电路吸合 → M1 得电运行。按下 SB5、SB6 停止按钮，主轴电动机停止，同时将断路器拉下。

2）换刀。SA1-2 断开切断控制电源，同时 SA1-1 接通 → YC1 得电制动 → 锁紧刀头 → 换刀。

3）主轴冲动。冲动是靠 SQ1-2 断开切断控制电源 → SQ1-1 闭合直接迅速为 KM1 提供点动电源，目的是瞬间使 M1 电动机冲动啮合。

4）进给冲动。和主轴冲动目的一样，为的是变速时齿轮进入良好的啮合状态。电源路径是：通过 KM1 常开辅助触头 → 10 号线 → 19 号线 → 20 号线 → 15 号线 → 14 号线 → 13 号线经 SQ2-1 → KM4 常开辅助触头 → KM3 线圈吸合瞬间冲动。

5）圆工作台的控制。电源 KM1 辅助常开触头经 10 号线 → 13 号线 → 14 号线 → 15 号线 → 20 号线 → 19 号 → 17 号线 → 18 号线 → KM3 线圈吸合，这时 SA2-1 和 SA2-3 处在断开位置，SA2-2 处在接通位置。

6）下、前、上、后进给控制。电源 KM1 常开辅助触头 → 10 号线 → 19 号线 → 20 号线 → 15 号线 → 16 号线 →

$$\begin{cases} \text{下前 SQ3-1} \to 17 \text{号线} \to 18 \text{号线} \to \text{KM3 线圈吸合} \\ \text{上后 SQ4-1} \to 21 \text{号线} \to 22 \text{号线} \to \text{KM4 线圈吸合} \end{cases}$$

7）进给控制。电源经 10 号线 → SQ2-2 → 13 号线 → 14 号线 → 15 号线 → 16 号线 →

$$\begin{cases} \text{SQ5-1} \to \text{左} \to 18 \text{号线} \to \text{KM3 线圈吸合} \\ \text{SQ6-1} \to \text{右} \to 22 \text{号线} \to \text{KM4 线圈吸合} \end{cases}$$

8）快速进给控制。按下多地点动控制按钮 SB3 或 SB4 → KM2 线圈得电吸合 → 36V 电压桥整后经 105 号线 →

$$\begin{cases} \text{KM2 常闭触头断开 YC2 常速断开} \\ \text{KM2 常闭触头闭合 YC3 快移吸合} \end{cases}$$

9）照明电路 24V 供电，仅供局部照明。

（4）设置故障、分析电路问题并查找具体原因 控制线路共设故障 16 处，其中断路故障 15 处，分别是 C1、C3、C4、C5、C6、C7、C8、C9、C10、C11、C12、C13、C14 和 C15；短路故障 1 处，是 C2。

1）C1 故障开关串接在控制总电源线上，断开此开关，整个控制无电源输入，主轴电动机不能启动。

2）C2 故障开关设在 KM1 的一根相线上，合上此开关，主轴电动机不能停机。

3）C3 和 C18 故障开关设在主轴冲动控制电源线上，断开任意一个开关，接触器 KM1 无法得电，主轴电动机不能冲动，但能正常启动。

4）C4 故障开关设在 SQ2-1 行程开关一条线上，断开此开关，工作台进给不能冲动，其他电路正常。

5）C5 故障开关设在 KM1 常开 211 号线上，断开此开关，工作台没有 6 个方向进给，主轴能启动。

6）C6 故障开关设在进给控制公共回路 214 号线上，断开此开关，6 个方向不能进给，没有快进。

7）C7 故障开关设在 SQ4-2 和 SQ3-2 行程开关之间，断开此开关，左、右方向不能进给，其他电路正常。

8）C8 故障开关设在 SQ6-2 和 SQ5-2 行程开关之间，断开此开关，下、前、上、后方向不能进给，其他电路正常。

9）C9 故障开关设在 SQ3-1 行程开关线上，断开此开关，下、前方向不能进给，其他电路正常。

10）C10 故障开关设在 SQ4-1 行程开关线上，断开此开关，上、后方向不能进给。

11）C11 故障开关设在接触器 KM3 线圈端，断开此开关，左、下、前 3 个方向不进给，不能冲动，圆工作台不能操作。

12）C12 故障开关设在 KM4 的线圈上，断开此开关，上、后、右方向不能进给，其他电路正常。

13）C13 故障开关设在 SA3-2 开关上，断开此开关，圆工作台不能进给，其他电路正常。

14）C14 故障开关串接在 YC1 的线圈端，断开此开关，主轴不能制动。

15）C15 故障开关设置在 SA1-1 开关处，断开此开关，换刀不能制动。

16）C16 故障开关设置在 KM2 辅助常开处，断开此开关，不能快进，其他电路正常。

5. 思考题

1）万用铣床的控制原理是什么？

2）万用铣床主要使用哪些低压电气元件？

3）万用铣床包含几个电动机？分别是什么？

实训项目 2　基于 PLC 控制立体车库的操作

1. 实训目的与要求

1）了解可编程序控制器 PLC 的硬件技术指标和工作原理。

2）了解立体车库外部执行部件和辅助机械部件的功能和工作原理。

3）正确使用立体车库，了解立体车库控制系统。

2. 实训设备与工具

1）立体车库实训台。

2）计算机。

3）RS-485 通信数据线。

4）螺钉旋具。

3. 实训材料

电源线、按钮、开关、熔丝、断路器等。

4. 实训内容

（1）GX Developer 软件的使用方法　GX Developer 的基本使用方法与一般基于 Windows

操作系统的软件类似，在这里只介绍一些用户常用的 PLC 操作方法。

1）"工程"菜单（见图 18-3）。在菜单里的"工程"菜单下选择"改变 PLC 类型"即可根据要求改变 PLC 类型。

① 在"读取其他格式的文件"选项下可以将 FXGP_WIN-C 编写的程序转换成 GX 工程。

② 在"写入其他格式的文件"选项下可以将用本软件编写的程序工程转换为 FX 工程。

2）"在线"菜单（见图 18-4）。

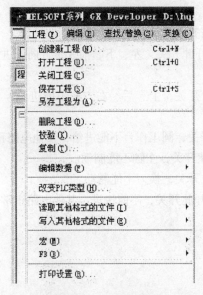

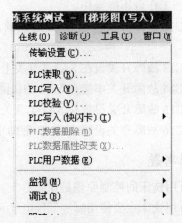

图 18-3 "工程"菜单　　　　　　　图 18-4 "在线"菜单

① 在"传输设置"对话框中可以改变计算机与 PLC 通信的参数，如图 18-5 所示。

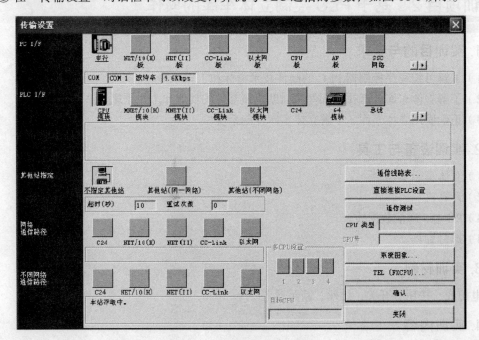

图 18-5 "传输设置"对话框

② 选择"PLC 读取""PLC 写入""PLC 校验"命令可以对 PLC 进行程序上传、下载、比较。

③ 选择不同的数据可对不同的文件进行操作（见图 18-6）。

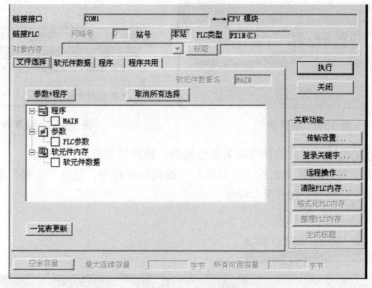

图 18-6　文件选择

④ 选择"监视"命令（按"F3"键）可以对 PLC 状态进行实时监视。

⑤ 选择"调试"命令可以完成对 PLC 的软元件测试、强制输入输出和程序执行模式变化等操作。

3）创建工程。

① 单击"工程作成"按钮。

② 选择"工程（F）"→"创建新工程（N）"菜单命令。

③ 按"Ctrl+N"组合键。

④ 在"PLC 系列"下选择相应的 PLC 系列，在"PLC 类型"下选择相应的 PLC 类型，单击"确定"按钮新建一个程序。

⑤ 在程序编辑器中输入指令，或者单击适当的工具条按钮（见图 18-7），或使用适当的功能键（F5= 触点、F7= 线圈、F8= 方框）插入一个类属指令。

图 18-7　工具条按钮

⑥ 输入地址。输入一条指令时，弹出"梯形图输入"对话框，如图 18-8 所示。在左侧可选择输入元件类型，在右侧填写输入地址。完成后单击"确定"按钮。

图 18-8　"梯形图输入"对话框

若输入错误，则弹出提示，如图 18-9 所示。单击"确定"按钮后重新输入地址。

⑦ 程序转换。用工具条按钮、"变换"菜单→"变换"命令（或快捷键F4）进行转换（见图 18-10）。

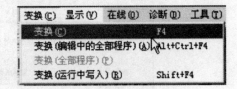

图 18-9　错误提示　　　　　　　　　　　　　　图 18-10　程序转换

程序刚编辑完成后，对应的程序段为灰色底面，转换后变成白色底面。

⑧ 工程保存。使用工具条上的"工程保存"按钮保存程序，或从"工程"菜单中选择"保存工程"和"另存工程为"命令保存程序。

4）通信设置（见图 18-11）。

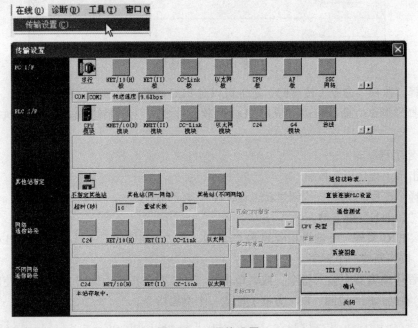

图 18-11　通信设置

① 选择菜单中的"在线"→"传输设置"命令，弹出"传输设置"对话框。

② 双击"串行"图标，弹出"PC I/F 串口详细设置"对话框，如图 18-12 所示。

③ 在"COM 端口"中选择 SC-09 电缆连接的串口号。在"传送速度"中选择"9.6Kbps"。完成后单击"确认"按钮保存设置。

④ 在"传输设置"中单击"通信测试"，连接正确时弹出提示通信正常；否则弹出图 18-13 所示对话框。

⑤ 程序下载。完成通信设置后进行程序下载。

⑥ 程序监视。当成功地在运行 GX-Developer 的编程设备和 PLC 之间建立通信并向 PLC 下载程序后，就可以利用程序监视诊断功能。可单击工具栏中的"监视模式"按钮进行监视。

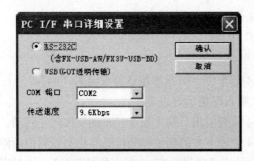

图 18-12　串口参数设置

图 18-13　通信测试结果

（2）了解立体车库的结构（见图 18-14）和操作方法　停车层分为上、中、下 3 层，上层有 4 个车位，共有 4 个车盘，可停放 4 辆汽车模型，从左到右分别是 1 号车位、2 号车位、3 号车位、4 号车位（简记符为 3-1（1 号车位）、3-2（2 号车位）、3-3（3 号车位）、3-4（4 号车位））；中层有 4 个车位，共有 3 个车盘，可停放 3 辆汽车模型，从左到右分别是 2-2（5 号车位）、2-3（6 号车位）、2-4（7 号车位）；下层有 4 个车位，共有 3 个车盘，可停放 3 辆汽车模型，从左到右分别是 1-2（8 号车位），1-3（9 号车位），1-4（10 号车位）。

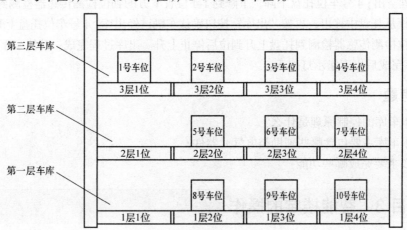

图 18-14　立体车库结构

1）设备上电。

①将设备电源连接线连接到交流 220V 电源插座上。

②将设备侧面的断路器合上。

③解除急停按钮（如果已处于正常状态则忽略该步操作）。

④电源管理系统上指示灯点亮，在刷卡设备上刷授权卡进行上电授权，电源指示灯点亮。

⑤打开 PLC 模块位置的电源开关，电源开关拨到"1"位置，电源开关点亮；否则检查电源开关边上的熔丝是否熔断。

⑥PLC 上电，可以对设备进行操作。

2）设备断电。

①将 PLC 模块位置的电源开关拨到"0"位置。

②在刷卡设备上刷授权卡进行断电（也可忽略此步）。

③将设备侧面的断路器断开。

④ 将设备电源连接线从电源插座上移除。

3）入库操作。

① 将设备上电，运行 PLC。

② "库位选择位置"输入要入库的车位，如 4 号车位，则在库位选择设定为"04"。

③ 按"入库"按钮，如果该车位允许入库，则入库指示灯点亮。

④ 第 2 层车位车辆依次向左移动，直至将 2-4 位置空出；第 1 层车位车辆依次向左移动，直至将 1-4 位置空出；4 号车位托盘下降，下降到 1-4 位置下方的到位检测传感器检测到到位后停止下降；将车模移动到托盘中；再按"入库"按钮确认车辆已经入库；4 号车位托盘上升，4 号车位托盘上升到位检测传感器检测到托盘上升到位后停止上升。入库过程完成，其他车位以此类推。

⑤ 入库完成后入库指示灯熄灭。

4）出库操作。

① "库位选择位置"输入要出库的车位，如 4 号车位，则在库位选择设定为"04"。

② 按"出库"按钮，如果该车位有车则出库指示灯点亮。

③ 第 2 层车位车辆依次向左移动，直至将 2-4 位置空出；第 1 层车位车辆依次向左移动，直至将 1-4 位置空出；4 号车位托盘下降，下降到 1-4 位置下方的到位检测传感器检测到到位后停止下降；将车模从托盘中移出；再按"出库"按钮确认车辆已经出库；4 号车位托盘上升，4 号车位托盘上升到位检测传感器检测到托盘上升到位后停止上升。出库过程完成，其他车库以此类推。

④ 出库完成后出库指示灯熄灭。

5. 思考题

1）立体车库的控制原理是什么？

2）立体车库主要包含哪些辅助类电气元器件？

3）PLC 主要完成哪些功能？

实训项目 3　智能楼宇的操作

1. 实训目的与要求

1）掌握实训过程中常用工具的使用方法。

2）了解消防、对讲、监控子系统的功能和工作原理。

3）掌握进行布线、编程和调试各个子系统的能力。

2. 实训设备与工具

1）智能楼宇实训设备。

2）螺钉旋具、网络压线钳、剥线钳、斜口钳、小剪刀等常用工具。

3）电源线、网线、同轴线缆、BNC 头、水晶头等。

3. 实训内容

（1）了解消防子系统功能以及进行安装、布线、软件调试、联动应用等技能实训

1）按照接线图（见图 18-15）将指定电气元器件接好。

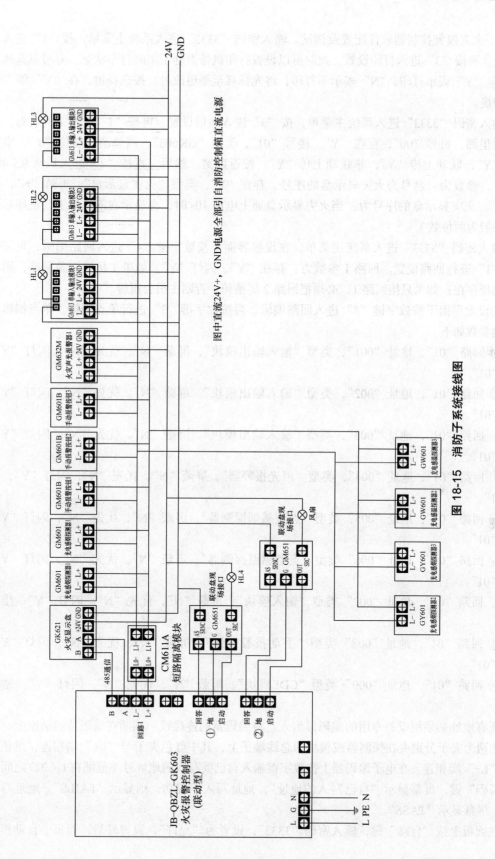

图 18-15 消防子系统接线图

2）火灾报警控制器软件配置及调试。输入密码"3333"进入系统主菜单，按"1"进入系统设置，再按"3"进入打印设置，此时可以设置打印机是否处于实时打印状态，并可以选择打印内容。"Y"表示打印，"N"表示不打印，将光标移至要更改处，按选择键，在"Y"和"N"之间切换。

输入密码"3333"进入系统主菜单，按"3"进入通信设置，再按"1"进行主网设置。主网设置里面，机号"00"，存在"Y"，楼号"01"，类型"GK603"，网络消音复位"Y"，事件上传"Y"，联动上传"Y"，非联动上传"Y"。按返回键，然后，再按"2"进入从网RS-485口设置，参数为：盘号为火灾显示盘的序号，存在"Y"，类型"火灾显示盘"，屏蔽"N"，优先"N"。火灾显示盘的序号为：当火灾显示盘通上电前10s时，会显示在液晶屏上，把序号记下（一般为两位数）。

输入密码"3333"进入系统主菜单，在设置界面下按数字键"4"进入回路编辑，再按数字键"1"进行回路设置。回路1参数为：存在"Y"，闪灯"Y"。如果主机接两条回路，则回路2选择存在；如果只接回路1，必须把回路2屏蔽掉，否则主机会报警。

在设置界面下按数字键"4"进入回路编辑，再按数字键"3"进行单点编辑。单点编辑所有设置参数如下。

① 回路"01"，地址"001"，类型"输入输出模块"，屏蔽"N"，优先"N"，闪灯"Y"，楼号"01"。

② 回路"01"，地址"002"，类型"输入输出模块"，屏蔽"N"，优先"N"，闪灯"Y"，楼号"01"。

③ 回路"01"，地址"003"，类型"输入输出模块"，屏蔽"N"，优先"N"，闪灯"Y"，楼号"01"。

④ 回路"01"，地址"004"，类型"声光报警器"，屏蔽"N"，优先"N"，闪灯"Y"，楼号"01"。

⑤ 回路"01"，地址"005"类型"点型感烟探测器"，屏蔽"N"，优先"N"，闪灯"Y"，楼号"01"。

⑥ 回路"01"，地址"006"类型"点型感温探测器"，屏蔽"N"，优先"N"，闪灯"Y"，楼号"01"。

⑦ 回路"01"，地址"007"类型"输入模块"，屏蔽"N"，优先"N"，闪灯"Y"，楼号"01"。

⑧ 回路"01"，地址"008"类型"手动报警按钮"，屏蔽"N"，优先"N"，闪灯"Y"，楼号"01"。

⑨ 回路"01"，地址"009"类型"CDI模块"，屏蔽"N"，优先"N"，闪灯"Y"，楼号"01"。

所有地址必须用设备专用的编码器编入。将编码器的连接线一端插在编码器的插座上，另一端的两个夹子分别夹在探测器或模块的总线端子上，其中红色夹子与"L+"端相连，黑色夹子与"L-"端相连。在电子编码器上按数字键输入自己要写入的地址号（范围在1～227之间），按"写码"键，屏幕显示"自己写入的地址"，地址写入不成功，则显示"FAILS"。地址写入成功，屏幕显示"PASS"。

在面板上按"自动"键，输入密码"3333"，设置为"允许"，设置好后，面板上自动指示灯会点亮。

在主菜单下，按"5"键进入联动设置窗口，按数字键"1"自动控制。软件配置如下。

① 编号 0001 项自动控制项，其因果关系为：00 机 01 区 01 楼的手动报警按钮被触发时，00 机 01 区 01 楼的声光报警器被电平信号触发进行报警。

② 编号 0002 项自动控制项，其因果关系为：00 机 01 楼的 1-15 号探测器或模块被触发时，联动控制盘的 01 路启动，并启动相应的联动设备。

③ 编号 0003 项自动控制项，其因果关系为：00 机 01 楼的 1-15 号探测器或模块被触发时，联动控制盘的 02 路启动相应的联动设备。

④ 编号 0004 项自动控制项，其因果关系为：00 机 01 楼的 1-15 号探测器或模块被触发时，联动控制盘的 03 路启动相应的联动设备。

⑤ 编号 0005 项自动控制项，其因果关系为：00 机 01 楼的 1-15 号探测器或模块被触发时，联动紧急广播启动相应的联动设备。

编程时，注意探头之间的逻辑关系与楼号、区号、层号的区别。

3）联动应用。根据软件配置参数，进行输入输出项的联动应用，即如果输入项被触发，那么对应输出项会产生报警信息，并发出信号动作。

排除故障：如果设备软件配置与线没有接错，主机自动检测不会发出报警，如果线接错或者参数设定错误，主机自动报警，并打印报警结果，根据报警结果排除故障。

4）按下电源箱停止按钮，设备断电。

（2）了解对讲子系统功能以及进行安装、布线、软件调试、联动应用等技能实训。

1）按照接线图将指定电气元器件接好，按电源箱"启动"按钮，设备上电。

按照系统接线图（见图 18-16）把通信线（网线）和电源线以及信号线按照横平竖直标准接线。接线时必须按照电路图接，电源 +13.8V 和 0V 相序不能接反，分机的防盗报警输出端必须接一个 2.2kΩ 电阻，防止过电流烧坏模块。

2）软件配置及调试。

① 把楼宇对讲系统计算机的以太网设置改成静态 IP（如 192.168.2.8）。

② 设置对讲系统。先用通信线把门口主机、室内分机、管理中心机和计算机主机用路由器连接起来，再打开软件搜索门口主机、室内分机、管理中心机的 IP 地址、楼层号、单元号、房号并进行修改。将所有设备配置在同一个局域网中，（如 IP 为 192.168.2.X、子网掩码为 255.255.255.0），楼层号、单元号等必须设置相同信息。

③ 防区设置。输入密码"000000"进入分机系统设置，单击报警设置把各个探头序号、报警时间、延时时间按照需要设置完成。各个探头的电源相序不能接反，分机设置探头的报警类别必须与实际接线探头一致（如分机序号 1 为求助按钮，则实际接线探头为求助按钮）。

④ 分机的楼栋号、楼层号、单元号、房号设置。输入密码"000000"进入分机系统设置，单击地址设置，如设置楼栋号 01 楼层号 01 单元号 01 房号 01，则 6 位数房号为 010101（分别为楼层号 01 单元号 01 房号 01）。楼栋号必须设置一样，否则主机不能呼叫。

3）联动应用。门口主机呼叫分机，门口主机直接输入"提示请输入 6 位数房号"。门口主机呼叫管理中心直接按"#"键。分机呼叫分机直接按呼叫按钮输入"楼栋号、楼层号、单元号、房号"。

（3）了解监控子系统功能以及进行安装、布线、软件调试等技能实训（见图 18-17）。

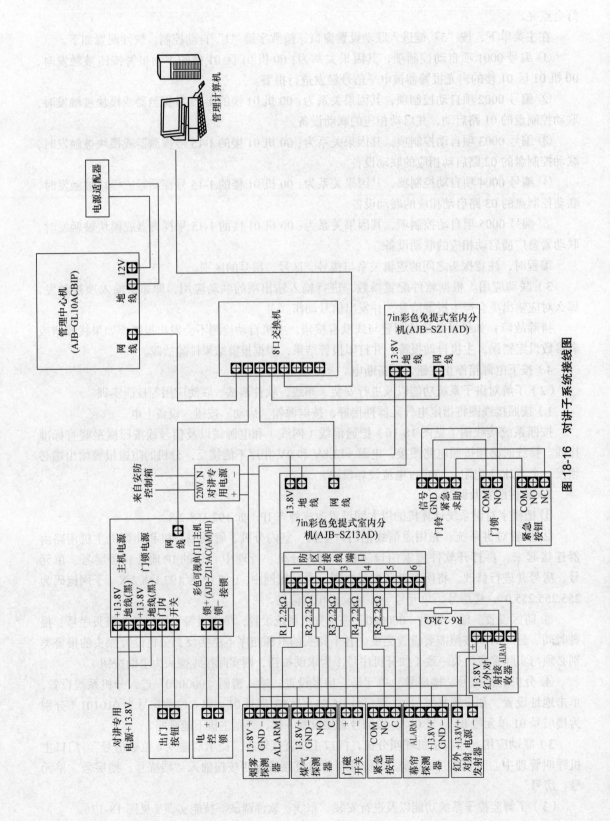

图 18-16 对讲子系统接线图

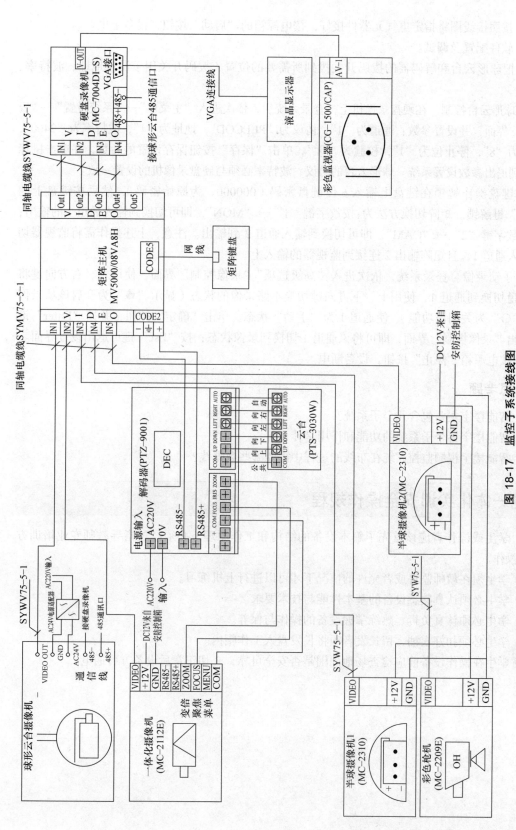

图 18-17 监控子系统接线图

注: 如果一体化摄像机自带解码器, 只要给摄像机电源和视频线, 485 通信接在矩阵主机 IN2, 485 通信接线接在视频线接在矩阵主机 CODE2。

1）按照接线图将指定电气元器件接好，按电源箱的"启动"按钮，设备上电。

2）软件配置及调试。

① 把球形云台和解码器的拨码开关拨到所需要的位置（拨码开关用于设置地址、波特率、协议）。

② 球形云台控制。在硬盘录像机上，登录系统后，依次进入"主菜单"—"系统设置"—"云台设置"界面，并设置参数：通道为"1"，协议为"PELCOD"，地址为"1"，波特率为"2400"，数据位为"8"，停止位为"1"，校验为"无"。单击"保存"按钮保存设置的参数，并单击鼠标右键直到退出参数设置系统。球形云台的协议、波特率必须与硬盘录像机的设置一致。

③ 键盘操作解锁在键盘上输入 6 位键盘密码（000000，为原始密码），然后按键盘上的"LOCK"键解锁。矩阵切换方法为：按数字键"1"→"MON"，即可切换到输入通道 1 的输出；

按数字键"2"→"CAM"，即可切换到输入通道 2 到输出。注意，上述操作需将监视器切换到输入通道 1，且矩阵输出 2 连接到监视器的输入上。

④ 手动录像。登录系统，依次进入"高级选项""录像控制"界面，使用左、右方向键将录像通道切换到通道 1，使用上、下方向键切换本路录像的状态（显示"●"为开启该项录像功能，"○"为关闭该功能），使通道 1 为"手动"状态。单击"确定"按钮，并按"Enter"键保存退出"录像控制"界面，即可将该通道 1 切换到录像状态；按"Esc"键可退出设置界面。

3）按电源箱"停止"按钮，设备断电。

4. 思考题

1）智能楼宇主要包含几个子系统?

2）智能楼宇各个子系统的功能和作用是什么?

3）智能楼宇视频监控系统在布线的过程中需要哪些数据线?

机电一体化实训安全操作规程

1）学生或操作者应该首先了解本设备的结构和工作原理，必须经过指导教师专业培训方可上机操作。

2）学生须在教师监督或者允许的情况下才可以进行上机练习。

3）学生必须认真熟悉设备的基本性能与技术要求。

4）学生必须认真负责、熟练掌握设备的操作与保养。

5）学生必须扣好衣袖，留长发者须将长发盘入工作帽内。

6）学生在操作设备前应检查场地周围是否安全可靠，一切正常后设备方可通电。

第 19 章

汽车电路

实训项目　汽车电路

1. 实训目的与要求

1）熟悉全汽电器连线实训台中 CAN-BUS 系统工作原理。

2）了解全汽电器连线实训台中 CAN-BUS 系统的结构组成。

3）掌握全汽电器连线实训台的功能和操作方法。

2. 实训设备与工具

汽车电器连线实训台、万用表等。

3. 实训内容

了解实训台 CAN-BUS 系统组成，并能正确操作以及进行电路分析。

1）启动操作。

① 连接好蓄电池正负极，插上车钥匙，拉下汽车底部拉杆，使实训台上 BAT 灯（LED 指示灯）和其他一些指示灯亮起，LED 指示灯及其他指示灯显示图如图 19-1 所示。

② 打开点火开关（不起动），IG 灯、仪表板指示灯亮起（见图 19-2）。

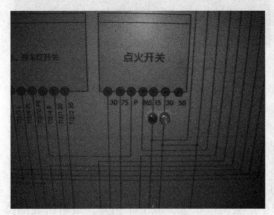

图 19-1　LED 指示灯及其他指示灯显示图

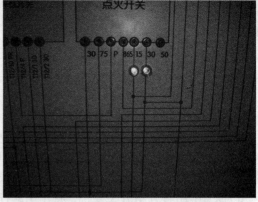

图 19-2　IG 灯、仪表板指示灯亮起

2）电动门窗操作。向下按或向上按电动门窗升降开关，门窗电动机转动（见图19-3）。

3）玻璃升降副开关演示。按右前门玻璃升降开关（上、下），右前门门窗电动机转动（见图19-4）。

图19-3　门窗控制

图19-4　玻璃控制

4）锁闭开关操作。

① 按下主控开关上的车门上锁键（见图19-5），所有车门均应上锁，并听到"咔嚓"声。

② 按下主控开关上的车门开锁键（见图19-6），所有车门均应开锁，并听到"咔嚓"声。

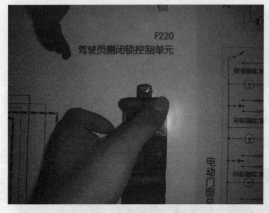

图19-5　所有车门上锁控制

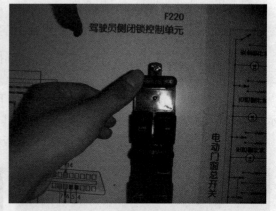

图19-6　所有车门开锁控制

5）灯光系统操作。

① 将灯光开关置于示宽灯挡（见图19-7），前小灯和后尾灯工作。

② 将灯光开关置于近光挡，前照灯工作（见图19-8）。

③ 按下警告灯开关，警告灯和转向指示灯工作（见图19-9）。

④ 打开变光开关，仪表指示灯工作，前照灯变化（见图19-10）。

6）关闭操作。所有开关复位，将车钥匙拧至"关闭"状态，取下车钥匙，最后将底部拉杆复位，处于"关闭"状态，对应指示灯熄灭。

图 19-7　灯光（示宽灯）开关

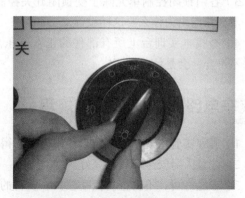
图 19-8　灯光（前照灯）开关

a）警告灯

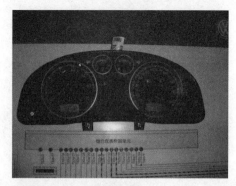
b）仪表转向指示灯

图 19-9　警告灯、转向指示灯

a）远、近光灯变换开关

b）仪表指示灯工作，前照灯变化

图 19-10　远、近光灯变换

4. 思考题

1）汽车电器连线实训台有什么功能？

2）画出点火系统线路图，说明插上钥匙、打开点火开关（不起动）和起动 3 个状态下汽车的不同表现及原因。

3）各门锁闭控制单元除了受锁闭开关控制外，哪些操作能使其起作用？通过思考和实操试一下，并指出为什么要这样设计。

4）查找本实训台上所有部件的正常电压范围，再对应自己检测结果看看是否符合要求。如果不符合，会是什么原因？

汽车电路实训安全操作规程

1）遵守实验室规章制度，未经许可，不得移动和拆卸仪器与设备。

2）注意人身安全和教具完好。

3）未经许可，不得擅自扳动教具、设备的电器开关、点火开关和启动开关。

第 20 章

▪▪▪▪▪▪

电子技术

实训项目 1　电子元器件焊接

1. 实训目的与要求

1）了解电子实训的主要内容。

2）认识电子实训中所使用工具和材料。

3）熟练掌握电子元器件焊接技术。

2. 实训工具

20W 外热式电烙铁、钳子、镊子、锯条、海绵。

3. 实训材料

焊锡丝、松香、练习用电子元器件、练习用印制电路板。

4. 实训内容

（1）电子元器件焊接步骤

1）准备工作（见图 20-1）。电烙铁通电加热。用镊子将电子元器件的引脚线折弯，所有引脚之间的距离根据印制电路板的孔距而定，将电子元器件从印制电路板的元器件面垂直插入，把所需焊接的电子元器件和印制电路板准备好，左手拿焊锡丝，右手拿电烙铁，进入准备状态。

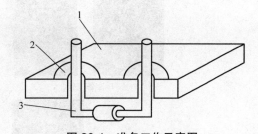

图 20-1　准备工作示意图

1—印制电路板焊接面　2—焊盘
3—电子元器件引脚线

2）加热（预热）。如图 20-2 所示，将热的电烙铁头放置在所需焊接点的焊盘上，放置于焊盘和引脚线的上半部分，即距离操作者相对较远的位置。电烙铁需同时接触该点焊盘和引脚线，电烙铁与印制电路板水平方向成 30°角。

3）加焊锡丝。如图 20-3 所示，所需焊接点的焊盘达到一定温度后，立即将手中的焊锡丝接触到焊盘上，使之熔化。焊锡丝应放置于该焊盘的下半部分。

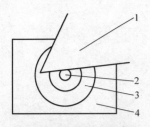

图 20-2　预热工序示意图

1—电烙铁尖　2—元器件引脚线
3—焊盘　4—电路板焊接面

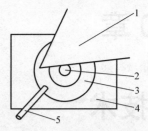

图 20-3　加焊锡丝工序示意图

1—电烙铁尖　2—元器件引脚线
3—焊盘　4—电路板焊接面　5—焊锡丝

4）撤焊锡丝。如图 20-4 所示，当焊锡加到合适的量，即熔化的焊锡充满焊盘的下半部分，迅速撤离焊锡丝。

5）撤电烙铁。如图 20-5 所示，当焊锡的扩散范围达到要求（熔化的焊锡布满整个焊盘）时，即可移开电烙铁。在撤离电烙铁时，由于电烙铁尖端会留有少量熔化的焊锡，为了避免发生人员危险，要求撤离电烙铁的方向为远离操作者斜上方 45° 方向。形成焊点之后，用钳子沿焊点尖端将多余引脚线剪断，完成焊接。整体步骤如图 20-6 所示。

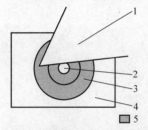

图 20-4　撤离焊锡丝后俯视图

1—电烙铁　2—元器件引脚线　3—焊盘
4—电路板焊接面　5—熔化的焊锡

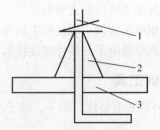

图 20-5　多余引脚线示意图

1—多余引脚线　2—焊点　3—印制电路板

1.准备工作

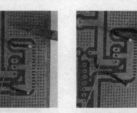

2.加热　　　3.加焊锡丝

4.撤焊锡丝

5.撤电烙铁

图 20-6　焊接整体步骤

（2）不合格焊点修复方法　焊点要求：焊点覆盖整个焊盘，呈圆锥形，表面光滑光亮，无虚假焊点，无毛刺，焊点周围干净整洁。

出现不合格焊点时需要及时修复，下面介绍几种典型不合格焊点以及相应修复方法。

图 20-7a 所示为合格焊点。

1）小焊点。如图 20-7b 所示，焊点没有覆盖住整个焊盘，易导致线路接触不良，信号无法完全传输等现象，形成小焊点的原因主要是焊锡量不够，修复小焊点的方法是重复焊接步骤，将焊锡量加到足够即可。

2）大焊点。如图 20-7c 所示，焊点不是圆锥形并且超过焊盘尺寸，大焊点易与周围焊点连接，导致短路。大焊点形成的原因是焊锡量过多。修复大焊点的方法：热的电烙铁蘸适量松香后，迅速放置在需修复的焊点上，待焊点上的焊锡充分熔化之后，

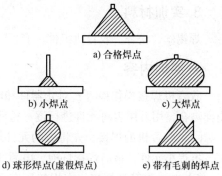

图 20-7 不合格焊点典型种类示意图

撤离电烙铁，这时观察电烙铁尖端，会发现电烙铁尖端上留有熔化的焊锡，重复以上操作，直至焊点达到要求为止。

3）球形焊点。如图 20-7d 所示，球形焊点也称为虚假焊点，焊锡在引脚线上形成一个球形，用镊子夹住引脚线左右摇晃，能明显地感觉到元件没有被固定在电路板上，这种情况下易导致断路。修复虚假焊点的方法与修复大焊点的方法一致。

4）带有毛刺的焊点。如图 20-7e 所示，焊点上出现毛刺，是由于在焊接过程中，电烙铁在焊盘上停留时间过长，焊锡丝中的松香完全挥发，焊锡的流动性下降，与电烙铁之间的黏性增加，在撤离电烙铁的同时，电烙铁会带走一部分焊锡，焊点上就会出现毛刺。修复焊点上毛刺的方法与修复大焊点和球形焊点的方法一致。

在焊接过程中偶尔会发生焊锡丝不熔化的情况，主要有两种原因：一种是由于电烙铁的温度不够，应该在撤离电烙铁之后持续加热电烙铁，待电烙铁的温度升高之后重新开始焊接即可；另一种是由于电烙铁的尖端部分覆盖有黑色氧化层，阻挡了电烙铁的热量，这时就需要将尖端部分的氧化层去除，少量的氧化层可以用微湿的海绵擦去，若氧化层的厚度较厚，则需要用锯条刮去即可。在去除氧化层的过程中，电烙铁都要保持在加热的状态，在去除氧化层之后需要马上用焊锡把电烙铁的尖端部分保护起来，以免二次氧化。

5. 实训思考题

1）简述常用电烙铁的种类。

2）实训中使用的焊料是什么？请简述其组成。

3）标准焊点的要求有哪些？

实训项目2　收音机的焊接及安装调试

1. 实训目的与要求

1）进行调频收音机等电子产品的焊接训练。

2）了解收音机的安装及调试方法。

2. 实训工具

20W 外热式电烙铁、钳子、镊子、锯条、海绵、3V 稳压电源、万用表。

3. 实训材料

焊锡丝、松香、收音机组件一套。

4. 实训内容

收音机焊接操作检查：对元器件和印制电路板进行检查，包括元件数量、品种规格是否与图样吻合，用万用表对元件进行逐一检测。检查印制电路板有无断线、缺孔等缺陷。

（1）收音机的焊接 先将大的元件焊好，顺序为集成电路、电位器、耳机插孔、按钮、开关，再焊小元件，最后焊接灯泡、电源线。

1）电池弹簧夹焊接。在焊接所有元件之前，需要将电源线和电池弹簧夹进行焊接，每套元件中有一红一黑两根电源线，不同电源线对应不同的电源弹簧夹，红色接正极，黑色接负极。焊接过程要在电路板的元件面上完成，以免对其他元件造成损坏。焊接步骤如图 20-8 所示。

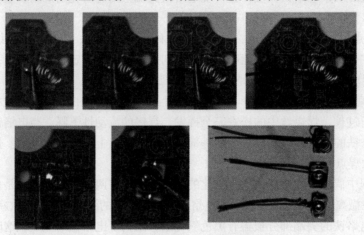

图 20-8 电池弹簧夹焊接步骤

2）集成电路块焊接步骤。

① 集成电路块的固定。集成电路块为贴片式焊接，在焊接面上找到集成电路块的焊接位置，即两列共 16 个焊盘，在其中一侧的中心位置焊盘上熔化微量焊锡。由于集成电路块怕静电、怕高温、有极性，必须用镊子夹住集成电路块黑色部分两端。观察集成电路块，可以看到其黑色部分有一圆点标记，如图 20-9 所示，圆点标记对应的为集成电路块的 1 脚，1 脚向上对着电路板的半圆缺口放置。将集成电路块放在焊接位置上，与两侧焊盘一一对应，左右居中，用另一只手食指指甲按住集成电路块的黑色部分，放下镊子，用加热的电烙铁对之前预留的焊盘上的焊锡再次加热，待焊锡熔化后，撤离电烙铁，此时集成电路块被暂时固定在电路板上。

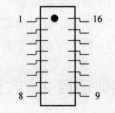

图 20-9 集成电路块示意图

② 集成电路块的焊接。集成电路块左右有两排排列紧密的焊盘与引脚一一对应，需要逐个焊接。在第一步中对集成电路块进行了固定，焊接要从起固定作用的焊盘的另一侧开始，每个

焊点都要焊接到，所加焊锡量要适中，焊接之后每个焊点都覆盖上焊锡，不要露出黄色焊盘，焊锡要包裹住集成电路引脚线。

焊接步骤如图 20-10 所示。

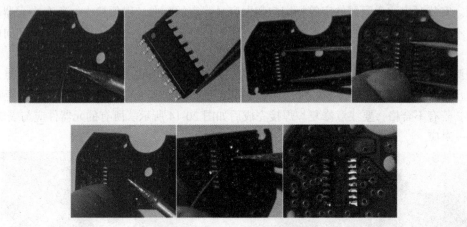

图 20-10　集成电路焊接步骤

③ 不合格焊点的修复。在对集成电路焊接过程中，所加焊锡量不容易掌握。焊锡量少，可以重新进行焊接，将焊锡量加到足够即可。焊锡量多了，焊盘与焊盘之间会有大面积粘连，造成短路，必须对其进行修复。将粘连在一起的焊盘垂直向下高举放置，热的电烙铁沾上少量松香，烙铁尖垂直向上放置在焊盘粘连部位，待粘连的焊锡熔化后，撤离电烙铁。此时电烙铁会沾有一部分焊锡，重复修复步骤，直至焊点合格为止。修复步骤如图 20-11 所示。

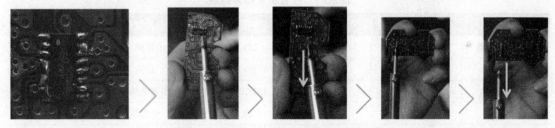

图 20-11　集成电路不合格焊点修复步骤

3）电位器焊接。电位器的焊接与集成电路的焊接一样，也需要先固定，固定点选为中心焊盘。在中心焊盘上加少量焊锡之后，注意电位器方向，电位器的白色圆片要对应电路板的元件面，将电位器的引脚与焊盘尽量对应，选择除中心焊盘以外任一点作为焊接的第一个点，逐个进行焊接。由于电位器的焊盘都比较大，焊锡量随之增加，焊接之后，要求焊盘全部覆盖上焊锡。焊接步骤如图 20-12 所示。

   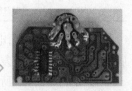

图 20-12　电位器焊接步骤

4）耳机插孔和开关的焊接。耳机插孔和开关的引脚对应于电路板上的位置，有的引脚有焊盘与之对应，有的引脚没有焊盘，没有焊盘的引脚无需焊接。其中，耳机插孔的无焊盘引脚需要折弯，起固定作用，如图 20-13 所示。

5）焊接小元器件时的注意事项。所有的小元器件尽量贴板插装，无特殊原因，元器件都要直立。安装时应注意元器件字符标记应朝向容易观察的方向，以便检查。所有小元器件的高度绝对不可以超过耳机插孔的高度。其中二极管有极性，二极管上的字符标记必须朝向电路板内侧。

目测：元器件焊接完后，检查所有的元器件安装位置是否和图样一致，所有的焊点对应的每个焊盘都应全部覆盖上焊锡，每个焊点应饱满适中，表面光滑，焊点周围干净，无毛刺和球形焊点。若有不合格，要注意修复。焊接完成后如图 20-14 所示。所有的元器件应与表 20-1 中所列一一对应。

图 20-13　耳机焊接位置

图 20-14　电路板元器件完整布放

表 20-1　收音机元器件列表

品名型号	规格	数量	品名型号	规格	数量	品名型号	规格	数量
带开关电位器	50k	1	C11	221	1	耳机		1
C1	104	1	C12	473/403	1	灯泡		1
C2	473/403	1	C13	332/202	1	印制电路板		1
C3	473/403	1	L1	5 圈	1	电源线	红、黑	2
C4	104	1	L2	16 圈	1	电池弹簧夹	全套	3
C5	471	1	L3	16 圈	1	电位器螺钉		1
C6	221	1	BB91 二极管	910	1	塑料壳螺钉		1
C7	332	1	Q1 晶体管	M28	1	塑料外壳	全套	10
C8	332	1	U1 集成电路		1			
C9	331	1	SW1.2.3 按钮		1			
C10	101/181	1	SP/J3	耳机插座	1			

（2）收音机的通电调试　确认无误后，接上 3V 直流稳压电源，即可收到调频电台节目。收音机面板上左边是复位键（RESET），右侧是搜索键（SCAN）。

接线如图 20-15 所示。

如果收不到广播电台的节目，多数原因是焊接质量的问题，其次是元器件损坏。

如果焊点和元器件位置没有问题，但还是收不到电台节目，按下列步骤进行检修。

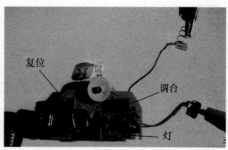

图 20-15　收音机调试接线

第一步，用镊子尖触碰电位器滑动端，若能听到"咔咔"的噪声，说明音频功放和耳机是正常的；如果听不到噪声，可能是耳机损坏或是供电电路有问题，元器件损坏的可能性比较小。

第二步，如果第一步正常，接下来把音量旋钮调到合适的位置，用镊子触碰集成电路的 2 脚，听是否有"咔咔"的噪声。若有，则电位器正常，否则电位器接触不良。把电位器上的白色防尘片打开，将电位器里面的铆钉用起子弄扁，即可修复。

第三步，若还没有收到电台广播，用万用表直流电压挡检查集成电路的管脚电压，如果检测的电压与标注的电压有较大出入，则集成电路损坏。

将电路板送教师检验，记录成绩后把电路板装进外壳里，收音机制作完成。

5. 实训思考题

1）简述如何区分集成电路块的 1 脚。

2）简述二极管的特性。

3）简述集成电路块的 3 个特性。

电子技术实训安全技术操作规程

1）实训时，操作者和实训人员身体不可接触带电线路。

2）接线和拆线都必须在切断电源的情况下进行。

3）学生独立完成接线或改接线路后，必须经指导人员检查和允许，并引起组内其他同学注意后方可接通电源。

4）操作中如发生事故，应立即切断电源，查清问题和妥善处理故障后，方可继续进行。

5）工具及仪器使用要遵守使用规则，不要超过额定功率和流量，以免损伤仪器。

6）不经指导人员许可，不准动用总电源。

第 21 章

激光加工

第三步，用图 2 所示软件打开模型，右键单击打开"导出"对话框。将相应参数设置好之后，正式进入打印工序。与激光选区烧结的后处理不同，光固化成形的制件成形之后还不是终产品，它在紫外线下烧固了一层，部分光敏树脂依旧处于液态。所以成形之后要将它放在乙醇中浸泡。

进入打印之后，等待制件打印成功。打印结束之后，后处理又包括去除支撑、固化等。

至此，单色打印机操作结束。用白色光敏树脂打印出来的实训件，可用于教学。

实训项目 1　激光内雕机的操作

1. 实训目的与要求

1）了解激光内雕机的组成。

2）掌握激光内雕机的基本操作。

2. 实训设备与工量具

ZK-B2 激光内雕机（见图 21-1）、532nm 激光防护镜。

3. 实训材料

尺寸为 80mm × 50mm × 50mm 的水晶。

4. 实训内容

（1）了解激光内雕机的组成　激光内雕机主要由激光器（波长为 532nm）、扩束镜、聚焦镜、振镜组件、工作台等组成。

图 21-1　ZK-B2 激光内雕机

（2）生成点云文件　若加工的文件是未进行算点的初始文件（如利用三维绘图软件绘制的图形及三维扫描仪扫描获得的图形文件等），内雕软件无法识别，需要利用算点软件进行算点形成点云文件。

1）打开软件。双击桌面上的"算点"软件图标，如图 21-2 所示。

2）打开文件。单击"文件"→"打开 Dxf 文件"，如图 21-3 所示。注意，初始文件算点前需转化成 dxf 格式。

3）基本设置。单击"图形设置"→"基本设置"，如图 21-4 所示。根据激光内雕加工所用水晶尺寸进行设置，如图 21-5 所示。

4）图形移动、缩放及旋转。单击"图形设置"→"图形居中"将图形居中。单击右侧普通层中要编辑元素的层名，选中后元素变为红色，如图 21-6 所示。

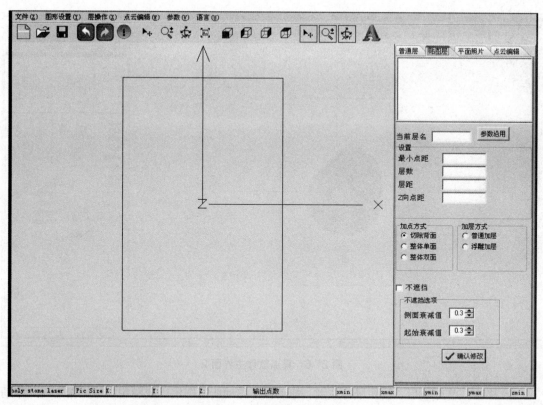

图 21-2　算点软件主界面 1

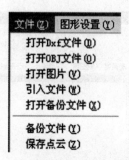

图 21-3　算点软件文件打开界面

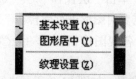

图 21-4　算点软件图形设置界面 1

图 21-5　算点软件图形设置界面 2

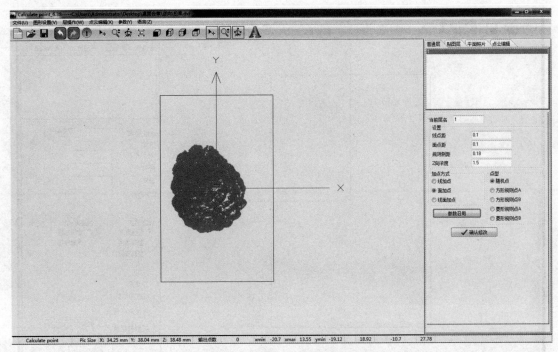

图 21-6　算点软件主界面 2

① 移动。单击 [+] 后，按住鼠标左键，拖动鼠标移动所选图层，或利用"层操作"→"移动层"中的命令进行移动。

② 缩放。单击 [Q] 后，按住鼠标左键，拖动鼠标缩放选中的图层；控制内雕图案的大小比例，或利用"层操作"→"缩放层"中的命令进行缩放。

③ 旋转。单击"层操作"→"旋转层"→"精确旋转"，根据需要对图形进行旋转。

分别按动各视图按钮 [□][□][□][□]，查看各方向视图是否合理。

5）参数设置。如图 21-7 所示进行参数设置，设置加点方式。其中，线加点改线点距，面加点改面点距。线点距参数小，面点距参数改大一点。侧面点距控制用随机点算改 Z 向浓度，每次只能选择一种点形模式。

根据加点方式设置线点距、面点距、规则侧距及 Z 向浓度。线点距一般为 0.06~0.1，面点距一般为 0.07~0.15，其他参数保持不变即可，单击"确认修改"。

点型常用随机点。若有多个文件需要修改参数，依次操作即可。

6）生成点云。单击 [!] 开始产生点云，完成后在下方状态栏查看输出点数即点云数量。

7）保存点云。若生成的点云文件无误，则单击

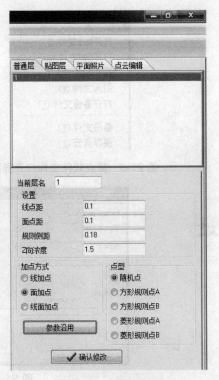

图 21-7　参数设置

"文件"→"保存点云",对算好的点云进行保存。

（3）操作

1）开机。打开激光内雕机总电源"POWER"（扭动钥匙），然后按下激光器电源"LA-SER"按钮，打开计算机。

2）雕刻。

① 复位。打开桌面上的"水晶内雕"打点软件，单击"复位"按钮。注意，断电后重启，打点软件关闭后重开及工作台碰触限位开关后都要进行复位。

② 水晶设置。根据图像及水晶大小，输入需要内雕的水晶尺寸，如图 21-8 所示，单击"应用"按钮。

③ 打开文件。单击"文件"→"打开 *.dxf *.pte"，如图 21-9 所示，然后找到需要内雕的文件。

图 21-8 水晶设置

图 21-9 软件文件打开界面

打开照片文字：可通过"文件"→"照片文字"菜单命令打开，也可单击工具栏中 A 照片文字图标打开。

下面以加工照片为例加以说明（见图 21-10）。

图 21-10 照片文件打开界面

a. 照片的目录显示了照片打开的位置和照片的名称。

b. 右键单击照片名称，会弹出图 21-11 所示界面，单击"删除图片"命令可以进行照片的删除，单击"隐藏图片"命令则软件黑色区域不显示图片。单击照片名称，即选中照片，就可以对照片进行编辑。

c. 单击"移动"按钮，选择移动方式如图 21-12 所示，可以对照片进行相应的移动。同理，若要缩放照片，单击"缩放"按钮选择缩放方式，可对照片进行相应的缩放，如图 21-13 所示。

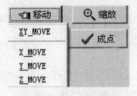

图 21-11　删除图片　　　　图 21-12　照片移动　　　　图 21-13　照片缩放

d. 设置照片参数如图 21-14 所示。其中"点距"表示点与点之间的距离，点距越小点越密（点距在 0.06 ~ 0.1，单位是 mm）。"层数"表示要加工的层数，层数越大点越多（层数有 3~7 层）。"层距"表示层与层之间的距离，层数增多层距要加大（0.4~0.6mm）。

e. 图片优化，如图 21-15 所示。根据具体情况，对照片进行"亮度""对比度"和"锐度"的调节。

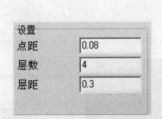

图 21-14　设置照片参数界面　　　　图 21-15　图片优化界面

f. 上述步骤完成后单击"成点"按钮，将图片转化成点云文件。

注意，图片转化成点云文件后不可缩放。

g. 文字编辑：文字参数设置与照片相同。如图 21-16 所示，单击"输入文字"按钮会弹出图 21-17 所示界面。在文本框中输入所需要的文字，单击"Font"按钮选择需要的字体和文字的大小，单击"OK"按钮完成算点。根据具体情况可移动文字位置，具体移动方法同移动照片一

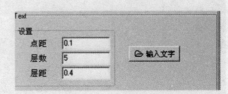

图 21-16　文字输入界面 1

样，算点完成的文字同样不可缩放。若需要对文字进行旋转，可以利用"点云编辑"→"精确控制"来输入要旋转的角度，然后单击"旋转"即可。

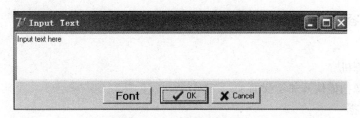

图 21-17　文字输入界面 2

④加工前检查。查看各方向视图，确认图形位置是否合理。

⑤分块方式设置。根据图案文件选择分块方式，如图 21-18 所示。确认后，单击"应用"按钮。

⑥放置水晶。将水晶表面擦拭干净后放入工作台右上角靠齐，关上舱门。

⑦完全防护。戴好激光防护眼镜。

⑧激光加工。单击"雕刻"按钮，如图 21-19 所示。

图 21-18　分块方式设置

图 21-19　雕刻控制

⑨取件。当进度条达到 100% 后，雕刻完成，打开舱门，取出水晶。

（4）关机　先关闭激光器电源，接着关闭激光内雕机总电源，再关闭"水晶内雕"打点软件，再关闭计算机，最后断开机器外部电源。

5. 实训思考题

1）激光内雕主要特点及使用范围。

2）简述激光内雕"炸点"的原因。

实训项目 2　内雕人像扫描仪的操作

1. 实训目的与要求

了解内雕人像扫描仪的组成及工作过程。

2. 实训设备与工量具

CP-400 内雕人像扫描仪、ZK-B2 激光内雕机。

3. 实训材料

尺寸为 80mm×50mm×50mm 的水晶。

4. 实训内容

（1）开机

1）打开计算机。

2）打开人像扫描仪开关（背面）。

（2）获取数据

1）人离墙 20cm 处坐直，摘掉眼镜。

2）启动软件，单击"投对角线"按钮，上下调整相机位置，使人头部位于相机中心，对焦线位于鼻梁处，如图 21-20 所示。

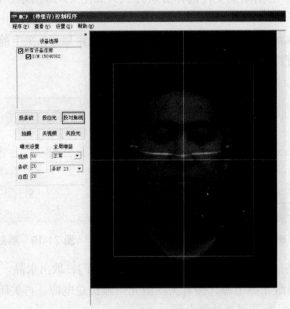

图 21-20　从相机中看到的图像

3）启动软件，依次单击"文件"→"新文件"菜单命令，在弹出的对话框中输入"客户名称"，单击"OK"按钮，如图 21-21 所示。

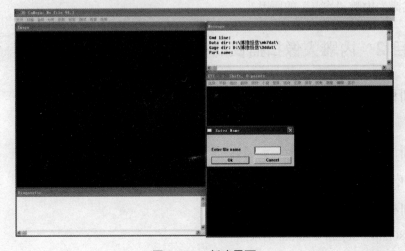

图 21-21　新建界面

选择"取图"→"执行"菜单命令，相机自动取图，并解析出三维数据，如图 21-22 所示。

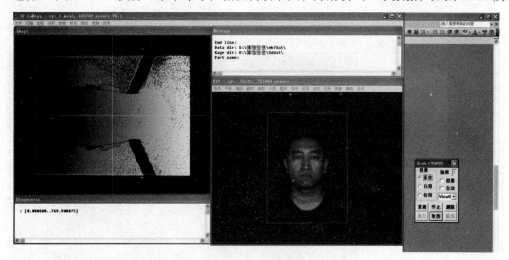

图 21-22　数据获取

（3）数据处理

1）数据导入。启动软件，打开拍摄的文件，如图 21-23 所示。

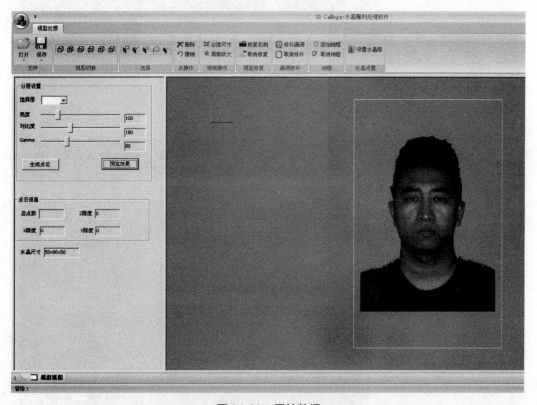

图 21-23　原始数据

将头顶、肩膀两侧数据剪裁并将蓝色数据删除，删除后如图 21-24 所示。

调整为左、右视图，观察人体前后是否有飞出的数据，如图 21-25 所示，若有则将其删除。

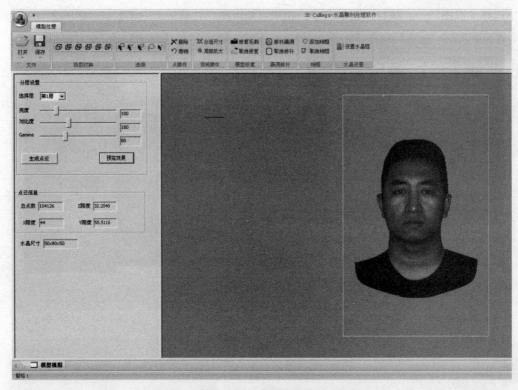

图 21-24　数据删除 1

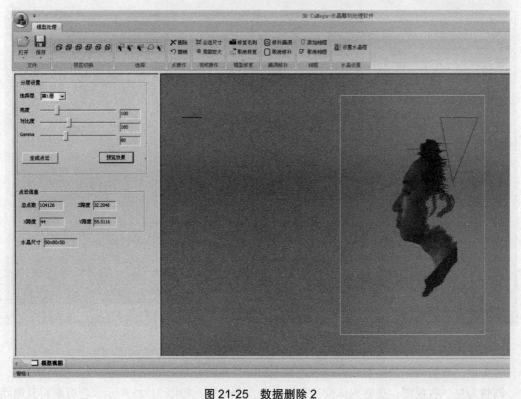

图 21-25　数据删除 2

2）生成点云。根据激光内雕机打点密度及水晶大小，进行分层设置。

3）分层设置。

① 第一层：头发尽量多，眼白明显。

② 第二层：亮度降低些，即头发比较稀疏些，对比度增大些。

③ 第三层：亮度降低到头发都没有，对比度和第二层一样。

调整完成后，单击"预览效果"按钮，查看 3 层效果。

调节完成后，要保证点数在 30 万～45 万之间，可达到较好效果，单击"生成点云"按钮，如图 21-26 所示。

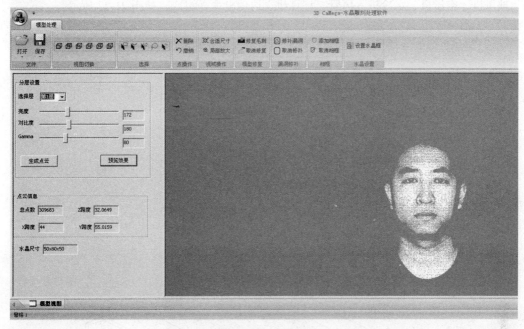

图 21-26　点云图

（4）保存加工数据　单击"保存"按钮，以 DXF 格式保存即可，数据可直接用于水晶人像雕刻。

（5）关机　首先关闭人像扫描仪电源，再关闭计算机。

（6）按照激光加工实训项目 1 中所述操作激光内雕机，加工出人像水晶。

5. 实训思考题

1）扫描时被扫描者若不摘眼镜会有什么影响？

2）扫描后发现人像有部分缺失，原因可能是什么？

实训项目 3　激光混切机的操作

1. 实训目的与要求

1）了解激光混切机的组成。

2）掌握激光混切机的基本操作。

2. 实训设备与工量具

ZK-1390H 激光混切机、钢直尺。

3. 实训材料

尺寸为 450mm×900mm×5mm 的椴木板。

4. 实训内容

（1）了解激光混切机的组成　完整的工作系统由激光雕刻主机、激光电源、激光雕刻软件、抽风机、空压机、水冷机、风管、计算机、通信电缆等组成，如图 21-27 所示。

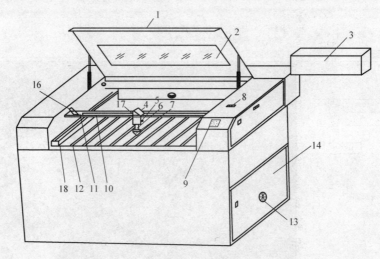

a) 激光混切机正面

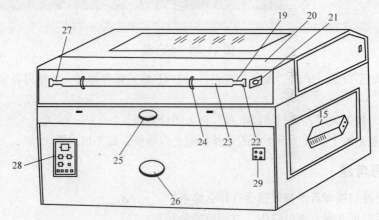

b) 激光混切机背面

图 21-27　激光混切机结构示意图

1—上盖　2—观察窗　3—激光管加长罩（高功率加装）　4—第三反射镜　5—聚焦头调节螺钉　6—聚焦头
7—喷气嘴　8—电流表　9—操作面板　10—X 轴导轨　11—X 横梁　12—切割平台　13—散热风机
14—控制箱门　15—激光电源　16—第二反射镜　17—第三反射镜进光孔　18—Y 轴导轨　19—激光管阴极
20—激光管罩　21—第一反射镜　22—激光管出光孔　23—激光管　24—激光管卡环　25—上抽风口
26—下抽风口　27—激光管阳极　28—机器后面板　29—进水及出水接口

（2）操作

1）开机。

①打开激光混切机背面断路器。

②打开水冷器电源，听到"滴滴"声，水冷机启动。

③打开机床面板开关（转动钥匙），激光头自动复位，此时不要进行其他操作。打开计算机。

④预热 5 min，检查冷却水是否正常，在潮湿环境中，预热时间应加长。

2）打开 LaserCAD 软件，如图 21-28 所示。

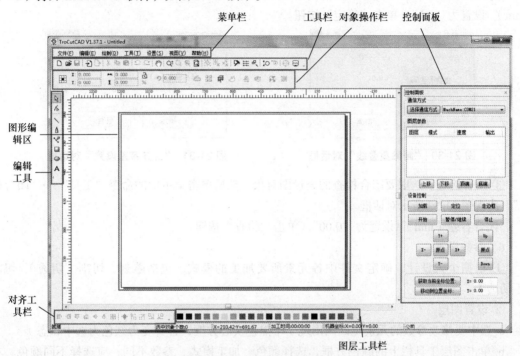

图 21-28　软件的主页面

3）导入文件。单击菜单栏中"文件"→"导入"命令，即可将准备的文件导入图形编辑区。可导入的文件格式有 AI、DXF、PLT、DST、DSB、BMP、GIF、JPG、PNG、MNG、ICO、TIF、TGA、PCX、JBG、JB2、JBC、PGX、RAS、PNM、SKA 和 RAW。

4）添加文字。单击编辑工具栏中的 A 按钮，在需要加入文字的位置单击并按住鼠标左键向右下方拖动，此时出现虚线框，在合适位置松开鼠标左键。此时虚线框消失，在框内任何位置双击，均会出现"编辑文本"对话框，如图 21-29 所示。从中可对文本字体、字号等进行设置，然后单

图 21-29　"编辑文本"对话框

击"确定"完成文本编辑。

5）图形处理。

① 删除重叠线。可以删除相互重叠的图形，使机器不会重复切割。

选择菜单栏中的"工具"→"删除重叠线"命令，出现图 21-30 所示对话框。

"重叠误差（mm）"设置为"0.01"，单击"确定"按钮。

② 合并相连接的线。将图形中相连接的多条线段合并为一条线段。

选择菜单栏中的"工具"→"合并相连线"命令，出现图 21-31 所示对话框。"合并容差
（mm）"设置为"0.1"，单击"确定"按钮。

图 21-30 "删除重叠线"对话框

图 21-31 "合并容差设置"对话框

③ 闭合检查。选取要闭合检查的矢量图对象，然后单击菜单中的命令"工具"→"闭合检
查"，出现图 21-32 所示对话框。

"闭合容差（mm）"设置为"0.00"，单击"检查"按钮。

6）参数设置。

① 根据个人设计，确定文件中各元素所要加工的模式，包括雕刻、切割（切透）、切割
（不切透）。

② 设置图层。

a. 选中要修改参数的元素（四周出现 7 个黑色实心方框，自身变为红色为选中状态）。

b. 单击图层工具栏上的颜色方框，选择颜色。加工模式、参数不同，应选择不同颜色。本
教材为了方便说明，将图片雕刻设置为蓝色，其他雕刻设置为红色，切割但不切透设置为绿色，
切割设置为黑色。

c. 在右侧控制面板中找到"图层参数"选项，如图 21-33 所示，双击需更改的图层进行参
数设置，如图 21-34 所示。

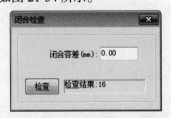

图 21-32 "闭合检查"对话框

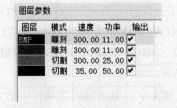

图 21-33 "图层参数"界面

d. 根据设计选择加工方式，有雕刻、切割。

e. 各种参数设置见表 21-1。

表 21-1 仅供参考，用于 5mm 椴木板的加工，切割效果受激光管状态、材料平整度等多种
因素影响。

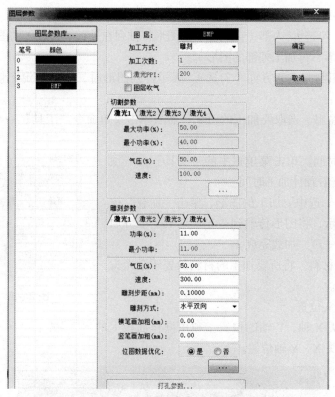

图 21-34　"图层参数"设置对话框

表 21-1　激光加工常用参数

加工方式	最大功率 (%)	最小功率 (%)	气压 (%)	速度 /(mm/s)
切割	58	55	50	30
切割（不切透）	11	10	50	200
雕刻图片	11	—	50	300
雕刻其他内容	11	—	50	300

f. 调整图层顺序。选中图层（见图 21-35），单击"上移""下移"按钮可调整顺序。

7）优化排序。可自动排列当前文档中所有对象的顺序。优化排序后，输出加工时运行走过的路程为理想上最短。

单击菜单栏中的"工具"→"优化排序"命令，出现图 21-36 所示的"路径优化参数"对话框。

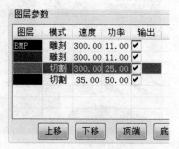

图 21-35　图层顺序调整

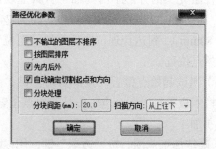

图 21-36　"路径优化参数"对话框

① 按图层排序（勾选）。

② 先内后外（勾选）。内部（被包含）的图形将排列在外部（包含）的图形前面（切割时，将先加工内部的图形，再加工外部的图形）。

③ 自动确定切割起点和方向（勾选）。表示排列图形时，自动确定图形切割的起始点和方向。

8）模拟加工输出。选取要加工的对象，然后单击菜单命令"工具"→"模拟加工输出"，检查加工是否正常。

9）预算加工时间。单击菜单栏中的"工具"→"预算和加工时间"，查看预计加工时间。

10）加载图形。选中要加工的图形，单击"加载"按钮，如图 21-37 所示，将图形传输到激光混切机上等待加工，听到"嘀"的一声，加载完成。

图 21-37　加载图形

11）放置加工材料。将所要加工的材料放置于激光头下，保持材料平整。

12）调节激光头位置。

① 调节激光头 X 轴、Y 轴的位置。利用操作面板上的"↑""↓""←""→"键（见图 21-38），移动激光头 X、Y 轴位置。

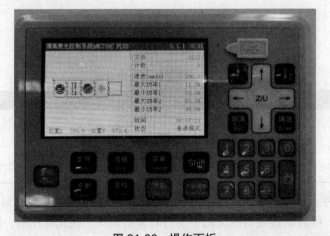

图 21-38　操作面板

② 调节焦距。按控制面板上的"Z↑""Z↓"键，可使激光头的方形下沿到加工材料上表面的距离为 80mm，如图 21-39 所示（除 4 号机焦距为 74mm 外，其他都是 80mm）。到达合理位置后，按"定位"键，设置机器起始点位置。

13）测试起始点位置。按"点射"键，激光出光一次，在椴木板上打出一个点，确认起始点位置是否合理。

14）加工。

① 确定加工范围。按"边框"键，用以测试切割图形大小、位置，若不合理重新进行调整。

激光头方形下沿

图 21-39　焦距调节

② 加工。合上舱门，按动"开始／暂停"键，进行加工。切割过程中如果需要暂停，按面板上的"开始／暂停"键，激光头将停止运动。当需要从刚才的暂停点继续加工时，再次按控制面板上的"开始／暂停"键，机床从刚才暂停位置继续加工。当需要放弃刚才的暂停点，将整个文件重新加工时，按停止键即可。

当遇到紧急情况时，可拍下机床上的红色"急停"按钮。此时，机床将断电停止运作。

③ 加工完成后，激光头自动回到起始点，听到"嘀"的一声后，方可打开舱门拿出加工产品并进行组装。

15）使用完毕后，按以下顺序进行关机：

① 关闭机床面板开关。

② 关闭水冷机。

③ 关闭计算机。

④ 关闭机床断路器。

5. 实训思考题

1）简述激光切割的主要加工特点。

2）若在加工中激光不出光，分析可能引起这一问题的原因。

3）若设计图中存在重叠线，而加工前未进行删除重叠线操作，加工时会出现什么问题？

实训项目 4　激光打标机的操作

1. 实训目的与要求

1）了解激光打标技术的基本原理。

2）掌握激光打标机的基本操作。

2. 实训设备与工量具

激光打标机、钢直尺、1064nm 激光防护镜。

3. 实训材料

金属名片。

4. 实训内容

激光打标机的结构如图 21-40 所示。

（1）开机　依次按下打标机右上角的"总电源"→"激光"→"振镜"→"备用"键，打开计算机。

（2）调整焦距　本项目所使用的激光打标机的焦距为 181mm。用随机自带的钢直尺测量加工物体上表面与镜头（场镜）底部的距离为 181mm（1mm 内偏差在可接受范围内），若距离和焦距相差较大，摇动机器左上方手轮进行调节。

（3）软件操作　激光打标机可加工文字、图片等。双击 EzCad 图标，打开软件（见图 21-41）。

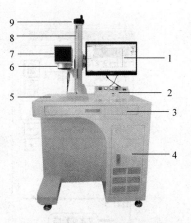

图 21-40　激光打标机的结构

1—显示器　2—控制面板　3—键盘
4—主机柜　5—工作台　6—场镜
7—振镜　8—标尺　9—升降手轮

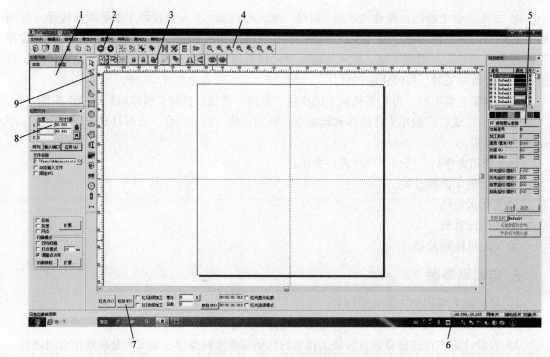

图 21-41 EzCad 软件主界面

1—对象列表 2—系统工具栏 3—命令工具栏 4—视图工具栏 5—标刻参数栏 6—状态栏
7—加工控制栏 8—对象属性栏 9—绘制工具栏

1）文字。

① 输入文字时，在"绘制"菜单中选择"文字"命令或者单击 $\boxed{\text{T}}$ 图标。选择文字后，在属性工具栏会显示图 21-42 所示的文本属性。在"文本"编辑框里直接输入文字，并可对文字字体、字号等进行修改。注意，此时的文字只有外边框，若想得到实心文字，需进行填充。

② 填充。"填充"命令对应的工具栏图标为 $\boxed{\text{H}}$，选择"填充"命令后将弹出"填充"对话框，如图 21-43 所示。

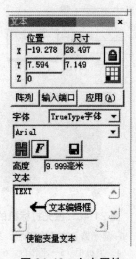

图 21-42 文本属性

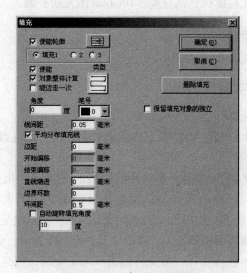

图 21-43 "填充"对话框

使能轮廓：表示是否显示并标刻原有图形的轮廓，即填充图形是否保留原有轮廓（默认勾选）。

填充 1、填充 2 和填充 3：指可以同时有 3 套互不相关的填充参数进行填充运算。可以做到任意角度的交叉填充且每种填充都可以支持用 4 种不同的填充类型进行加工（此处建议选择"填充 1"）。

使能：是否允许当前填充参数有效（此处勾选）。

对象整体计算：是一个优化的选项，如果选择了该选项，那么在进行填充计算时将把所有不互相包含的对象作为一个整体进行计算，在某些情况下会提高加工的速度（此处勾选）。

填充类型有以下 5 种：

- 单向填充▤：填充线总是从左向右进行填充。
- 双向填充▤：填充线先是从左向右进行填充，然后从右向左进行填充，其余循环填充。
- 环形填充▣：填充线是对象轮廓由外向里循环偏移填充。
- 优化双向填充▤：类似于双向填充，但填充线末端之间会产生连接线。
- 优化弓形填充▦：类似弓形填充，在对象空白的地方仍会跳过去填充。

其中环形填充一般不用，弓形填充速度最快但效果一般，常用单向填充和双向填充两种。

填充角度：指填充线与 X 轴的夹角（一般就用 0°——水平填充和 90°——竖直填充）

填充线间距：指填充线相邻的线与线之间的距离（常用 0.05，最小调到 0.01，再小加工时间过长，容易使软件卡死，间距越小时间越长）。

修改完成后单击"应用"按钮。

2）位图。

① 要输入位图，在"绘制"菜单中选择"位图"命令或者单击▣图标。此时系统弹出"输入"对话框选择要输入的位图。系统支持的位图格式有 Bmp、Jpeg、Jpg、Gif、Tga、Png、Tiff、Tif。

② 固定 DPI。类似于图形的分辨率。由于输入的原始位图文件的 DPI 值不固定或不清楚，可以通过"固定 DPI"选项来设置固定的 DPI 值。DPI 值越大点越密，图像精度越高，加工时间就越长。DPI 是指每英寸（in）多少个点，1in 约等于 25.4mm。

③ 固定 X 方向尺寸。输入的位图宽度固定为指定尺寸，如果不是则自动拉伸到指定尺寸。

④ 固定 Y 方向尺寸。输入的位图高度固定为指定尺寸，如果不是则自动拉伸到指定尺寸。

⑤ 固定位置。在动态输入文件时，改变位图大小其位置基准不变。

⑥ 图像处理。

a. 反转。将当前图像每个点的颜色值取反。

b. 灰度。将彩色图形转变为 256 级的灰度图。

c. 网点。类似于 Adobe PhotoShop 中的"半调图案"功能，使用黑白二色图像模拟灰度图像，用黑白两色通过调整点的疏密程度来模拟出不同的灰度效果。

d. 发亮处理。更改当前图像的亮度和对比度。

⑦ 扫描模式。

a. 双向扫描。指加工时位图的扫描方向是双向来回扫描。

b. 打点模式。指加工位图的每个像素点时停留在所打点的时间，停留时间越长，深度越深，一般选用"0.18"。

注意：若以上设置都已完成，则再次调整照片大小应重新勾选"固定DPI"。照片像素在"100K"以上即可，尽量选择高清图片。打印照片的速度只有通过控制打点模式来调节，软件右侧中速度选项无法控制；若过亮则需处理对比度等。

3）加工属性设置（见图21-44）。

① 加工数目。每个对象在一次标刻中的加工次数等同于它所在加工参数中的加工数目。次数越多，颜色越深。

② 速度。表示当前加工参数的标刻速度，一般选择"2000"或是"2500"。

③ 功率。表示当前加工参数的功率百分比，100%表示当前激光器的最大功率。一般用"50"，功率越大越深。

④ 频率。表示当前加工参数的激光器频率。一般用20，该数值影响激光光强。

（4）加工

1）确认加工区域。单击"红光"按钮显示加工区域。

2）放置名片。将名片放置在平台上并调整位置，需保证红光边框完全在名片内。

3）调整。单击"停止"按钮，则红光停止。若红光边框超出名片范围，需重新修改打标内容；反之，进行下一步。

4）安全防护。戴好激光防护眼镜。

5）加工。单击"标刻"按钮，激光开始加工，加工完成后取下名片。

注意：加工过程中如果按"暂停"键，即为停止加工，无法继续，只能重新开始加工。

（5）关机　关闭计算机，从左到右依次关闭"备用"→"振镜"→"激光"→"总电源"。

图21-44　加工属性

5. 实训思考题

1）简述激光打标技术的基本原理。

2）若修改图片后未重新勾选"固定DPI"复选框对作品有哪些影响？

实训项目5　激光切割机的操作

1. 实训目的与要求

1）了解激光切割系统的组成。

2）了解激光切割原理以及激光切割操作过程。

2. 实训设备与工量具

1）CLS1212-2000数控光纤激光切割机。

2）手套、激光防护眼镜、防尘口罩等劳保用品。

3）2mm 和 6mm 六角扳手，石油醚（高纯酒精），不脱毛聚酯棉签或专业镜头纸。

3. 实训材料

不锈钢或碳钢。

4. 实训内容

光纤激光切割机如图 21-45 所示。

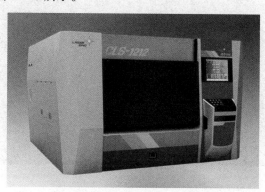

图 21-45　光纤激光切割机

（1）开机流程

1）合上配电柜断路器，开启冷干机与空压机。

2）开启激光器，现将激光器电源旋钮置于"ON"位置，再将钥匙开关置于"Robot"位置。

3）合上机床断路器，启动控制计算机。

4）按视频转换器"PIP"键，将监控画面切换为小窗模式。

5）打开计算机桌面上的激光器监测软件，监测激光器运行状态。

6）打开控制计算机桌面上的切割操作软件。

7）按操作面板上的"电源开"键，开启机床控制系统，冷水机上电。

8）待冷水机自启，检查其运行有无异常。

（2）加工前的操作与要求

1）打开舱门，按下控制面板上的"急停"按钮，检查清理工作台，要干净无杂物。

2）检查切割头喷嘴与保护镜片，必须及时清洁，若有变形、损坏须立即换新。

3）打开切割🖐软件，取消"急停"，执行机床回零点操作（见图 21-46）。

4）导入或绘制图形并进行加工前的优化处理。单击"文件"→"打开"命令，选择切割的图形，单击"尺寸"，进行尺寸修改（见图 21-47）。

5）根据加工材料材质及厚度，选择辅助气体种类、加工图层，合理设置工艺参数（见图 21-48）。

6）打开辅助气体气瓶气阀，检查气体余量是否充足，若不充足需及时更换。按需调整辅助气体压力。

7）将激光头抬高，上料，必须保证加工材料表面干净、整洁、平整地放在工作台上。

8）打开"红光"界面，检查垂直光并对其进行校准（见图 21-49）。

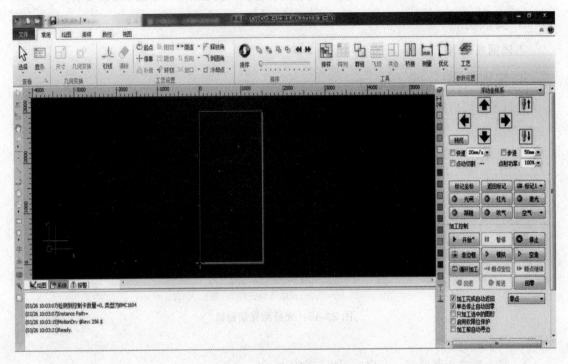

图 21-46　切割软件页面

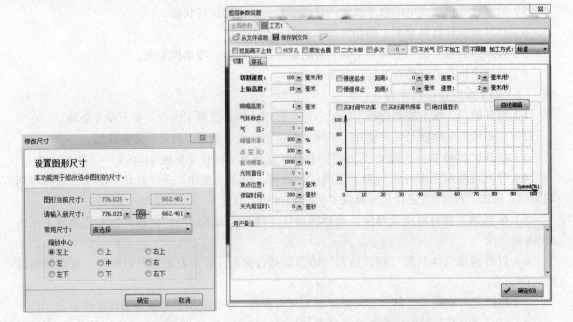

图 21-47　尺寸修改　　　　　　　　　　图 21-48　"图层参数设置"对话框

图 21-49　"红光"界面

9）按加工需求调整激光头焦距。调整聚焦镜使激光光束保持在喷嘴中心。

调整方法：将透明胶带贴在喷嘴上，按"光闸"并快速按"激光"键，持续 1s，取下透明胶带查看激光孔是否位于喷嘴中心，注意不要转动其相对位置。若没有位于中心，此时轻拧聚焦镜座的两个调整螺钉来改变光束聚焦位置（光束移动位置与旋钮运动方向一致），并再次出光，直至处于喷嘴中心。

10）打开调高器界面，对材料进行浮头标定、自动调整。单击"数控"→"BCS100"菜单命令，在弹出的对话框中按"F1"键，单击"②浮头标定"，页面上显示标定成功即可（见图21-50）。

11）点动"吹气"，检查气阀功能是否正常，确保气体压力满足加工需求。

12）单击控制台上的"走边框"按钮，激光头将沿待加工图形的外框空走一个矩形，以便确定加工板材需要的大概尺寸和位置。走边框的速度在"图层参数设置"→"全局参数"→"检边速度"中设置。

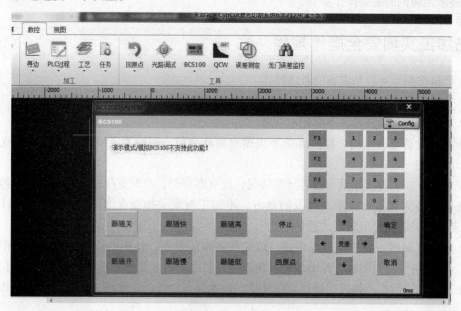

图 21-50　浮头标定

13）单击"模拟"按钮，开始模拟加工。工具栏将自动跳到"数控"选项卡，在"数控"选项卡的第一栏可以调整模拟加工的速度，如图 21-51 所示。

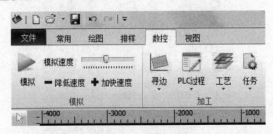

图 21-51　模拟速度

14）关闭舱门，再次确认加工图层与工艺参数设置是否正确，之后进行切割操作。单击"关舱门"→"开闸"→"开风机"→"开始"，切割结束单击"关闸"，结束切割，开舱门。

（3）关机流程

1）按操作面板上的"电源关"键，机床控制系统断电。

2）及时备份加工参数等数据，关闭软件及计算机。

3）机床断路器断电，冷水机自动关闭。

4）关激光器，先将钥匙锁置于"OFF"位置，再将激光器电源旋钮置于"OFF"位置，关闭激光器断路器。

5）关闭空压机及冷干机。

6）关闭所有气瓶，确认环境无安全隐患。

7）材料与工具归位，清理废料仓废料，记录好机床当前信息，方可离开。

5. 实训思考题

简述激光切割的主要操作步骤。

激光加工实训安全操作规程

1）严格按照指导教师讲解的顺序操作。

2）按规定穿戴好劳动防护产品，在激光束附近必须佩戴符合规定的防护眼镜。

3）不经指导教师许可，不准使用设备。

4）激光设备在开动时，操作人员不得擅自离开岗位，若确实需要离开时应停机或切断电源开关。

5）在进行加工时，如果发现有异常情况，应立即停机，及时排除故障或上报指导教师。

6）需要将灭火器放在随手可及的地方，不加工时要关掉激光器或光闸；无特殊许可时，不要在未加防护的激光束附近放置易燃物。

7）使用气瓶时，应避免压坏电线，以免漏电事故发生。气瓶的使用、运输应遵守气瓶监察规程。禁止将气瓶在阳光下暴晒或靠近热源。开启瓶阀时，操作者必须站在瓶嘴侧面。

8）工作完毕后，严格按照操作顺序关机，擦净设备，清洁工作场地，做好有关工作记录。

第 22 章

竞技机器人

实训项目1　红外寻线避障移动机器人操作

1. 实训目的与要求

1）了解红外寻线避障移动机器人平台的组成和功能。

2）熟悉巡线、避障传感器的使用方法。

3）在指定教学场地进行巡线避障机器人的调试、操作训练。

2. 实训设备与工具

1）AS-4WD 寻线避障移动机器人平台。

2）十字槽螺钉旋具。

3）红外巡线避障移动机器人平台的程序写入软件。

4）实训用计算机。

3. 实训内容

（1）使用前检查　在使用红外巡线避障移动机器人（见图 22-1）前，应进行以下检查。

图 22-1　AS-4WD 寻线避障移动机器人

1）保证红外寻线传感器的连线与机器人平台的电路板连接良好，安装在机器人平台前方下部的 5 个红外寻线传感器（见图 22-2）应与地面保持同一高度，且间距相同。

2）保证红外避障传感器（见图 22-3）的连线与机器人平台的电路板连接良好，安装在机器人平台前方上部的 3 个红外避障传感器应平行于地面上方并彼此保持扇形分布。

3）在机器人平台安装好电池，打开开关后，遮挡红外寻线传感器的发射头观察红色指示灯是否亮起。

4）遮挡红外避障传感器的发射头观察红色指示灯是否亮起；同时，使用十字槽螺钉旋具调节电位器，测试红外避障传感器的感应距离。

图 22-2　红外寻线传感器

图 22-3　红外避障传感器

（2）程序代码调整测试

1）在计算机桌面上找到红外寻线避障移动机器人平台的控制程序软件 Arduino1.0.6。程序写入软件界面如图 22-4 所示。

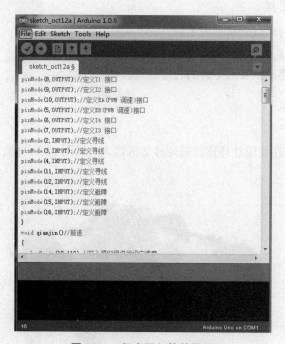

图 22-4　程序写入软件界面

2）打开计算机中 D 盘命名为"小车预设程序"的 Word 文档，将文档中已经设计好的程序复制到机器人平台的程序写入软件中。

3）调整程序，在各动作语句中分别调节 4 个电动机转速（10 接口、5 接口）的数值

（0~255），观察机器人平台前进速度与数值之间的关系。通过改变 4 个电动机的转速，实现机器人平台的前进、后退、左转、右转等动作。

4）将设计好的程序通过控制软件及与机器人平台连接的 USB 连线，上传至机器人平台的控制器。

（3）整体功能测试　在指定教学场地通过对红外避障传感器的调试及机器人平台控制程序的设计，实现寻线避障移动机器人平台的寻线避障功能，并在最短的时间内完成规定的动作。

（4）设备整理　完成操作后，取出小车内电池，统一放置在设备平台上，关闭实训用计算机，完成设备使用记录登记工作，离开实训室前确保电源为关闭状态。

4. 实训思考题

1）实现寻线避障移动机器人平台的前进、后退、左转、右转动作的方式有哪些？

2）如何使寻线避障移动机器人平台不偏离预设黑色轨道？

实训项目 2　多旋翼飞行器操控

1. 实训目的与要求

1）了解多旋翼飞行器的基本构造。

2）掌握多旋翼飞行器的基本操控方法。

3）在指定空域内完成多旋翼飞行器的基本飞行功能。

2. 实训设备与工具

大疆 Mavic 2 Zoom 飞行器。

3. 实训内容

（1）准备飞行器　飞行器出厂时处于收纳状态，按照图 22-5 所示步骤展开飞行器。

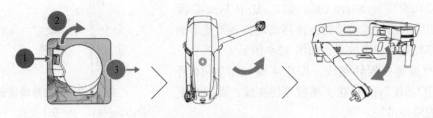

图 22-5　展开飞行器

1）移除云台罩。

2）首先展开前机臂，然后展开后机臂。

3）安装螺旋桨。桨帽带白色标记和不带白色标记的螺旋桨分别指示了不同的螺旋方向。如图 22-6 所示，将带白色标记的螺旋桨安装至带有白色标记的电动机桨座上，将桨帽嵌入电动机桨座并按压到底，沿锁紧方向旋转螺旋桨到底，松手后螺旋桨将弹起锁紧。使用同样的方法将不带白色标记的螺旋桨安装至不带白色标记的电动机桨座上。安装完毕后展开桨叶。

图 22-6　安装螺旋桨

4）按图 22-7 所示取出智能飞行电池并连接标配电源适配器。完全充满约需 1h30min。

交流电源
100～240V

图 22-7　电池充电连接

（2）准备遥控器

1）展开天线，确保天线垂直。展开手柄。

2）取出收纳于遥控器上的摇杆，并安装至遥控器，如图 22-8 所示。

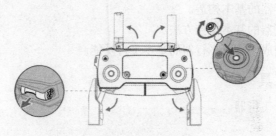

图 22-8　安装遥控器

3）根据移动设备接口类型 [Lighting 接口（遥控器转接线已默认安装）、Micro USB 接口、USB Type-C 接口] 选择相应的遥控器转接线连接移动设备。调整手柄角度，使移动设备稳定放置，如图 22-9 所示。

若需更换遥控器转接线，操作步骤如图 22-10 所示。若使用 USB Type-C 接头遥控器转接线，需同时更换所对应的束线滑块。

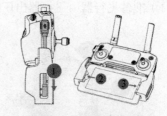

图 22-9　安装移动设备

1—Lighting 接口　2—左手手柄　3—右手手柄

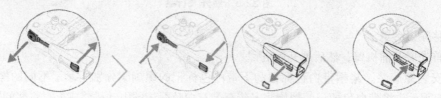

图 22-10　更换遥控器转接线

飞行器部件分解图如图 22-11 所示，遥控器各部件名称如图 22-12 所示，各部件的作用见表 22-1。

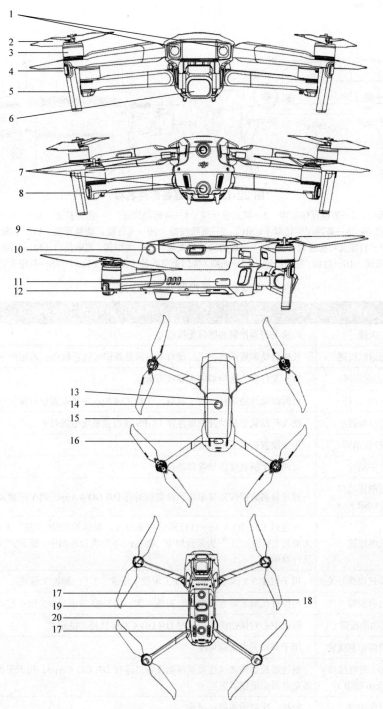

图 22-11　飞行器部件名称

1—前视视觉系统　2—螺旋桨　3—电动机　4—飞行器机头指示灯　5—天线　6——体式云台相机
7—后视视觉系统　8—飞行器状态指示灯　9—电池卡扣　10—侧视视觉系统
11—调参 / 数据接口（USB Type-C）　12—对频按键 / 对频指示灯　13—电池电量指示灯
14—电池开关　15—智能飞行电池　16—顶部红外传感系统　17—下视视觉系统
18—相机 Micro SD 卡槽　19—底部红外传感系统　20—下视补光灯

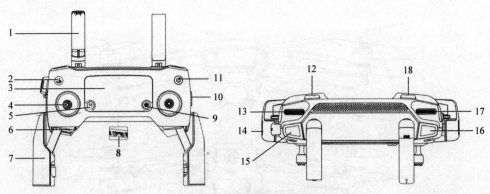

图 22-12　遥控器各部件名称

1—天线　2—智能返航按键　3—状态显示屏　4—可拆卸摇杆　5—急停按键　6—摇杆收纳槽
7—手柄　8—备用图传接口（USB）　9—五维按键　10—飞行模式切换开关　11—电源按键
12—自定义功能按键 C1　13—云台俯仰控制拨轮　14—主图传 / 充电接口（Micro USB）
15—录影按键　16—对焦 / 拍照按键　17—光圈 / 快门调节拨轮（Mavic 2 Pro）　18—自定义功能按键 C2

表 22-1　遥控器各部件作用

序号	名称	作用
1	天线	传输飞行器控制和图像无线信号
2	智能返航按键	长按启动智能返航，飞行器自动返回最新记录的返航点；再短按一次取消智能返航
3	状态显示屏	显示飞行器、遥控器的主要状态信息
4	可拆卸摇杆	可拆卸设计的摇杆，便于收纳。DJI GO 4 App 中可设置摇杆操控方式
5	急停按键	使飞行器紧急制动并原地悬停（GPS 或视觉系统生效时）
6	摇杆收纳槽	用于放置拆卸下来的摇杆
7	手柄	可调节手柄宽度以放置移动设备
8	备用图传接口（USB）	通过自备数据线连接至移动设备以运行 DJI GO 4 App，用于图像及数据传输
9	五维按键	可通过 DJI GO 4 App 自行调整功能定义。默认的功能："左"为减小 EV 值；"右"为增加 EV 值；"上"为云台回中 / 朝上；"下"为云台回中 / 朝下；"中心"为调出智能飞行菜单
10	飞行模式切换开关	用于切换 S（运动）模式、P（定位）模式、T（三脚架）模式
11	电源按键	短按可在显示屏查看电量；短按一次，再长按 2s 开启 / 关闭遥控器电源
12	自定义功能按键 C1	默认中心对焦功能，可通过 DJI GO 4 App 选择功能定义
13	云台俯仰控制拨轮	用于调整云台俯仰角度
14	主图传 / 充电接口（Micro USB）	通过遥控器转接线连接至移动设备以运行 DJI GO 4 App，用于图像及数据传输；连接充电器给遥控器充电
15	录影按键	短按一次启动或停止录影
16	对焦 / 拍照按键	两段行程式按键。半按对焦，短按一次拍照。拍摄模式可通过 DJI GO 4 选择
17	光圈 / 快门调节拨轮	用于调节曝光补偿（P 自动挡）、光圈（A 光圈优先挡、M 手动挡）、快门（S 快门优先挡）；用于调节相机变焦
18	自定义功能按键 C2	默认回放功能，可通过 DJI GO 4 App 选择功能定义

（3）遥控器操作

1）开启与关闭。短按一次电源按键，可在遥控器屏幕查看当前电量。若电量不足应给遥控器充电。短按一次电源按键，再长按 2s 以开启或关闭遥控器，如图 22-13 所示。

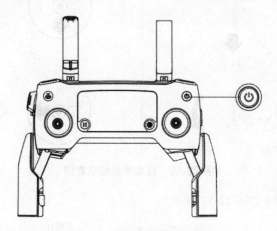

图 22-13　遥控器示意图

2）充电。连接遥控器 Micro USB 接口与标配电源适配器充电。注意，充电前应先断开遥控器转接线与 Micro USB 接口连接。完全充满约需 2h15min，如图 22-14 所示。

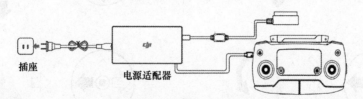

插座　　　电源适配器

图 22-14　遥控器充电连线

3）相机的控制如图 22-15 所示。

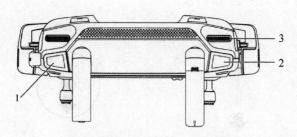

图 22-15　相机控制按键示意图

1—录影按键：短按一次开始 / 停止录影　2—对焦 / 拍照按键：半按对焦，短按一次拍照
3—焦距调节拨轮：拨动控制变焦

4）操控飞行器。操控器摇杆操控方式分为美国手、日本手和中国手，其基本操控分别如图 22-16 ~ 图 22-18 所示。

①日本手（Mode 1）如图 22-16 所示。

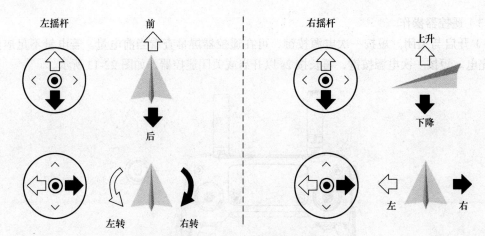

图 22-16　日本手操控示意图

② 美国手（Mode 2）如图 22-17 所示。

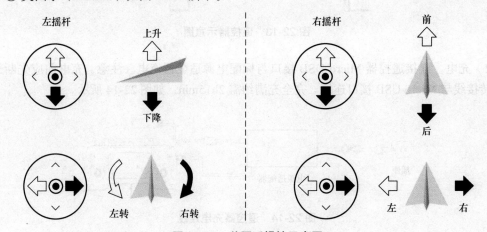

图 22-17　美国手操控示意图

③ 中国手（Mode 3）如图 22-18 所示。

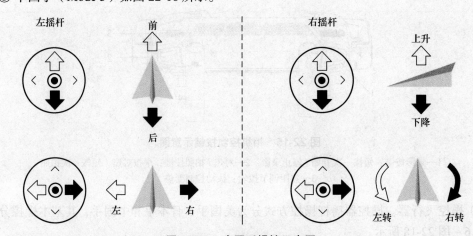

图 22-18　中国手操控示意图

遥控器出厂时默认操控模式为美国手（Mode 2），本书以美国手（Mode 2）为例说明遥控器的操控方式，见表 22-2。

表 22-2　遥控器的操控方式

遥控器（美国手）	飞行器（◁ⅢⅢ 为机头朝向）	控制方式
		油门杆用于控制飞行器升降 　往上推杆，飞行器升高；往下拉杆，飞行器降低。中位时飞行器的高度保持不变（自动定高）。飞行器起飞时，必须将油门杆往上推过中位，飞行器才能离地起飞（请缓慢推杆，以防飞行器突然急速上冲）
		偏航杆用于控制飞行器航向 　往左打杆，飞行器逆时针方向旋转；往右打杆，飞行器顺时针方向旋转。中位时旋转角速度为零，飞行器不旋转 　摇杆杆量对应飞行器旋转的角速度，杆量越大，旋转角速度越大
		俯仰杆用于控制飞行器前后飞行 　往上推杆，飞行器向前倾斜，并向前飞行；往下拉杆，飞行器向后倾斜，并向后飞行。中位时飞行器的前后方向保持水平 　摇杆杆量对应飞行器前后倾斜的角度，杆量越大，倾斜的角度越大，飞行的速度也越快
		横滚杆用于控制飞行器左右飞行 　往左打杆，飞行器向左倾斜，并向左飞行；往右打杆，飞行器向右倾斜，并向右飞行。中位时飞行器的左右方向保持水平 　摇杆杆量对应飞行器左右倾斜的角度，杆量越大，倾斜的角度越大，飞行的速度也越快

5）飞行模式切换开关。拨动该开关以控制飞行器的飞行模式。飞行模式切换开关位置如图 22-19 所示。其中"S"为运动模式，"P"为定位模式，"T"为三脚架模式。

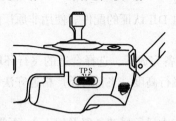

图 22-19　飞行模式切换开关

飞行模式切换开关默认锁定于 P 模式。需要使用其他模式时，进入 DJI GO 4 App 中的相机界面，按"❀"键选择"允许切换飞行模式"以解除锁定；否则即使飞行模式切换开关在其他挡位，飞行器仍按 P 模式飞行，且 DJI GO 4 App 将不出现智能飞行选项。

解除锁定后，再将飞行模式切换开关从 P 挡切换到 S 挡以进入 S 模式飞行。若当前飞行模式切换开关处于 S 挡，则需要将开关先切换到 P 挡再切回 S 挡，才可使用 S 模式。

即使已经解除锁定，飞行器每次开机默认仍以 P 模式飞行，每次使用 S 模式之前都需再上电之后将飞行模式切换开关按前文所述切换一次。

6）遥控器状态显示屏。遥控器的状态显示屏可实时提供飞行器的飞行数据、智能飞行电池电量等信息以供用户参考。显示屏的详细信息可参照图 22-20 所示。

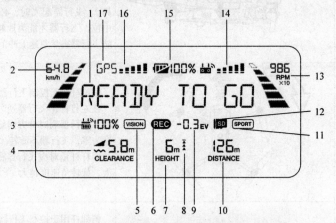

图 22-20　遥控器状态显示屏详细信息示意图

1—系统状态　2—飞行速度　3—遥控器电量　4—下视视觉系统检测高度　5—视觉系统
6—相机录像提示　7—飞行高度　8—上升 / 下降提示　9—相机曝光补偿　10—飞行距离
11—运动飞行　12—Micro SD 卡检测提示　13—电动机转速　14—遥控器信号质量
15—飞行器电量　16—GPS 信号质量　17—飞行模式

（4）飞行前检查

1）遥控器、智能飞行电池以及移动设备是否电量充足。

2）螺旋桨是否正确安装。

3）前、后机臂以及桨叶是否完全展开。

4）电源开启后相机和云台是否正常工作。

5）开机后电动机是否正常起动。

6）DJI GO 4 App 是否正常运行。

7）确保摄像头清洁。

8）务必使用原厂配件或经过 DJI 认证的配件。使用非原厂配件有可能对飞行器的安全使用造成危险。

（5）飞行环境限制　安装准备完成后，选择合适的飞行环境或使用新手模式飞行，飞行器飞行限高 500m，请勿超过安全飞行高度。飞行时需严格遵守法律法规。

对飞行环境要求如下。

1）恶劣天气下请勿飞行，如大风（风速 5 级及以上）、下雪、下雨、有雾天气等。

2）选择开阔、周围无高大建筑物的场所作为飞行场地。大量使用钢筋的建筑物会影响指南针工作，而且会遮挡 GPS 信号，导致飞行器定位效果变差甚至无法定位。

3）飞行时，请保持在视线内控制，远离障碍物、人群、水面等。

4）请勿在高压线、通信基站或发射塔等区域飞行，以免遥控器受到干扰。

根据国际民航组织和各国空管对空域管制的规定以及对无人机的管理规定，无人机必须在规定的空域中飞行。出于飞行安全考虑，默认开启飞行限制功能，包括高度和距离限制以及特殊区域飞行限制，以帮助用户更加安全、合法地使用飞行器。GPS 有效时，特殊区域飞行限制与高度和距离限制共同影响飞行。飞行器在 GPS 无效时，仅受高度限制。

（6）基础飞行操作

1）把飞行器放置在平整开阔的地面上，用户面朝机尾。

2）开启遥控器和智能飞行电池。

3）运行 DJI GO 4 App，连接移动设备与飞行器，进入相机界面。

4）等待飞行器状态指示灯绿灯慢闪，启动电动机。

5）往上缓慢推动油门杆，让飞行器平稳起飞。

6）下拉油门杆，使飞行器下降。

7）落地后，将油门杆拉到最低的位置并保持 3s 以上直至电动机停止。

8）停机后依次关闭飞行器和遥控器电源。

（7）飞行后设备整理　完成操作后，关闭飞行器及遥控器电源，将所有设备放置在相应设备柜内，完成设备使用记录本登记工作，离开实训室前确保插排为关闭状态。

4. 实训思考题

1）操控器摇杆操控方式有哪几种？飞行器默认的是哪种操控方式？

2）飞行器限高多少米？

竞技机器人实训安全操作规程

1）必须在教师指导下按照正确的顺序、工具、方法和要求进行实训操作，不能盲目拆卸。对于不可拆卸的部位应事先分析清楚，严禁用硬物直接敲击机器人及零件表面。传感器部件需轻拿轻放。

2）零件应整齐摆放，标准件放置在特定容器内。操作中，零件和工具不得落地。

3）保证数据线完好，在程序传输及调整的过程中注意对数据线、接口、插头的保护。电池应妥善保管，避免阳光直射，远离热源及易产生火花的地方。

4）必须在教师指导下操作飞行器，飞行前必须确认飞行环境，严禁在室内飞行。

第 23 章

人工智能

实训项目 1　Dobot 魔术师操作

1. 实训目的与要求

1）熟悉机械手臂的工作方式。

2）掌握机械手的程序设定、调试方法。

3）熟悉工业机器人、服务机器人等的编程、控制与操作。

4）实现机械臂自动控制并设计动作。

2. 实训设备与工具

1）4 轴机械臂。

2）DobotStudio 机械臂控制软件。

3）机械臂末端工具（真空吸盘、气动手爪、画画笔套件等）。

4）实训用计算机。

3. 实训内容

1）在使用 4 轴机械臂（见图 23-1）前，进行以下检查：

① 确保机械臂连线良好。

② 用手将 Dobot Magician 大小臂摆放至两者成约 45° 角的位置，然后按下电源开关，此时所有电动机会锁定。

③ 等待约 7s 后听到一声短响，且机械臂右下方的状态指示灯由黄色变为绿色，说明正常开机。

2）在计算机桌面上找到 DobotStudio 机械臂控制软件，软件界面如图 23-2 所示。

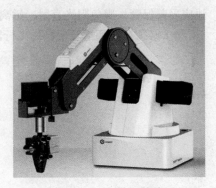

图 23-1　4 轴机械臂

3）在 DobotStudio 界面的左上角单击"连接"按钮，如图 23-3 所示。当"连接"按钮变成"断开连接"按钮时，表示连接成功，如图 23-4 所示。

图 23-2　DobotStudio 软件界面

图 23-3　端口选择

图 23-4　连接成功

4）单击"示教 & 再现"，在 DobotStudio 界面右侧的"存点"区域选择"点到点"→"MOVJ"运行模式，如图 23-5 所示。

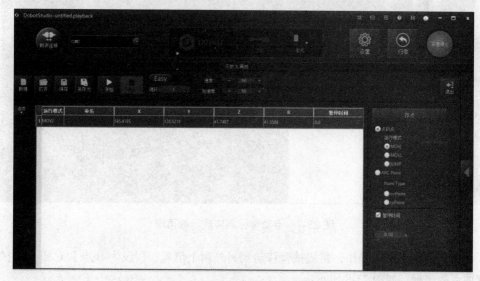

图 23-5　选择 MOVJ 运行模式

5）用手按住机械臂上的圆形解锁按钮不放，同时拖动机械臂移动到某个位置，假设为 A，然后松开该圆形解锁按钮。此时，软件自动保存 A 点位置的坐标，如图 23-6 所示。

图 23-6　A 点位置坐标

除了手持示教外，还可以通过点动坐标系来实现示教功能，如图 23-7 所示。

图 23-7　点动坐标系实现示教再现

6）参照 4）和 5）步操作，将机械臂移动到另外两个位置，假设为 B 点和 C 点，机械臂会记录这两点的坐标，如图 23-8 所示。

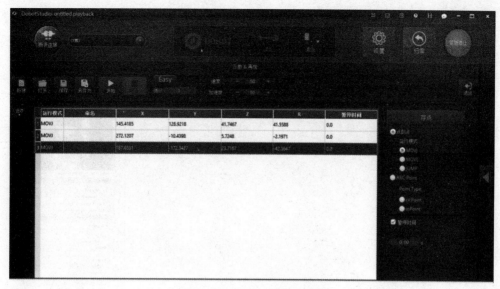

图 23-8　B 和 C 点位置坐标

7）在 DobotStudio 界面单击"退出"按钮，退出示教再现页面。

4. 实训思考题

MOVJ 指令与 MOVL 指令区别是什么？

实训项目 2　人形智能机器人 NAO 操控

1. 实训目的与要求

1）了解人形智能机器人的基本构造。

2）了解人形智能机器人的操控方法。

3）通过简单实例了解人形智能机器人的基本功能。

2. 实训设备与工具

软银 NAO 6 机器人。

3. 实训内容

1）将 NAO 机器人连接到计算机。

2）按机器人胸部的按钮启动 NAO 机器人。

3）当机器人开启后，将运行自主生活和基础通道，学生可与机器人简短交谈，可以尝试一些短的句子，比如：你叫什么名字？你能做什么？你有多少自由度？你多大年纪？现在几点？起立、坐下。

4）打开 Choregraphe 软件，如图 23-9 所示。

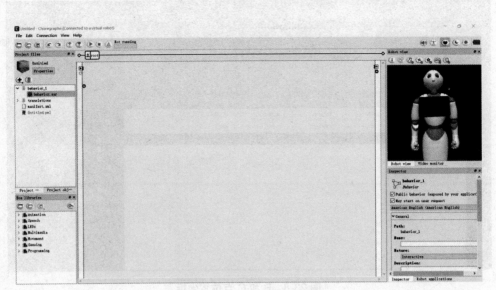

图 23-9　Choregraphe 软件界面

5）编写实例程序，运行"Say"程序，在软件左下角"Speech"下找到"Say"模块，如图 23-10 所示。

6）将"Say"模块拖到主程序界面，如图 23-11 所示。

7）使用连接线将"Say"模块与接口"Start""Stopped"端口相连，如图 23-12 所示。

图 23-10　选择"Say"模块

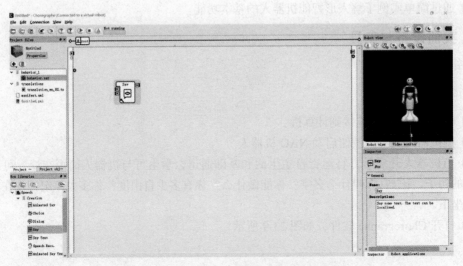

图 23-11　将"Say"模块拖到主程序界面

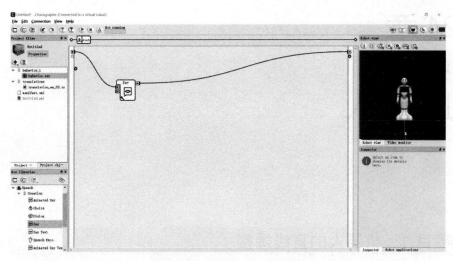

图 23-12　连接 "Say" 模块

8）单击"运行"按钮，使机器人进行语音输出。

9）关闭软件，长按机器人胸部按钮 3s 后关闭机器人。

10）操作后设备整理。完成操作后，将机器人放置在相应设备柜内，完成设备使用记录登记工作，关闭计算机，离开实训室前确保电源为关闭状态。

4. 实训思考题

1）什么是 NAO 的人工大脑系统？

2）NAO 机器人的基本感知能力包括哪些？

人工智能实训安全操作规程

1）开机前将机械臂置于工作空间内且使大小臂夹角约 45°。开机后如果指示灯为红色，说明机械臂处于限位状态，需确保机械臂在工作空间内运动。

2）关机时机械臂会自动缓慢收回大小臂到指定位置。勿将手伸入机械臂运动范围，以防夹手。待指示灯完全熄灭后机械臂才能完全断电。

3）在机械臂完全断电的情况下断开或者连接外部设备，如蓝牙、WiFi、手柄、红外传感器套件、颜色传感器套件等；否则容易造成机器损坏。

4）NAO 机器人在使用过程中要避免摔倒而造成机器人损坏。

第 24 章

工业机器人

实训项目 1　机器人的直线焊接

1. 实训目的与要求

1）了解焊接机器人系统组成。

2）了解机器人示教编程，掌握机器人操作过程。

2. 实训工装工具

扳手、夹具、内六角扳手。

3. 实训材料

不锈钢板（400mm × 400mm）。

4. 实训内容

1）了解安川 M1440 焊接机器人系统组成，如图 24-1 所示。

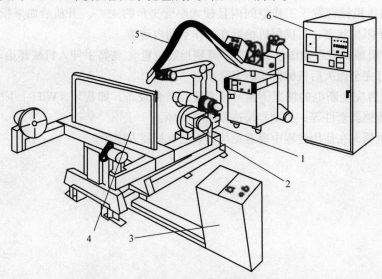

图 24-1　安川 M1440 焊接机器人系统组成

1—机器人本体　2—变位机　3—机器人控制系统　4—弧光防护罩　5—焊接系统　6—电气控制系统

2）焊件如图 24-2 所示。

图 24-2　焊件

3）创建焊接程序。

① 确保已关闭机器人控制柜柜门，沿顺时针方向旋转 DX200 控制柜前面的主电源开关，置于"ON"位置，接通主电源，打开后稍等片刻示教器开启成功。

② 将示教编程器左上角的钥匙开关沿逆时针方向转到"TEACH"位置，选用示教模式。

③ 在示教器显示屏上选择主菜单中的"程序"后，单击"新建程序"命令，打开"新建程序"界面后单击"选择"按钮，把光标移到字母"T""E""S""T"上单击"选择"按钮选中各个字母，按回车键登录，把光标移到"执行"上并确认后，登录"TEST"程序，并且屏幕画面上显示该程序的初始状态为"NOPCEOO""ENDCOOL"。

4）焊接机器人程序编辑如下。

0001 NDP

0002 *LABEL

0003 MOVJ P000 VJ=15.00

0004 WHILEEXP IN#(1)=OFF

0005 ENDWHILE

0006 MOVJ P001 VJ=15.00 PL=1

0007 *ZHENZHI

0008 IFTHENEXP IN#(2)=ON ANDEXP IN#(5)=ON

0009 MOVL P002 V=300.0 PL=0

0010 WHILEEXP IN#(4)=OFF

0011 ENDWHILE

0012 TIMER T=0.50

0013 ARCON AC=150 AVP=90

0014 TIMER T=0.30

0015 MOVL P003 V=10.0 PL=0 ACC=90

0016 TIMER T=0.20

0017 ARCOF AC=100 AVP=90

0018 TIMER T=0.30

0019 MOVL P004 V=80.0 PL=0 ACC=90

0020 TIMER T=0.50

0021 DOUT OT#(1)ON

0022 TIMER T=0.50

0023 DOUT OT#(1)OFF

0024 WHILEEXP IN#(3)=OFF

0025 ENDWHILE

0026 MOVL P004 V=100.0 PL=0 ACC=90

0027 TIMER T=0.20

0028 MOVL P005 V=200.0 PL=0 ACC=90

0029 TIMER T=0.50

0030 ARCON AC=150 AVP=90

0031 TIMER T=0.30

0032 MOVL P006 V=10.0 PL=0 ACC=90

0033 TIMER T=0.20

0034 ARCON AC=100 AVP=90

0035 TIMER T=0.50

0036 MOVL P004 V=100.0 PL=0 ACC=90

0037 DOUT OT#(2)ON

0038 TIMER T=0.30

0039 DOUT OT#(2)OFF

0040 ENDIF

5）焊缝的示教。

① 把机器人移动到周边环境便于作业的安全位置，按住示教编程器上的"伺服准备"按钮，"伺服通"指示灯闪烁，握住示教编程器的安全电源开关，如图 24-3 所示，接通伺服电源，"伺服通"指示灯亮，机器人进入可动作状态。

② 用轴操作键将机器人移动到适合作业的位置点 1（开始位置设置在安全的作业准备位置）；按"插补方式"键，把插补方式定为关节插补 (MOVJ)。光标放在行号"00000"处，按"选择"键；把光标移动到右边的设定速度"VJ"处，设定再现速度，按回车键输入程序点 1（行号 0001）。

③ 在程序点 1 处用轴操作键，设定机器人姿态为合适的作业姿态，按回车键，输入程序点 2（行号 0002）。

④ 保持程序点 2 的姿态不变，并移向作业开始位置，此

图 24-3　示教器安全电源开关

时改变机器人的关节坐标系为直角坐标系，即可保证在移动过程中机器人姿态不变。用手动速度"高"或"低"键调整机器人的移动速度至中速，按"坐标"键，设定机器人坐标系为直角坐标系，用轴操作键把机器人移到作业开始位置。光标在行号 0002 处按"选择"键，此时光标转移到输入缓冲显示行处，继续按光标键将光标移至设定速度处，然后设定再现速度为 12.5%。按回车键，输入程序点 3（行号 0003）。

⑤ 保持直角坐标系不变，用轴操作键把机器人移到焊接作业结束位置，按"插补方式"键，将插补方式设定为直线插补（MOVL）。把光标移动到行"0003"处，按"选择"键，此时光标转移到输入缓冲显示行处，继续按光标键，将光标移至设定速度处，然后设定再现速度为 138cm/min。按回车键，输入程序点 4（行号 0004）。

⑥ 用轴操作键将机器人移到不碰触工件和夹具的地方，按"插补方式"键，将插补方式设定为关节插补（MOVJ）。把光标移动到行"0004"处，按"选择"键，此时光标转移到输入缓冲显示行处，继续按光标键将光标移至设定速度处，然后设定再现速度为 50%。按回车键，输入程序点 5（行号 0005）。

⑦ 用轴操作把机器人移到开始点附近，按回车键，输入程序点 6（行号 0006）。

⑧ 在焊接工作站中选择"模拟焊""直线焊""自动控制"，如图 24-4 所示，把光标移到程序 1 所在行，按手动速度的"高"或"低"键，设定速度为"中"，按"前进"键，利用机器人的动作确认每个程序点，每按一次"前进"键，机器人移动一个程序点，程序点完成确认后，将光标放回程序起始处。

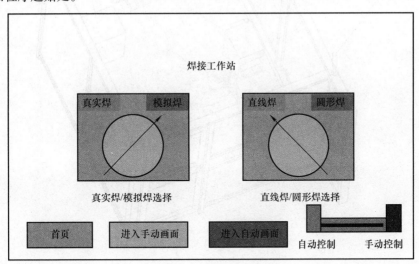

图 24-4 焊接工作站

⑨ 按"联锁"键的同时，按"试运行"键，机器人连续再现所有程序，一个循环后停止，完成所有程序点连续运动的模拟焊接。

⑩ 沿逆时针方向旋转 DX200 控制柜前面的主电源开关，将其置于"OFF"位置，关闭控制柜总开关。

5. 实训思考题

1）简述焊接机器人系统组成。

2）简述焊接机器人示教器的作用。

实训项目2 机器人演示操作

1. 实训目的与要求

1）了解工业机器人系统组成。

2）了解工业机器人各示教功能。

2. 实训设备

1）硬件：ABB-IRB120 型工业机器人。

2）软件：RAPID 程序。

3. 实训内容

1）了解 ABB-IRB120 型工业机器人系统组成及布局，如图 24-5 所示。

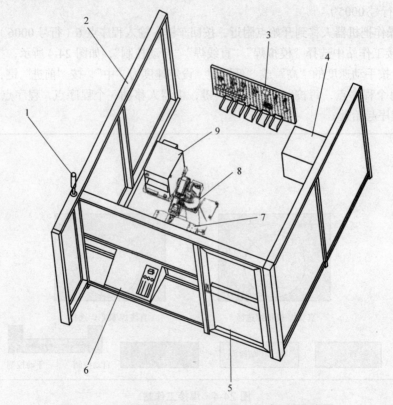

图 24-5 ABB-IRB120 型工业机器人系统组成及布局

1—警示灯 2—安全护栏 3—工具收纳墙 4—实训任务存储箱 5—安全门 6—电气控制板
7—模型训练平台 8—工业机器人 9—机器人控制器

工业机器人基础运用设备以六轴机器人为核心，并配套实训工作台、工具收纳墙、机器人安全护栏、电气操作板等设备设施，同时配置 6 套典型学习任务（轨迹训练、图块搬运、零件码垛、工件装配、车窗涂胶装配、检测排列），整套系统采用模块化设计，从工作单元到每个执行机构，接口及各零部件都具备模块化、独立性、兼容性、可移植性等特点。

2）了解 ABB-IRB 120 型工业机器人本体，如图 24-6 所示。

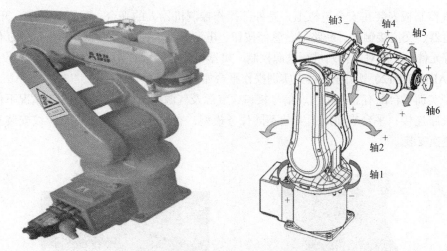

图 24-6　ABB-IRB 120 型工业机器人本体

IRB 120 是 ABB 最新一代六轴工业机器人中的一员，有效载荷达 3kg，专为使用基于机器人的灵活自动化的制造行业（如 3C 行业）而设计。该机器人为开放式结构应用起来灵活方便，并且可以与外部系统进行广泛通信。

3）ABB-IRB 120 型工业机器人示教器与控制器如图 24-7 所示。

a) 示教器　　　　　　　　　　　　b) 控制器

图 24-7　ABB-IRB 120 型工业机器人示教器与控制器

工业机器人系统主要由机器人本体、控制器和示教器组成，各部分之间由动力电缆、控制电缆及信号电缆连接。

4）ABB-IRB 120 型工业机器人电气控制板如图 24-8 所示。

图 24-8　ABB-IRB 120 型工业机器人电气控制板

电气控制板安装在安全护栏上，是外部操作控制机器人的平台，配置有 PLC、开关电源、中间继电器、交流接触器、断路器、急停按钮、电源开关、控制输入端子开关、LED 信号输出指示灯等元件，主要对工作站进行电源控制、机器人外部信号的关联控制等。

5）ABB-IRB120 型工业机器人实训操作平台如图 24-9 所示。

模型实训平台配有急停按钮、信号接口、气源及气源调节阀等，用于紧急情况下使用及外部信号气路连接；平台表面用于安装不同任务模型，有 40mm×40mm 网格螺纹安装孔，方便模型的更换安装。

图 24-9　ABB-IRB 120 型工业机器人实训操作平台

6）了解 ABB-IRB 120 型工业机器人实训操作平台 6 套学习任务模型。

① 轨迹训练模型如图 24-10 所示。可以看到，模板上刻画了几个图形，可以通过让机器人走固定的轨迹来练习机器人的 4 个基本运动指令，即关节运动、线性运动、圆弧运动和绝对位置运动。

图 24-10　轨迹训练模型

② 图块搬运模型如图 24-11 所示，有两个物料底盘，还配置有相应的夹具，该模型设置的功能是对两个物料底盘内的物料进行搬运，练习机器人与外部可动夹具、与电磁阀的协同工作。

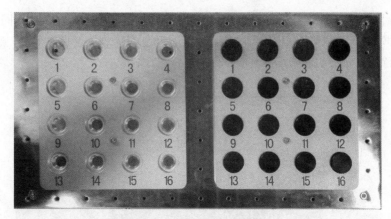

图 24-11　图块搬运模型

③ 零件码垛模型如图 24-12 所示。有一个物料底盘和一个码垛底盘，配套有相应的夹具，该模型设置的功能是将物料底盘内的物料搬运到码垛底盘内码垛。

图 24-12　零件码垛模型

④ 工件装配模型如图 24-13 所示，有两个支架模型，即排列支架和组装支架，还配置有两个立体模具，即大工件和小工件。该模型中机器人需要完成的任务是把排列支架上的大小工件放到组装支架上，完成组装过程后，机器人再把组装支架上的大小工件拆解，还回到排列支架上，完成拆解任务。

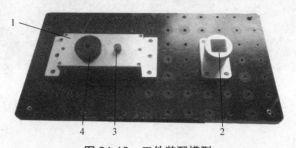

图 24-13　工件装配模型

1—排列支架　2—组装支架　3—小工件　4—大工件

⑤ 车窗涂胶装配模型如图 24-14 所示，车模型有前窗、天窗、后窗 3 种不同部位的车窗，还配套有胶枪模型和装配模型，该模型中机器人先移动到车窗放置点吸取车窗，然后移动到胶枪涂胶点进行涂胶，最后移动到车体对应车窗的位置进行装配。

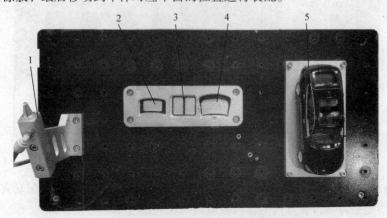

图 24-14　车窗涂胶装配模型

1—胶枪　2—后窗　3—天窗　4—前窗　5—车窗装配

⑥ 检测排列模型如图 24-15 所示，有物料检测点、物料仓、物料 1 排列点、物料 2 排列点，该模型中机器人先去物料仓拾取物料，拾取后把物料放在检测点进行检测，如果是物料 1 则放置在物料 1 排列点，如果是物料 2 则放置在物料 2 排列点，放置完物料后，再移动到物料仓拾取下一个物料进行检测和排列，直至所有物料完成检测排列为止。

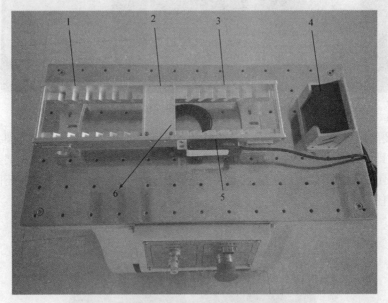

图 24-15　检测排列模型

1—物料 1 排列点　2—物料检测点　3—物料 2 排列点　4—物料仓　5—光纤传感器　6—传感器检测头

4. 实训具体操作

本课堂主要以演示为主，对工业机器人的整体机构及各个结构有所了解之后，操作机器人只需要通过电气控制板即可，具体操作流程如下：

1）机器人上电，把电源断路器打开，处在闭合状态；电源开关处在上电状态；红色急停开关扭开，处在断开状态，如图 24-16 所示。

图 24-16　电气控制板各开关

此时整体机器人系统处在上电状态。

2）电气控制板上有 8 个钮子开关，其中开关控制的分别为 IN01- 伺服器上电、IN02- 暂停、IN03- 复位、IN04- 伺服器下电、IN05/06/07/08- 预备开关，如图 24-17 所示。

此时关闭钮子开关 IN01，机器人按规定程序运转起来。

3）当程序运行结束后，先关闭 IN02，使机器暂停动作；再关闭 IN03，使机器复位到原点；最后关闭 IN04，伺服器断电。

图 24-17　电气控制板上的钮子开关

5. 实训思考题

1）简述工业机器人的系统组成。

2）简述焊接机器人示教器的作用。

工业机器人实训安全操作规程

1）开机前应先检查，确定无危险情况下才可开机。

2）非操作人员或不了解本系统者，请勿任意使用。

3）机器人周围区域必须清洁，无油、水及杂质等。

4）装卸工件前，先将机械手运行至安全位置，并按"急停"开关，严禁装卸工件过程中操作机器。

5）不要戴手套操作示教器和操作盘。

6）若需要手动控制机器人，应确保机器人动作范围内无任何人员和障碍物，将速度由慢到快逐渐调整，避免速度突变造成伤害或损失。

7）执行程序前，应确保机器人工作区内不得有无关的人员、工具、物品，工件应夹紧牢靠，并确认程序与工件对应。

8）机器人运行过程中，严禁操作者离开现场，以确保意外情况的及时处理。

9）示教器和线缆不能放置在工作台上，应随手携带或挂在操作位置。

10）工作结束时，应使机械手置于零位位置或安全位置。

11）严格遵守并执行机器的日常维护规定。

第 25 章

███████

智能制造

实训项目 1　轮毂加工生产

1.实训目的与要求

1）了解智能化生产工厂系统。

2）了解制造过程数字化、管理手段信息化、质量控制智能化、技术分析大数据化、运行维护远程化的智能制造体系。

2.实训设备

企业制造执行系统 MES、ABB 机器人、西门子 PLC1200、数控车床、加工中心、激光打标机、视觉验证系统。

3.实训材料

铝合金轮毂。

4.实训内容

1）智能制造教学工厂是以轮毂的加工装配为对象，实现生产企业生产过程中的全部重要工序，实现"实体真做"的综合性教学工厂，其实训内容如图 25-1 所示。

2）智能制造生产线轮毂加工工艺。

① 8in 轮毂加工工艺

a. 8in 轮毂（1）的毛坯料为铸件，材料为铝合金，毛坯外形尺寸为 $\phi107.6\text{mm} \times 26.5\text{mm}$，毛坯料与零件实体形状一致，毛坯料零件图如图 25-2a 所示。

b. 利用加工中心和数控车床对 8in 轮毂（1）的毛坯料进行二次加工，加工部位及需保证的尺寸精度如图 25-2b 所示，从而得到智能制造生产线所需的 8in 轮毂（1）的毛坯料。

c. 利用智能制造生产线中数控车床和加工中心对智能制造生产线 8in 轮毂（1）的毛坯料进行加工，加工部位及需保证的尺寸精度如图 25-2c 所示。

d. 智能制造生产线加工完成，即可得到 8in 轮毂（1）的成品零件，成品零件图如图 25-3 所示。

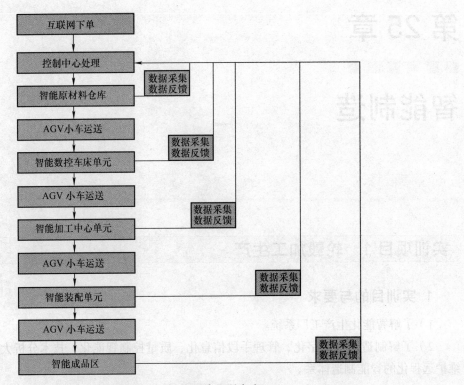

图 25-1　智能制造实训内容

同理，按照 a、b、c 方法，可得到 8in 轮毂（2）的成品零件。8in 轮毂（2）加工过程图如图 25-4 所示，8in 轮毂（2）的成品零件图如图 25-5 所示。

经过智能制造生产线数控车床加工的 8in 轮毂（1）的凸止口与 8in 轮毂（2）的凹止口装配时可保证轮胎轮毂的同轴度，并起轴向定位作用，最后用螺栓穿过加工中心加工的 M6 螺纹孔和 ϕ7mm 通孔，将 8in 轮毂（1）和 8in 轮毂（2）紧固连接。

智能制造生产线 8in 轮毂（1）和 8in 轮毂（2）加工工艺见表 25-1 和表 25-2。

② 10in 轮毂加工工艺

a. 10in 轮毂（1）毛坯料为铸件，材料为铝合金，毛坯外形尺寸为 ϕ124×39mm，毛坯料与零件实体形状一致，毛坯料零件图如图 25-6a 所示。

b. 利用加工中心和数控车床对 10in 轮毂（1）毛坯料进行二次加工，加工部位及需保证的尺寸精度如图 25-6b 所示，从而得到智能制造生产线所需的 10in 轮毂（1）毛坯料。

c. 利用智能制造生产线中数控车床和加工中心对智能制造生产线 10in 轮毂（1）毛坯料进行加工，加工部位及需保证的尺寸精度如图 25-6c 所示。

d. 智能制造生产线加工完成，即可得到 10in 轮毂（1）成品零件，成品零件图如图 25-7 所示。

同理，按照 a、b、c 方法，可得到 10in 轮毂（2）成品零件。10in 轮毂（2）加工过程图如图 25-8 所示，10in 轮毂（2）成品零件图如图 25-9 所示。

经过智能制造生产线数控车床加工的 10in 轮毂（1）凸止口与 10in 轮毂（2）凹止口装配时可保证轮毂的同轴度，并起轴向定位作用，最后用螺栓穿过加工中心加工的 M6 螺纹孔和 ϕ7mm 通孔，将 10in 轮毂（1）和 10in 轮毂（2）紧固连接。

智能制造生产线 10in 轮毂（1）和 10in 轮毂（2）加工工艺见表 25-3 和表 25-4。

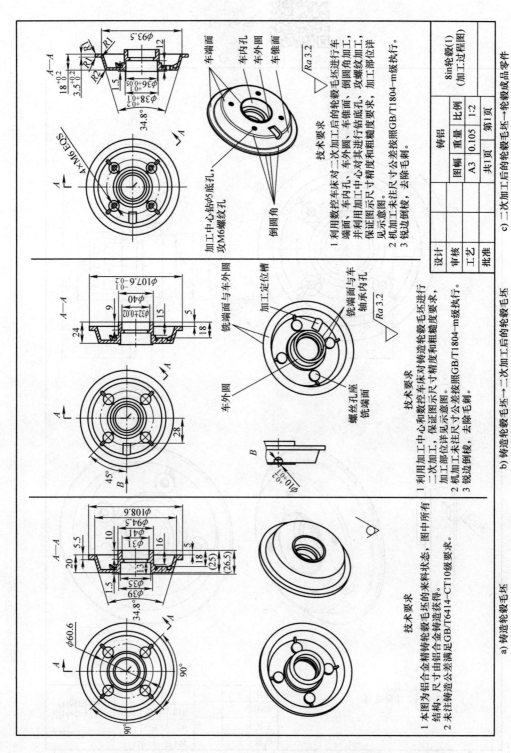

图 25-2　8in 轮毂（1）加工过程图

a) 铸造轮毂毛坯　b) 铸造轮毂毛坯→二次加工后的轮毂毛坯　c) 二次加工后的轮毂毛坯→轮毂成品零件

243

扫码看
8in 轮毂 (1)

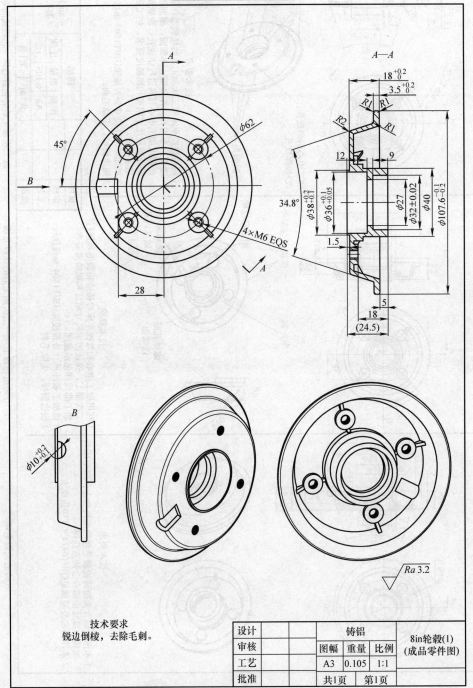

技术要求
锐边倒棱，去除毛刺。

设计		铸铝	8in轮毂(1)
审核		图幅	重量	比例	(成品零件图)
工艺		A3	0.105	1:1	
批准		共1页	第1页	

图 25-3　8in 轮毂（1）成品零件图

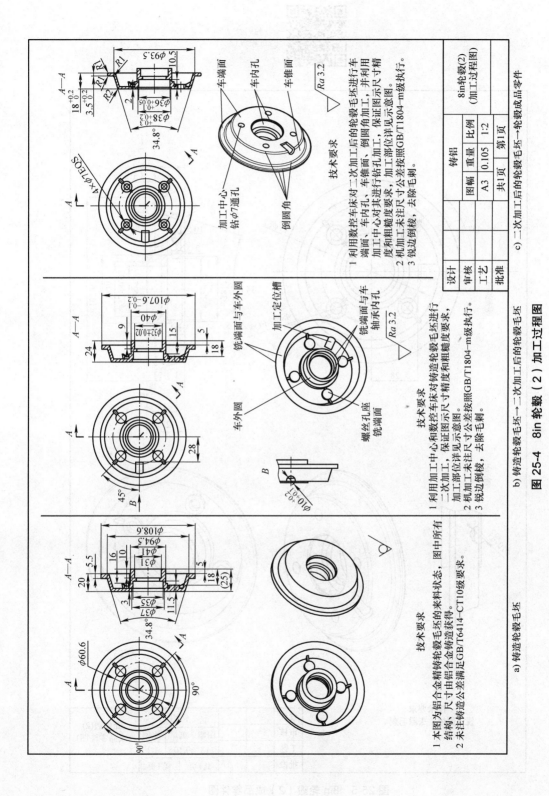

技术要求

1 利用数控车床对二次加工后的轮毂毛坯进行车端面、车内孔、车锥面、倒圆角加工，并利用加工中心对其进行钻孔加工，保证图示尺寸精度和粗糙度要求，加工部位详见示意图。
2 机加工未注尺寸公差按照GB/T1804-m级执行。
3 锐边倒棱，去除毛刺。

c）二次加工后的轮毂毛坯→轮毂成品零件

技术要求

1 利用加工中心和数控车床对铸造轮毂毛坯进行二次加工，保证图示尺寸精度和粗糙度要求，加工部位详见示意图。
2 机加工未注尺寸公差按照GB/T1804-m级执行。
3 锐边倒棱，去除毛刺。

b）铸造轮毂毛坯→二次加工后的轮毂毛坯

技术要求

1 本图为铝合金精铸轮毂毛坯的来料状态，图中所有结构、尺寸由铝合金铸造获得。
2 未注铸造公差满足GB/T6414-CT10级要求。

a）铸造轮毂毛坯

图 25-4　8in 轮毂（2）加工过程图

铸铝		
图幅	重量	比例
A3	0.105	1:2
共1页	第1页	

设计	
审核	
工艺	
批准	

8in轮毂(2)
(加工过程图)

扫码看
8in 轮毂 (2)

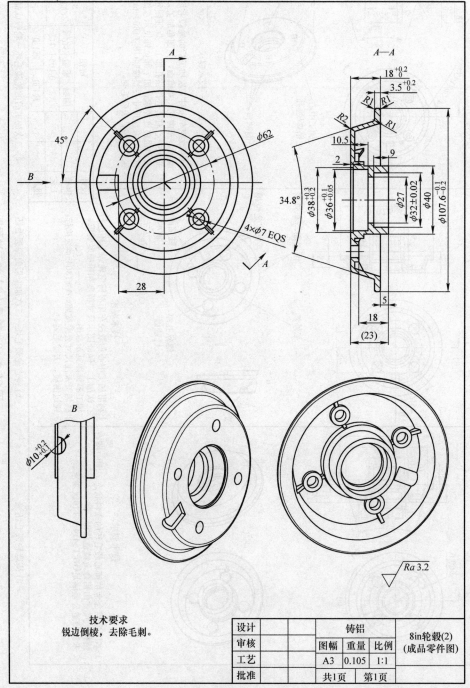

技术要求
锐边倒棱，去除毛刺。

设计		铸铝		8in轮毂(2)
审核		图幅	重量	比例	(成品零件图)
工艺		A3	0.105	1:1	
批准		共1页	第1页		

图 25-5　8in 轮毂（2）成品零件图

表 25-1 8in 轮毂（1）加工工艺

单位		机械加工工艺过程卡片	产品型号		零（部）件图号		A3	共 1 页
			产品名称	8in 轮毂	零（部）件名称	8in 轮毂（1）		第 1 页
材料	铝	毛坯种类 铸件	毛坯外形尺寸 $\phi 107.6mm \times 26.5mm$		每毛坯件数 1	每台件数 1	注	

序号	工序名称	工序内容	车间	工段	设备	工艺装备	工时 准终	工时 单件
1	车削	自定心卡盘夹 $\phi 40mm$ 外圆，左端面靠紧卡盘，粗车端面、圆锥面、端面，半精车端面、圆锥面、圆锥面，精车端面、圆锥面：端面圆角 R2mm，锥度 34.8°，圆角 R1mm，$3.5^{+0.2}_{0}$ mm；保证尺寸 $18^{+0.2}_{0}$ mm； 粗车外圆、端面，半精车外圆、端面，精车外圆、端面：保证尺寸 $\phi 38^{+0.2}_{+0.1}$ mm，1.5mm； 粗车内孔，半精车内孔，精车内孔，保证尺寸 $\phi 36^{-0.1}_{+0.05}$ mm，12mm；	机加	车	数控车床 M-L400	自定心卡盘	0.1	0.3
2	铣削	自定心卡盘夹 $\phi 107.6mm$ 外圆，以右端面定位 钻 $\phi 5mm$ 螺纹底孔，攻 M6 螺纹孔	机加	铣	加工中心 M-VT6	自定心卡盘	0.1	0.1
			编制（日期）	审核（日期）	会签（日期）	批准（日期）		
标记	处记	更改文件号	签字	日期	标记	处记	更改文件号	签字 日期

表 25-2　8in 轮毂（2）加工工艺

单位	机械加工工艺过程卡片	产品型号	8in 轮毂	零（部）件图号	A3	共 1 页
		产品名称		零（部）件名称	8in 轮毂（2）	第 1 页

材料牌号	毛坯种类	毛坯外形尺寸		每毛坯件数	1	每台件数	1	注
铝	铸件	φ108.6mm×25mm						

序号	工序名称	工序内容	车间	工段	设备	工艺装备	工时（准终）	工时（单件）
1	车削	自定心卡盘夹外圆 φ40mm，左端面靠紧卡盘，粗车端面、半精车端面；保证尺寸 $18^{+0.2}_{0}$ mm，圆角 R2mm，锥度 34.8°，圆角 R1mm，$3.5^{+0.2}_{0}$ mm；粗车内孔、半精车内孔，精车内孔，保证尺寸 $\phi36^{+0.1}_{+0.05}$ mm、$\phi38^{+0.3}_{+0.2}$ mm、10.5mm、2mm	机加	车	数控车床 M-L400	自定心卡盘	0.1	0.2
2	铣削	自定心卡盘夹 φ96mm 外圆，以右端面定位钻 φ7mm 通孔	机加	铣	加工中心 M-VT6	自定心卡盘	0.1	0.1

	编制（日期）	审核（日期）	会签（日期）	批准（日期）
标记	处记	更改文件号	签字	日期
标记	处记	更改文件号	签字	日期

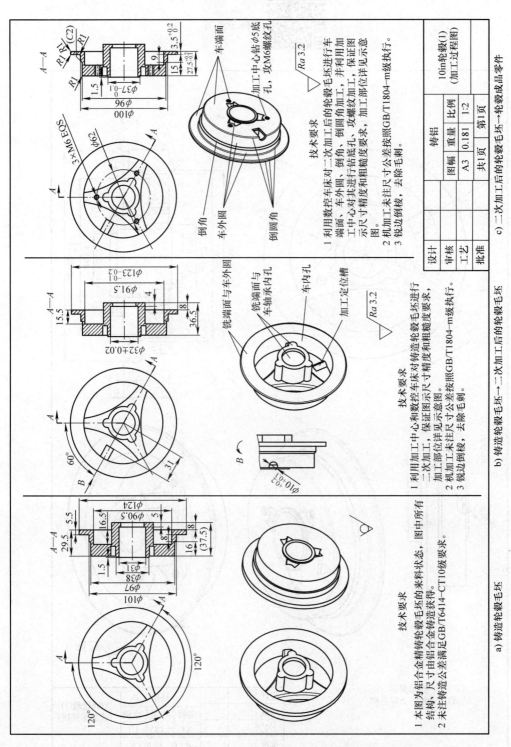

图 25-6　10in 轮毂（1）加工过程图

a) 铸造轮毂毛坯

b) 铸造轮毂毛坯→二次加工后的轮毂毛坯

c) 二次加工后的轮毂毛坯→轮毂成品零件

a) 铸造轮毂毛坯

技术要求

1 本图为铝合金精铸轮毂毛坯的来料状态，图中所有结构、尺寸由铝合金铸造表格件。
2 未注铸造公差满足 GB/T6414-CT10 级要求。

b) 铸造轮毂毛坯→二次加工后的轮毂毛坯

技术要求

1 利用加工中心和数控车床对铸造轮毂毛坯进行二次加工，保证图示尺寸精度和粗糙度要求，加工部位详见示意图。
2 机加工未注尺寸公差按照 GB/T1804-m 级执行。
3 锐边倒棱，去除毛刺。

√ Ra 3.2

c) 二次加工后的轮毂毛坯→轮毂成品零件

技术要求

1 利用数控车床对二次加工后的轮毂毛坯进行车端面、车外圆、倒角、倒圆角，并利用加工中心对其进行钻底孔，攻螺纹加工，保证图示尺寸精度和粗糙度要求，加工部位详见示意图。
2 机加工未注尺寸公差按照 GB/T1804-m 级执行。
3 锐边倒棱，去除毛刺。

√ Ra 3.2

铸铝

图幅	重量	比例
A3	0.181	1:2
共1页	第1页	

设计		10in轮毂(1)
审核		(加工过程图)
工艺		
批准		

249

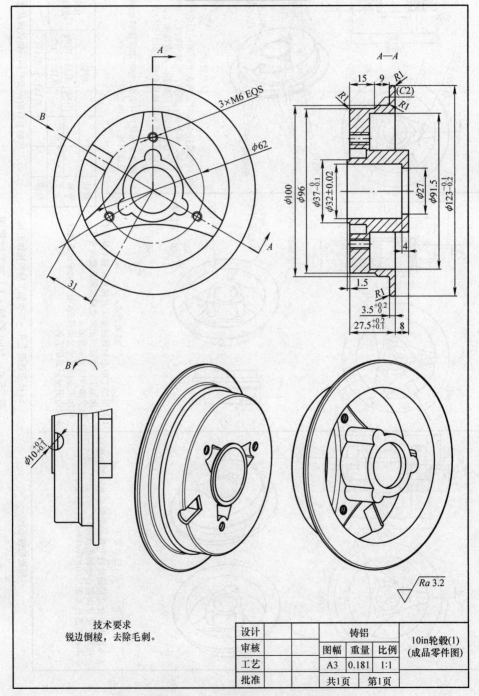

图 25-7　10in 轮毂（1）成品零件图

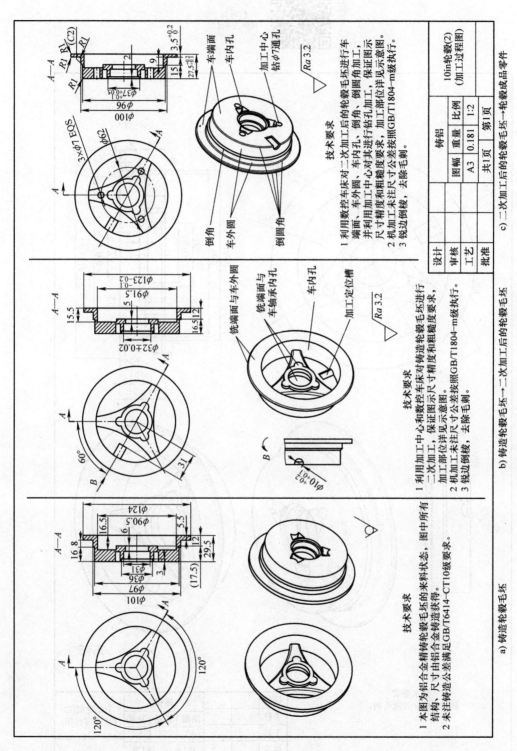

技术要求

1 利用数控车床对二次加工后的轮毂毛坯进行车端面、车外圆、车内孔，倒角、倒圆角加工，并利用加工中心对其进行钻孔加工，保证图示尺寸精度和粗糙度要求，加工部位详见示意图。尺寸未注公差按照GB/T1804-m级执行。

2 机加工未注倒棱，去除毛刺。

3 锐边倒棱，去除毛刺。

c）二次加工后的轮毂毛坯→轮毂成品零件

转铝				10in轮毂(2)（加工过程图）
图幅	重量	比例		
A3	0.181	1:2		
		共1页	第1页	

设计	
审核	
工艺	
批准	

$\sqrt{Ra\,3.2}$

技术要求

1 利用加工中心和数控车床对铸造轮毂毛坯进行二次加工，保证图示尺寸精度和粗糙度要求。加工部位详见示意图。

2 尺寸未注公差按照GB/T1804-m级执行。

3 锐边倒棱，去除毛刺。

b）铸造轮毂毛坯→二次加工后的轮毂毛坯

图 25-8 10in 轮毂（2）加工过程图

技术要求

1 本图为铝合金精铸轮毂毛坯的来料状态，图中所有结构、尺寸均由铝合金铸造获得。

2 未注铸造公差满足GB/T6414-CT10级要求。

a）铸造轮毂毛坯

251

扫码看
10in 轮毂 (2)

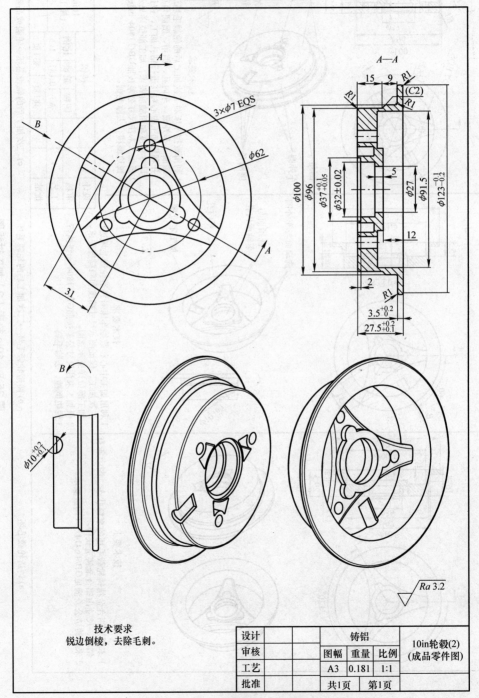

技术要求
锐边倒棱，去除毛刺。

设计			铸铝			10in轮毂(2)
审核			图幅	重量	比例	(成品零件图)
工艺			A3	0.181	1:1	
批准			共1页	第1页		

图 25-9　10in 轮毂（2）成品零件图

表 25-3　10in 轮毂（1）加工工艺路线

单位		机械加工工艺过程卡片	产品型号		零（部）件图号	A3		共 1 页
			产品名称	10in 轮毂	零（部）件名称	10in 轮毂（1）		第 1 页
材料	铝	毛坯种类	铸件	毛坯外形尺寸	ϕ123mm×37mm	每毛坯件数	1	每台件数	1	备注	

序号	工序名称	工序内容	车间	工段	设备	工艺装备	准终	单件
							工时	
1	车削	自定心卡盘撑内孔 ϕ91.5mm，左端面靠紧卡盘，粗车端面，外圆，半精车端面，精车端面，外圆：保证尺寸 ϕ96mm，圆角 R1mm，15mm，倒角 C2，ϕ100mm，圆角 R1mm，9mm，$3.5^{+0.2}_{0}$ mm，$27.5^{+0.2}_{-0.1}$ mm，精车端面，外圆：保证尺寸 $\phi37^{0}_{-0.1}$ mm，1.5mm	机加	车	数控车床 M-L400	自定心卡盘	0.1	0.3
2	铣削	自定心卡盘夹 ϕ123mm 外圆，以右端面定位，钻 M6 螺纹底孔，攻 M6 螺纹孔	机加	铣	加工中心 M-VT6	自定心卡盘	0.1	0.1
			编制（日期）		审核（日期）	会签（日期）	批准（日期）	
标记	处记	更改文件号	签字	日期	标记	处记	更改文件号	签字	日期

表 25-4 10in 轮毂（2）加工工艺路线

机械加工工艺过程卡片	产品型号	10in 轮毂	零（部）件图号			共 1 页
单位	产品名称	10in 轮毂	零（部）件名称	10in 轮毂（2）	A3	第 1 页

材料	毛坯种类	毛坯外形尺寸	每毛坯件数	每台件数	注
铝	铸件	ϕ123mm×27.5mm	1	1	

序号	工序名称	工序内容	车间	工段	设备	工艺装备	工时 准终	工时 单件
1	车削	自定心卡盘撑内孔，ϕ91.5mm，左端面靠紧卡盘。粗车端面、外圆，半精车端面、外圆，精车端面、外圆，倒角 C2，圆角 R1mm，圆角 R1mm，ϕ96mm，15mm，保证尺寸 ϕ100mm、9mm、圆角 R1mm、$3.5^{+0.2}_{0}$ mm、$27.5^{+0.2}_{+0.1}$ mm，粗车内孔、精车内孔，保证尺寸 $\phi37^{+0.1}_{+0.05}$ mm、2mm	机加	车	数控车床 M-L400	自定心卡盘	0.1	0.35
2	铣削	自定心卡盘夹 ϕ123mm 外圆，以右端面定位。钻 ϕ7mm 通孔	机加	铣	加工中心 M-VT6	自定心卡盘	0.1	0.1

		编制（日期）	审核（日期）	会签（日期）	批准（日期）
标记	处记	更改文件号	签字	日期	
标记	处记	更改文件号	签字	日期	

3）实训设备包含智能制造控制中心、智能制造仓库中心、智能制造智能数控车床单元、智能制造智能加工中心单元和智能制造智能装配单元等五部分，如图 25-10～图 25-14 所示。

图 25-10　智能制造控制中心

图 25-11　智能制造仓库中心

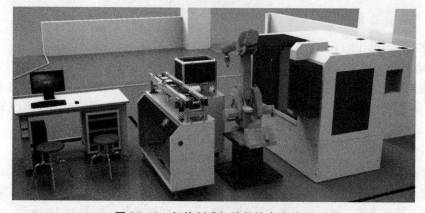

图 25-12　智能制造智能数控车床单元

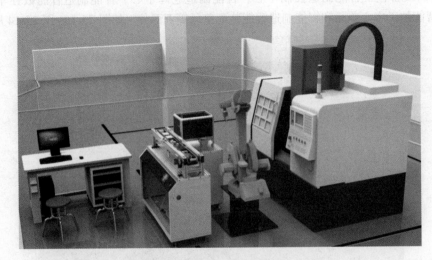

图 25-13　智能制造智能加工中心单元

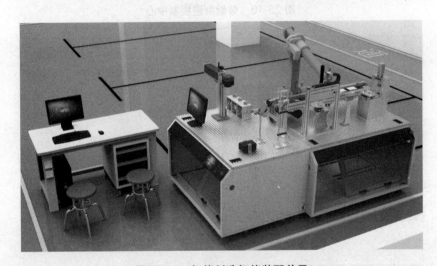

图 25-14　智能制造智能装配单元

整体设备执行操作如下。

① 启动智能数控车床单元、智能加工中心单元后面的总电源，将开关置于"ON"位置。打开智能数控车床单元、智能加工中心单元前面的控制面板电源开关，如图 25-15 和图 25-16 所示。加工中心启动后，依次单击控制面板上的方式选择模块的自动按键和快速倍率模块上的 F50 键，启动 AGV 小车电源，如图 25-17 所示。

② 按中央控制柜启动按钮，如图 25-18 所示，启动控制中心的数据库和服务器。

③ 原料仓储中心、智能数控车床单元、智能加工中心单元、智能装配单元、成品仓储中心这 5 个站的开机操作相同。具体步骤为：先按每个工作站控制面板上的"ON"键，使各单元设备接通电源，然后再按控制面板上的"联机"键，进入联机状态，如图 25-19 所示。

图 25-15　数控车床单元控制面板电源开关

图 25-16　加工中心单元控制面板电源开关

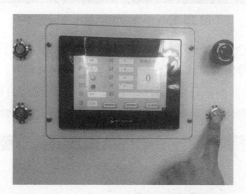

图 25-17　AGV 小车电源开关

图 25-18　中央控制柜面板

图 25-19　各站控制面板

④ 单击中央控制柜上的触摸屏，待触摸屏亮起后，先按下"总停止"按钮，然后按下"总复位"按钮，等到触摸屏上的原材料仓库、成品仓库、精车单元、精铣单元、装配单元 5 个模块的黄灯全部亮起后再按下"总启动"按钮，如图 25-20 所示，整条生产线启动就绪。如果上面 5 个单元中，有任意一个单元始终亮红灯，就要检查相对应站点的连接线路是否出现问题。

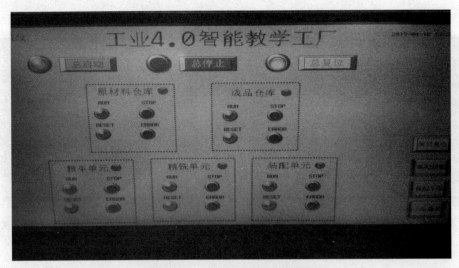

图 25-20 中央控制柜触摸屏面板

⑤ 打开服务器计算机上的力控软件"SX_GY40 运行过程"，运行智能看板。再打开第二台服务器上的下单软件，在弹出的页面上选择产品，添加到购物车中，再单击"查看购物车"并进行订单提交，如图 25-21 所示。订单提交成功后，生产线将进行自动加工。

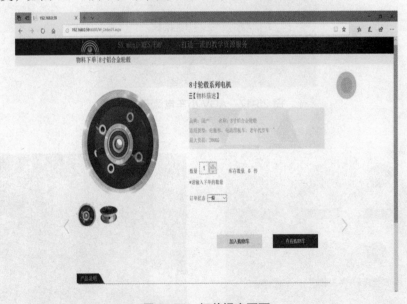

图 25-21 订单提交页面

⑥ 设备在运行中出现异常状况时须立即按下中央控制柜"急停"按钮，确认安全后方可处理异常状况。

⑦ 生产完成或操作完毕，按下中央控制柜上的"停止"按钮，然后按"关"按钮，断开所有设备的电源。

⑧ 巡查检视设备各单元，检查是否有漏液等异常情况，并清理现场废液、废屑，确认无事故隐患后方可离开。

5. 实训思考题

1）简述小车轮毂的生产加工过程。

2）谈谈你对于智能制造发展的一些想法。

实训项目 2　智能制造虚拟仿真

1. 实训目的与要求

"智能制造教学虚拟仿真软件"能够真实模拟现实中的智能制造设备的运行过程，通过软件编好 PLC 程序，导入真实的 PLC 上，进行调试；通过 I/O 信号输入输出，仿真软件虚拟生产线可验证信号正确与否；通过虚拟仿真软件学生能够轻松了解智能制造生产线的组成及运行，帮助学生更深入地了解智能制造生产线。

2. 实训设备

1）服务器：CPU Intel Core i7，内存 8GB，硬盘 100GB。

2）客户端：CPU Intel Core i5，显卡 1GB 独立显卡，内存 4GB，硬盘 80GB。

3. 实训内容

学习操作智能制造教学虚拟仿真软件，并能够编辑简单的 PLC 程序，通过仿真软件进行验证。

具体操作步骤如下。

（1）虚拟仿真软件系统登录　双击桌面上的 "PLC 链接工具" 图标，等待几秒的载入时间，弹出输入密码框，输入密码，单击"确定"按钮，如图 25-22 所示，系统自动跳转至服务程序界面，如图 25-23 所示，单击"启动"按钮，启动服务程序。

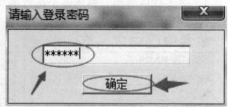

图 25-22　密码框

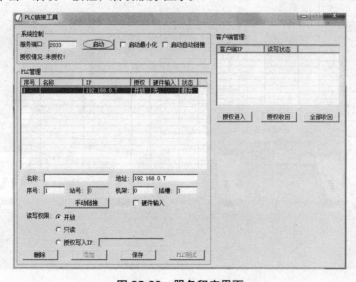

图 25-23　服务程序界面

　　双击桌面上的"智能制造教学工厂"图标，等待几秒的载入时间，系统自动跳转至登录界面，单击"登录"按钮，等待几秒即进入软件，图 25-24 所示为系统登录界面。

图 25-24　系统登录界面

（2）虚拟仿真软件操作

1）进入软件界面，熟悉各个按键的功能，如图 25-25 所示。

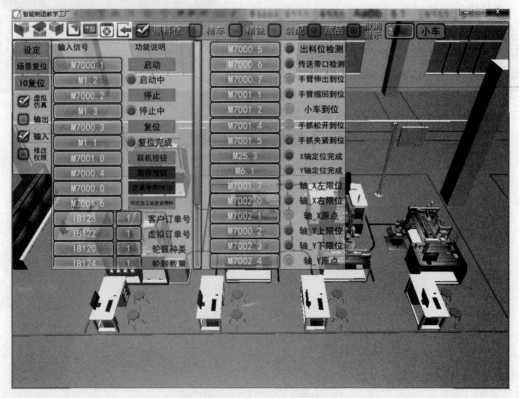

图 25-25　软件界面概况

设定：修改里面的参数可单击设定。

虚拟仿真：勾选，软件能直接进行仿真使用；不勾选，进行真实的设备运行状态与软件仿真场景同步动作，做到虚实结合。

输入和输出：与 PLC 编程里的输入输出信号相对应，通过这里可对应修改。

功能说明：输入输出信号对应说明。

小车：通过更改数字，可呼叫小车到相应站点。

鼠标滑轮和右键：滑动滑轮可以拉近或拉远场景镜头，按住滑轮可以滑动位置，按住鼠标右键可上下左右旋转。

【前视图】：单击该按钮可以快速切换场景镜头至前视图。

【顶视图】：单击该按钮可以快速切换场景镜头至顶视图。

【右视图】：单击该按钮可以快速切换场景镜头至右视图。

【全屏】：单击该按钮可以切换"窗口化"与"全屏化"两种模式。

【演示】：单击该按钮可以切换"工厂的流程演示"与"PLC 控制"两种模式，使学生快速了解智能制造生产线的组成及运行。

【示教模式】：单击该按钮可以切换到示教器界面。

【退出】：单击该按钮可以返回软件二级界面，选择案例。

重置场景【重置场景】：单击该按钮可以使场景快速回到原点。

给料【给料】：单击该按钮可以在原料站拿料上到下一个站。

1序启动【1 序启动】：单击该按钮，启动精车站对工件加工。

2序启动【2 序启动】：单击该按钮，启动精铣站对工件加工。

3序启动【3 序启动】：单击该按钮，启动装配站对工件装配。

2）示教器模式操作。单击示教模式按钮，进入示教器界面，如图 25-26 和图 25-27 所示。

图 25-26　软件示教器按键

图 25-27　软件示教器界面

勾选"1号机器人"复选框，单击"使能"，如图25-28所示。

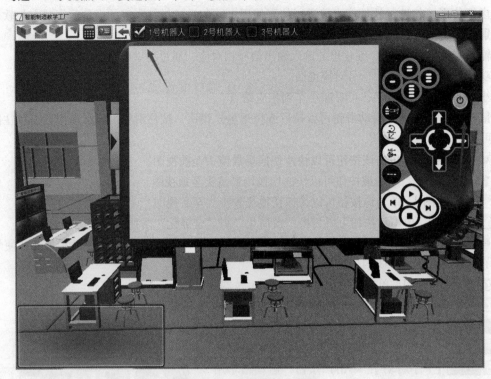

图25-28　示教器操作界面

单击下拉菜单，选择"手动操纵"选项，如图25-29所示。

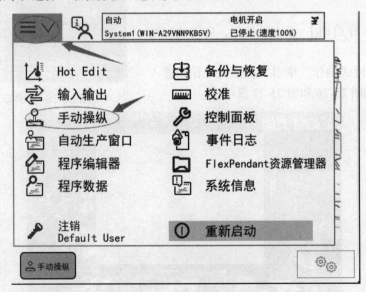

图25-29　示教器菜单界面

手动操纵可通过机器人示教器切换机器人的动作模式，含单轴运动和线性运动两种动作模式，如图25-30所示。

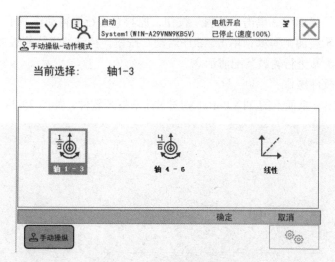

图 25-30　示教器轴向选择界面

通过示教器操作杆能够根据所选动作模式手动操作机器人，如图 25-31 所示。

3）演示模式操作。单击"演示模式"进入演示场景，如图 25-32 和图 25-33 所示。

图 25-31　示教器动作操控界面

图 25-32　演示模式按钮

图 25-33　演示模式界面

在"演示模式"界面中，单击"给料"按钮，原料仓进行取料动作演示；单击"1序启动"按钮，精车站进行轮毂加工演示；单击"2序启动"按钮，精铣站进行轮毂加工演示；单击"3序启动"按钮，装配站进行轮毂装配演示。

（3）TIA 博图软件操作

1）双击 Windows 桌面上的 TIA Portal V13 图标来打开软件，如图 25-34 所示。

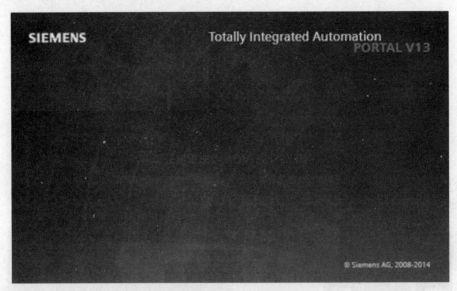

图 25-34　软件打开界面

2）进入 Step7 V13，Step7 V13 的启动页面如图 25-35 所示。

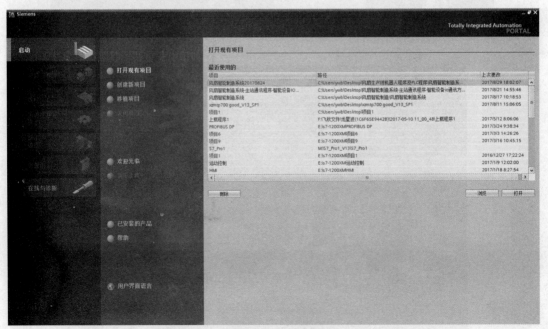

图 25-35　软件启动界面

3）单击"创建新项目"选项，在右侧设置"项目名称"和项目的存放"路径"，然后单击"创建"，如图 25-36 所示。

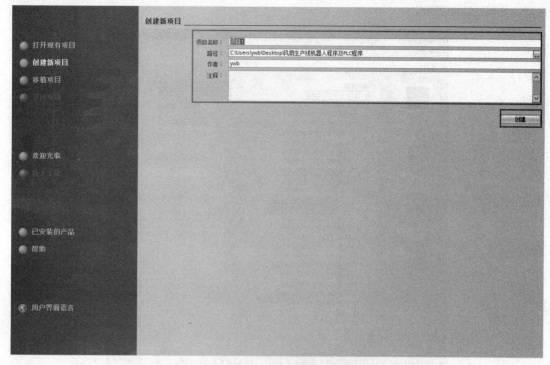

图 25-36　项目创建界面

4）选择"PLC 编程"，如图 25-37 所示，然后单击"添加新设备"，即可添加项目所需要的CPU。

图 25-37　PLC 编程界面

5）在"添加新设备"对话框中选择选定的 CPU，这里以"SIMATIC S7-1200"、型号"CPU 1214C DC/DC/DC"、订货号"6ES7 214-1AG40-0XB0"为例，选择好型号后单击"确定"按钮，如图 25-38 所示。

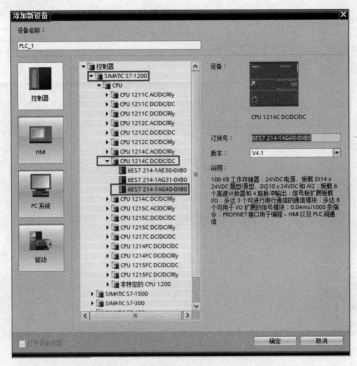

图 25-38 "添加新设备"对话框

6）进入图 25-39 就可以对程序进行编写。

图 25-39 程序编辑界面

7）程序编写完成后，通过局域网传送给指导教师，由指导教师下载到 PLC 上进行验证。

4. 实训思考题

谈谈你对于这次智能制造实训的一些收获和建议。

实训项目 3　多线联动综合教学工厂

1. 实训目的与要求

1）了解多线联动综合教学工厂设备组成单元及配件，了解设备技术参数，熟悉电源控制箱，熟悉控制面板，熟悉信号连接件。

2）了解多线联动综合教学工厂操作方法。

2. 实训设备

SX-815Q 综合实训设备、AGV 小车、原材料仓、成品仓。

3. 实训材料

透明药瓶、白色 / 蓝色瓶盖、白色 / 蓝色药片。

4. 实训内容

（1）多线联动综合教学工厂系统组成　多线联动综合教学工厂（见图 25-40）是以智能控制技术、智能化互联互通网络通信技术、工业机器人技术、智能 AGV 物流控制技术、智能化生产排程与智能化质量过程管控等技术为核心，结合智能化 MES 制造执行系统组成配套智能制造实训系统。系统包含智能服务中心、智能控制中心、智能仓库区、智能生产线和 AGV 小车。

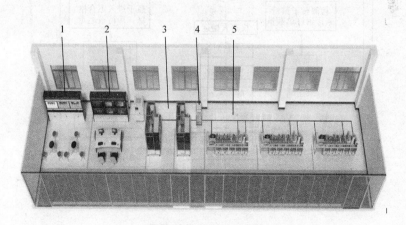

图 25-40　多线联动综合教学工厂效果
1—智能服务中心　2—智能控制中心　3—智能仓库区　4—AGV 小车　5—智能生产线

多线联动综合教学工厂工艺流程如图 25-41 所示。

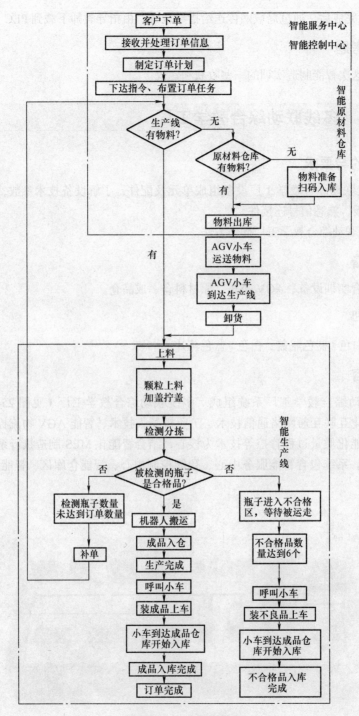

图 25-41　工艺流程图

1）智能服务中心。智能服务中心（见图 25-42）系统实时采集各设备运行数据信息，包括故障报警信息、启动停止状态等；所有设备监控数据存储于云服务器，自动保存。系统管理员可以通过系统远程操作设备，通过网络下单，控制车间生产线生产，并实时查看订单进度，随时了解生产情况。

2）智能控制中心。智能控制中心（见图 25-43）由 MES 系统、ERP 系统与监控系统组成，具备综合教学工厂的网络中枢、数据中枢、控制中枢三大中枢功能。

图 25-42　智能服务中心

图 25-43　智能控制中心

3）智能仓库区。智能仓库区（见图 25-44）由智能原材料区与智能成品区组成，集成了 AGV 物流、码垛出入库等模块，实现了智能化仓储管理。

4）智能生产线。智能生产线（见图 25-45）集成了扫码上下料、药品填装、药品加盖、药品检测、药品包装、药品入库等模块。

5）AGV 小车。多线联动综合教学工厂 AGV 小车（见图 25-46）主要负责把智能原料仓库中的物料运送至各个生产线上进行生产，再把生产线上的成品与不良品运输到智能成品区入库处理。

图 25-44　智能仓库区

1—智能原材料区　2—智能成品区

图 25-45　智能生产线整体图

1—颗粒上料单元　2—加盖拧盖单元　3—检测分拣单元　4—机器人搬运包装单元　5—成品入库单元
6—AGV 原材料下料工位　7—AGV 不良品装车工位　8—AGV 成品装车工位

（2）多线联动综合教学工厂操作流程

1）打开总配电柜电源，再分别打开智能一体机电源、一体式查询机电源、电视墙电视电源、监控系统电源、控制台计算机、工控机、服务器电源、网络电视柜电源。

2）按中央控制柜面板上的绿色"启动"按钮（见图 25-47），启动中央控制柜。

图 25-46　AGV 小车

图 25-47　中央控制柜面板

3）启动仓库区。按下智能原材料区及智能成品区按钮控制面板上的"开"按钮，设备上电，按"联机"按钮，使设备处于联机状态。按钮控制面板如图 25-48 所示。

图 25-48　仓库区按钮控制面板

4）启动智能生产线。按下每个单元按钮控制面板上的"开"按钮，设备上电，按"联机"按钮，使设备处于联机状态。各单元按钮控制面板如图 25-49 所示。

图 25-49　智能生产线各单元按钮控制面板

5）在控制中心计算机上启动浏览器，显示设备运行看板，如图 25-50 所示。按下运行看板右上角的"联机复位"按钮，使各单元设备复位，复位完成后，MES 系统发送联机启动信号给各单元，各单元启动。

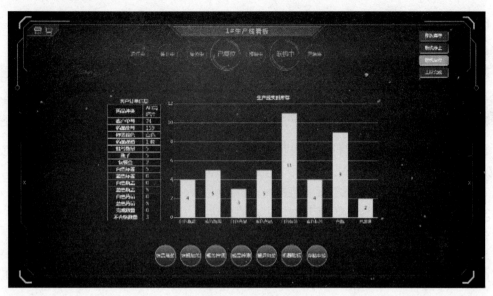

图 25-50　设备运行看板

6）下单生产。单击图 25-50 所示看板左上角的"购物车"按钮，进入下单界面（见图 25-51），以装 AD 钙片为例，在 AD 高钙片区域选择物料种类和数量，"规格"选择"1 粒"，"标签颜色"为"白色"，"数量"选择"3"，单击"加入购物车"按钮。

出现"结算"页面（见图 25-52），单击"结算"按钮，下单成功，MES 系统进行排产运行。

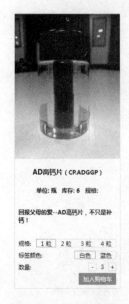

图 25-51　下单界面

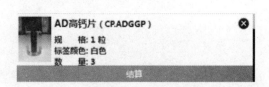

图 25-52　结算页面

7）待系统运行完毕后，依次按下各单元控制面板上的"关"按钮，设备断电。再分别关闭智能一体机电源、一体式查询机电源、电视墙电视电源、监控系统电源、控制台计算机、工控机、服务器电源、网络电视柜电源，最后关闭总配电柜电源。

5. 实训思考题

1）多线联动综合教学工厂由哪几部分组成？

2）简述多线联动教学工厂加工流程。

智能制造实训安全操作规程

1）当各单元设备正常运行时，人员不能进入 AGV 小车的行走轨迹范围内，以免妨碍 AGV 小车正常行走或避免 AGV 小车对人员的碰撞伤害。

2）人员不能在机器人机械臂活动范围内，防止机器人伤人。

3）人员不能随意打开数控车床与加工中心的自动门，防止机器损坏或者机器伤人。

4）人员不能随意碰触正在运行的各模型机构，防止夹伤。

5）禁止用手直接触碰电气挂板上的电气元件，防止触电。

6）设备运转时，严禁用手调整、测量工件或进行润滑保护、清除杂物、擦拭设备等工作。

第 26 章

■■■■■■

机械制造工艺

实训项目1　加工工艺规程卡的制订

1. 实训目的与要求

1）了解加工工艺规程卡的制订。

2）掌握 CAXA CAPP 工艺图表的基本操作。

2. 实训设备与工量具

CAXA CAPP 工艺图表。

3. 实训内容

（1）CAXA CAPP 工艺图表软件介绍　CAXA CAPP 工艺图表是 CAXA 工艺解决方案系统的重要组成部分。它不仅包含了 CAXA CAD 电子图板的全部功能，而且专门针对工艺流程设计的需要开发了实用的计算机辅助工艺设计功能。

CAXA CAPP 工艺图表是高效、快捷的工艺卡片编制软件，可以方便地引用设计的图形和数据，同时为生产制造准备各种需要的管理信息。CAXA CAPP 工艺图表以工艺规程为基础，针对工艺编制工作烦琐复杂的特点，提供多种实用、方便的快速填写和绘图手段，可以兼容多种 CAD 数据。

CAXA CAPP 工艺图表适合于制造业中所有需要工艺卡片的场合，利用它提供的大量标准模板，可以直接生成工艺卡片，工程师可以根据需要定制工艺卡片和工艺规程。

（2）加工工艺规程卡制订的步骤

1）新建工艺文件。打开 CAXA CAPP 软件后，当需要新建一个工艺规程卡时，选择菜单中的"文件"→"新建"命令，或单击快速启动栏中的 ▢ 图标，弹出"新建"对话框，如图 26-1 所示。

在界面中可以看见需要新建的工艺类型，如图 26-2 所示，其中包括工艺规程、工艺卡片、卡片模板和工程图模板 4 个板块，定义如下。

① 工艺规程。工艺规程是组织和指导生产的重要工艺文件，一般来说，工艺规程应该包括过程卡与工序卡。

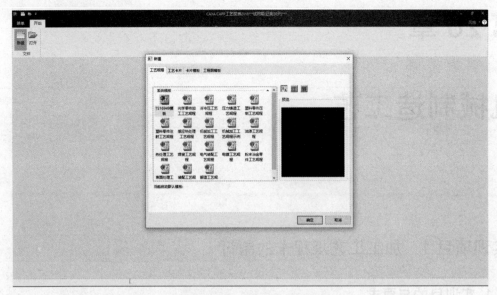

图 26-1　CAXA CAPP 新建界面

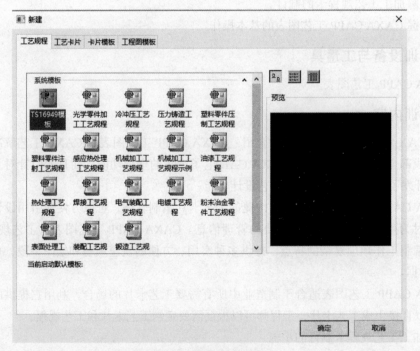

图 26-2　新建工艺规程类型

在 CAXA CAPP 工艺图标中，可根据需要定制工艺规程的模板，通过工艺规程模板把所需的各种工艺卡片模板组织在一起，其中含适用于制造业中所有需要的工艺卡片，如机械加工工艺、冷冲压工艺和热处理工艺等。

② 工艺卡片。工序卡是详细描述一道工序加工信息的工艺卡片，它和过程卡片上的一道工序记录相对应。工艺卡片一般具有工艺附图，并详细说明该工序的每个工步的加工内容、工艺参数、操作要求、所有设备和工艺装备等。

③ 卡片模板。在生成工艺文件时，需要填写大量的工艺卡片，将相同格式的工艺卡片格式定义为工艺模板，这样填写卡片时直接调用工艺卡片模板即可，而不需要多次重复绘制卡片。

④ 工程图模板。定义制图图样的规范。

本书以机械加工工艺过程卡为示范，选择"工艺规程"选项卡，单击"机械加工工艺规程"选项，进入图 26-3 所示界面。

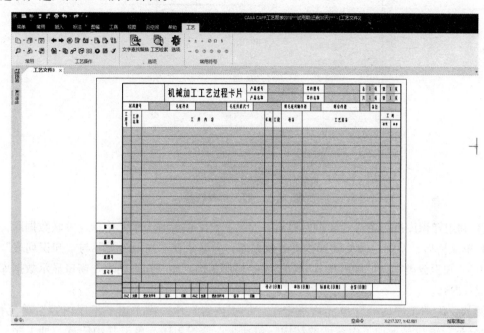

图 26-3　机械加工工艺规程卡

2）填写单元格。新建加工工艺规程卡后，需要对其单元格进行填写，主要填写形式如下。

① 手工输入填写。单击要填写的单元格，单元格底色随之改变，且光标在单元格内闪动，此时即可在单元格内输入要填写的内容，如图 26-4 所示。

图 26-4　单元格文字输入

② 特殊符号的填写。在单元格内单击右键，选择右键菜单中的"插入"命令，可以直接插入常用符号、图符、公差、上下标、分数、粗糙度、形位公差、焊接符号和引用特殊字符集，如图 26-5 所示。

注意：插入公差、粗糙度、形位公差、焊接符号、引用特殊字符集的方法，与 CAXA CAD 电子图板完全相同。

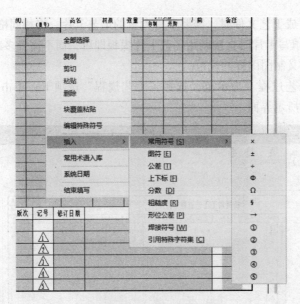

图 26-5　插入特殊符号

③ 利用知识库进行填写。知识库界面，如果在定义模板时为单元格指定关联数据库，那么单击此单元格后，系统自动关联到指定的数据库，并显示在"知识分类"与"知识列表"两个窗口中。"知识分类"窗口显示其对应数据库的树形结构。而"知识列表"窗口显示数据库根节点的记录内容。

例如，为"工序内容"单元格指定了"加工内容"库，则单击"工序内容"单元格后，"知识分类"窗口显示加工内容库的结构，包括车、铣等工序，单击其中任意一种工序，则在"知识列表"中显示对应的具体内容，如图 26-6 所示。

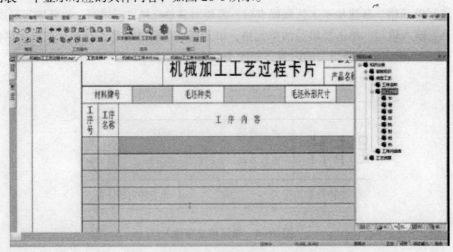

图 26-6　知识库填写界面

使用知识库的填写方法如下。

单击单元格，显示"知识分类"窗口。

在"知识分类"窗口中，单击鼠标左键，展开知识库，并单击需要填写内容的根节点。

在"知识列表"窗口中单击要填写的记录，其内容被自动填写到单元格。

在"知识分类"窗口中，双击某个节点，可以将节点的内容自动填写到单元格。

3）工艺编写

① 新建工艺规程文件或工艺卡片文件后，软件自动切换到编写环境，此界面也集成了电子图板的绘图功能。在此环境中，可实现以下主要功能。

② 编制、填写工艺规程文件或工艺卡片文件。利用定制好的模板，可建立各种类型的工艺文件。各卡片实现了所见即所得的填写方式。利用卡片树、知识库及"工艺"菜单下的各种工具可方便地实现工艺规程卡片的管理与填写。

③ 管理或更新当前工艺规程文件的模板。

④ 绘制工艺附图。利用集成的电子图板工具，可直接在卡片中绘制、编辑工艺附图。

⑤ 工艺文件检索、卡片绘图输出等。

完成加工工艺规程卡的建立。

4. 实训思考题

简述制订加工工艺规程卡的基本步骤。

实训项目 2　生成行记录、加工工序卡及卡片树

1. 实训目的与要求

1）了解行记录概念及操作。

2）了解加工工序卡的制订。

3）了解卡片树的功能及作用。

4）掌握 CAXA CAPP 工艺图表的基本操作。

2. 实训设备与工量具

CAXA CAPP 工艺图表。

3. 实训内容

加工工艺规程卡制订出零件所需要的一系列工序后，需要对每一工序进行具体的工步说明，此过程为制订加工工序卡，具体操作步骤如下。

（1）行记录的操作

1）行记录的概念。行记录是与工艺卡片表区的填写、操作有关的重要概念，与 Word 表格中的"行"类似，图 26-7 所示为一个填写完毕的表区，该表区共有 5 个行记录。行记录由红线标识，每两条红线之间的区域为一个行记录，行记录的高度随着此行记录中各列高度的变化而变化。

按住"Ctrl"键的同时单击行记录，可将行记录选定；连续单击多个行记录，可选中同一页中的多个行记录。此时行记录处于高亮显示状态，单击右键，弹出快捷菜单，如图 26-8 所示。利用快捷菜单中的命令，可以实现行记录的编辑操作，对于过程卡中的行记录，还可以生成、打开、删除工序卡、检验卡、刀具清单卡，在过程卡工序上通过右键单击弹出的菜单中生成工序卡、检验卡、刀具清单卡，可以与过程卡实现相同属性的相互关联。

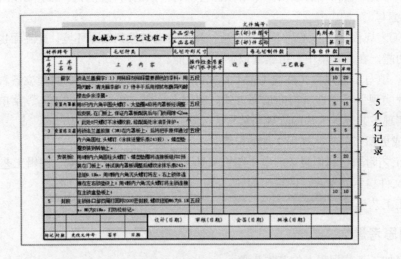

图 26-7　表区中的行记录

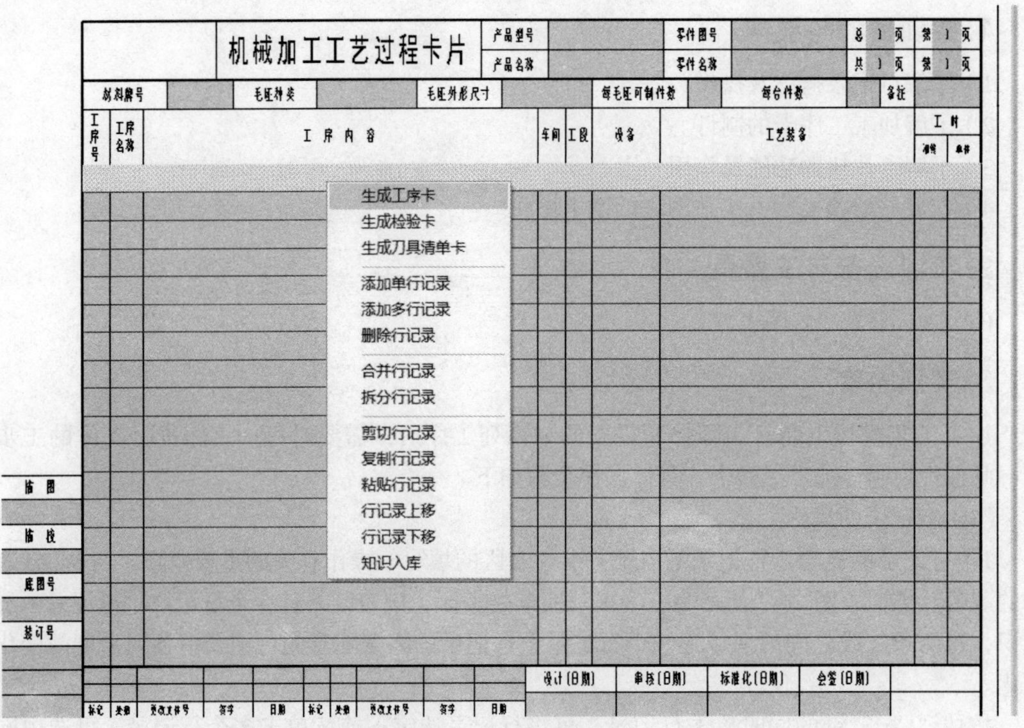

图 26-8　行记录右键菜单

2）添加行记录。单击右键菜单中的"添加单行记录"和"添加多行记录"命令，这是在被选中的行记录之前添加一个或多个空行记录，被选中的行记录及后续行记录顺序下移，如图 26-9 所示。

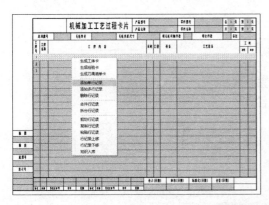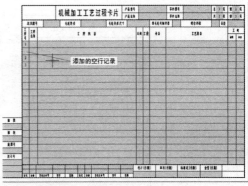

图 26-9　添加行记录

3）删除行记录。单击右键菜单中的"删除行记录"命令，该命令可删除被选中的行记录，后续行记录顺序上移；如果同时选中多个行记录，那么可将其同时删除；如果被选中的行记录为跨页行记录，那么删除此行记录时，系统会给出如图 26-10 所示的提示。

4）合并行记录。选中连续的多个行记录，单击右键菜单中的"合并行记录"命令，该命令可将连续的多个行记录合并为一个行记录。

在过程卡片、工序卡片等的表区中，合并多个行记录后，系统只保留被合并的第一个行记录的工序号，其余行记录的工序号将被删除。

图 26-10　提示对话框

（2）工序卡的制作　在过程卡的表区中，按住"Ctrl"的同时单击鼠标左键，选择一个行记录（一般为一道工序），然后单击右键，弹出快捷菜单，如图 26-11 所示。

图 26-11　生成工序卡片操作界面

单击"生成工序卡"命令，弹出"选择卡片模板"对话框，如图 26-12 所示。

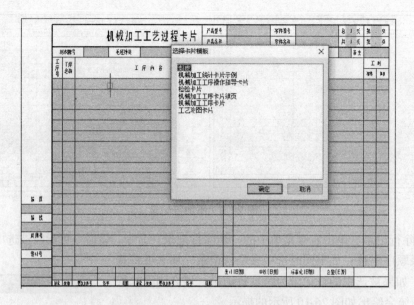

图 26-12 "选择卡片模板"对话框

在列表中选择所需的工序卡片模板（本书以机械加工工序卡片为例），单击"确定"按钮，即为行记录创建了一张工序卡片，并自动切换到工序卡填写界面，如图 26-13 所示。

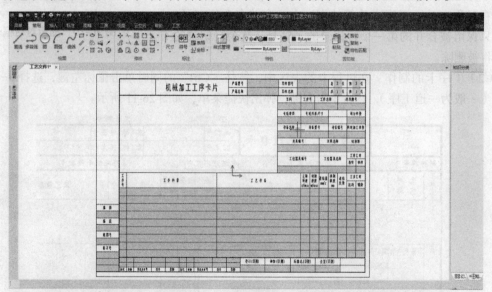

图 26-13 机械加工工序卡片

在工序卡片中输入相关的工序名称及工序内容等。

（3）卡片树 卡片树在屏幕的左侧，如图 26-14 所示。卡片树可用来实现的导航：在卡片树中双击某张卡片，主窗口即切换到这张卡片的填写界面；在卡片树中单击右键，选择快捷菜单中的"打开卡片"命令也可切换到此卡片的填写界面。

此外，右键单击卡片树中的卡片，弹出快捷菜单，如图 26-15 所示，可以直接对卡片进行增加、删除、复制等操作。

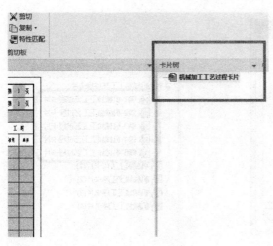

图 26-14　卡片树窗口　　　　　　　　　　　图 26-15　卡片树右键菜单

1）卡片树操作。

①打开、删除工艺卡片。

打开卡片：有 3 种方法可以打开卡片。

- 在卡片树中右键单击某一卡片，在弹出的快捷菜单中单击"打开"命令。

- 在卡片树中双击某一卡片。

- 在卡片树中单击某一卡片，再按回车键。

删除卡片：在卡片树中右键单击某张卡片，在弹出的快捷菜单中单击"删除卡片"命令，即可将此卡片删除。

②更改卡片名称。在卡片树中，右键单击要更改名称的卡片，在弹出的右键菜单中单击"重命名"命令，输入新的卡片名称，按回车键即可；或者直接双击卡片名称，进入编辑状态。

③上移或下移卡片。在卡片树中，右键单击要移动的卡片，在弹出的右键菜单中单击"上移卡片"或"下移卡片"命令，可以改变卡片在卡片树中的位置，卡片的页码会自动作出调整。

④创建首页卡片与附页卡片。首页卡片一般为工艺规程的封面，而附页卡片一般为附图卡片、检验卡片、统计卡片等。

单击"工艺"主菜单下的"创建首页卡片"与"创建附页卡片"；或单击"工艺"选项卡中的、图标，均会弹出图 26-16 所示的"选择卡片模板"对话框，选择需要的模板，确认后即可以为工艺规程添加首页和附页。

⑤添加续页卡片。有 3 种方法可以为卡片添加续页。

a. 填写表区中具有"自动换行"属性的列时，如果填写的内容超出了表区范围，系统会自动以当前卡片模板添加续页。

b. 单击"工艺"，在下拉菜单中选择"添加续页卡片"命令，或单击"工艺"选项卡中的图标，弹出"选择卡片模板"对话框。选择所需的续页模板，单击"确定"按钮，即可生成续页，如图 26-17 所示。

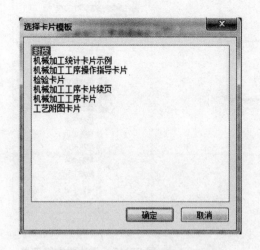

图 26-16 "选择卡片模板"对话框

图 26-17 续页

c. 单击卡片树对应的卡片，单击右键，通过右键菜单中的"添加续页"命令，选择所需要的续页模板，单击"确定"按钮，即可生成续页，如图 26-18 所示。

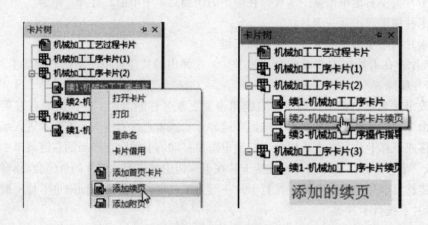

图 26-18 添加续页

2）工艺附图的绘制。在工艺环境下直接绘制附图。在 CAXA CAPP 工艺图表的工艺环境下，利用集成的电子图板绘制工具，可直接在卡片中绘制工艺附图。

图 26-19 是典型的工艺环境界面，在此仅做简要介绍。

利用绘图工具栏提供的绘制、编辑功能可以完成工艺附图中各种图样的绘制；利用标注工具栏，可完成工艺附图的标注；窗口底部的立即菜单提供当前命令的选项；窗口底部的命令提示给出当前命令的操作步骤提示；屏幕点设置可方便用户对屏幕点的捕捉；用户也可使用主菜单中的相应命令完成工艺附图的绘制。

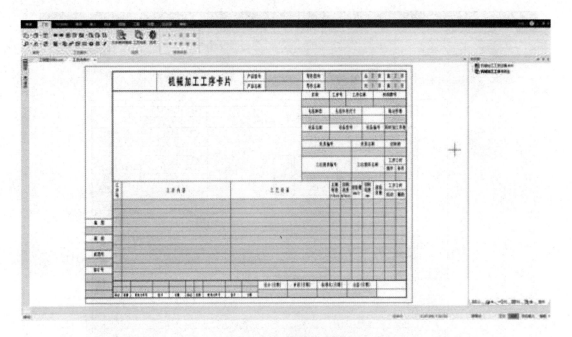

图 26-19　工艺附图绘制界面

4. 实训思考题

1）简述行记录的概念。

2）卡片树的用途是什么？

3）工序卡如何绘制？

实训项目 3　了解工艺附图的绘制

1. 实训目的与要求

1）了解工艺附图的绘制。

2）掌握 CAXA CAPP 工艺图表的基本操作。

2. 实训设备与工量具

CAXA CAPP 工艺图表。

3. 实训内容

（1）利用工艺图表绘图工具绘制工艺附图　CAXA CAPP 工艺图表集成了 CAXA CAD 电子图板的所有功能，利用工艺图表的绘制工具，可方便地绘制工艺附图。常用的有以下 4 种方法。

1）在工艺编写环境下直接绘制工艺附图。在 CAXA CAPP 工艺图表的工艺环境下，利用集成的电子图板绘图工具，可直接在卡片中绘制工艺附图。图 26-20 是典型的工艺环境界面，具体画图操作可参考 CAXA CAD 画图功能，在此不做介绍。

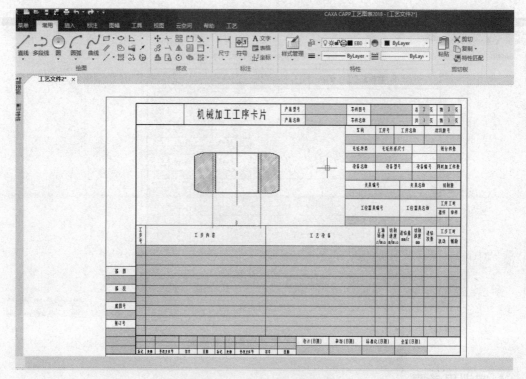

图 26-20　工艺附图绘制界面

2）在图形环境下绘制产品图、工装图。单击快速启动栏中的□按钮，或单击"文件"菜单下的"新建"命令，弹出"新建"对话框，选择"工程图模板"选项卡，如图 26-21 所示，列表框中显示了当前所有的 EXB 图形文件模板。选择需要的模板，并单击"确定"按钮，进入图形环境，即进入完全的 CAXA CAD 电子图板环境。

图 26-21　"新建"对话框

3）在模板定制环境下绘制模板简图。单击快速启动栏中的 ▭ 按钮，或单击"文件"菜单下的"新建"命令，弹出"新建"对话框，选择"卡片模板"选项卡，创建模板定制环境，在该环境下可利用绘图功能绘制模板简图，如图 26-22 所示。

图 26-22　模板环境

4）插入 CAXA CAD 电子图板文件。

① 使用"并入文件"命令可将 CAXA CAD 电子图板文件（*.exb）、AutoCAD 文件（*.dwg）自动插入工艺卡片中任意封闭的区域内，并且可按区域自动缩放，在插入 CAXA CAD 电子图板文件之前，须做以下设置。

单击"幅画"→"图幅设置"菜单命令，弹出图 26-23 所示的对话框。

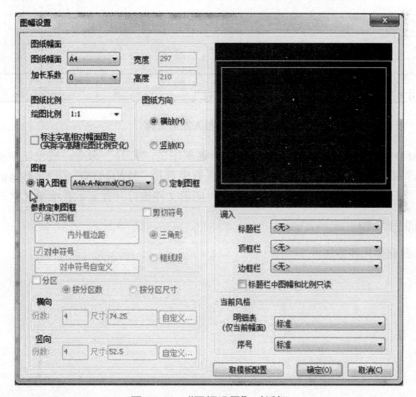

图 26-23　"图幅设置"对话框

取消"标注字高相对幅面固定"复选框的选中状态，单击"确定"按钮完成设置，进行此设置后，插入的图形的标注文字也将按比例缩放；否则将保持不变，造成显示上的混乱。

完成设置后即可开始插入图形文件的操作。

a. 单击"常用"选项卡下的"并入文件"图标 ▨。

b. 按照窗口底部立即菜单提示，调整选项进行插入，如图 26-24 所示。

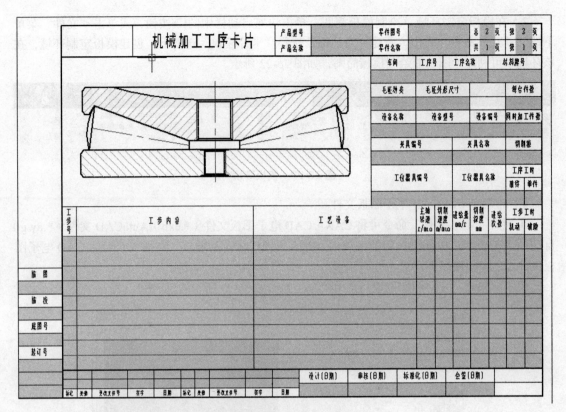

<table>
<tr><td colspan="3" rowspan="2">机械加工工序卡片</td><td>产品型号</td><td></td><td>零件图号</td><td></td><td colspan="2">总 2 页</td><td colspan="2">第 2 页</td></tr>
<tr><td>产品名称</td><td></td><td>零件名称</td><td></td><td colspan="2">共 1 页</td><td colspan="2">第 1 页</td></tr>
</table>

图 26-24 插入图形文件

② 添加 DWG、DXF 文件。单击"文件"菜单中的"打开"命令，或单击 📂 图标，弹出 "打开"对话框；或者在"文件类型"下拉列表框中选择"DWG/DXF 文件（*.dwg:*.dxf）"选 项，选择要打开的文件，并单击"打开"按钮，图形文件被打开并显示在绘图区中。

4. 实训思考题

工艺附图有哪几种方法?

第 27 章

■■■■■■

工装夹具

实训项目 1　普通车削夹具的操作

1. 实训目的与要求

1）了解机床组合夹具的作用、分类及组成。

2）了解机床组合夹具的元件及作用。

3）掌握蓝系组合夹具的设计原理和基本调整方法。

4）掌握蓝系组合夹具对圆形、方形、异形工件的装夹方法。

2. 实训设备与工量具

1）蓝系组合夹具，包括圆形基础板、可调夹爪、基础角铁、紧固螺钉、压板、T形销键、台阶定位销、圆柱定位销、平衡块。

2）内六角扳手组合。

3）外六角扳手组合。

4）300mm 钢直尺。

5）150mm 游标卡尺。

6）被装夹工件，如带偏心孔圆形件、带孔方形件、异形件。

7）橡胶锤。

3. 实训内容

1）车削圆形件偏心孔。工件如图 27-1 所示，在卧式车床上粗加工 $\phi 20mm$ 偏心孔，孔位置误差不大于 1mm。

夹具调整步骤如下：

① 把工件放在圆形基础板（见图 27-2）上，$\phi 20mm$ 孔中心线与圆形基础板回转中心线同轴。

② 把插入圆柱定位销的 3~4 个可调夹爪（见图 27-3）靠近放在工件周边均布，夹头可选用平面或球面夹头。

③ 调整可调夹爪，使夹头紧靠工件，夹爪应有足够

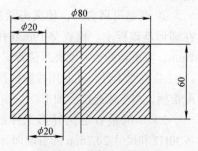

图 27-1　带偏心孔圆形件

287

进给调整量，用螺钉把可调夹爪紧固在圆形基础板上。检查 φ20mm 偏心孔中心线与圆形基础板回转中心线同轴度，如果同轴度超过 1mm，需重新调整可调夹爪位置。

④ 夹紧工件，同时用橡胶锤使工件底面与圆形基础板紧密接触。按照车床主轴锥度规格选配锥柄，与车床连接后加工。

图 27-2　圆形基础板

图 27-3　可调夹爪及夹头

2）车削方形件圆孔。工件如图 27-4 所示，在卧式车床粗加工 φ19mm 孔，孔位置误差不大于 1mm。

扫码看
带孔方形件

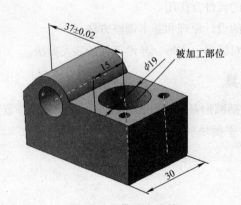

图 27-4　带孔方形件

夹具调整步骤如下。

① 把工件放在圆形基础板上，φ19mm 孔中心线与圆形基础板回转中心线同轴。

② 把插入圆柱定位销的 4 个可调夹爪（见图 27-3）靠近放在工件四面的中间位置，夹头应选用平面夹头。

③ 调整可调夹爪，使夹头紧靠工件，夹爪应有足够进给调整量，用螺钉把可调夹爪紧固在圆形基础板上。检查 φ19mm 孔中心线与圆形基础板回转中心线同轴度，如果同轴度超过1mm，需重新调整可调夹爪位置。

④ 夹紧工件，同时用橡胶锤使工件底面与圆形基础板紧密接触。按照车床主轴锥度规格选配锥柄，与车床连接后加工。

3）车削垂直定位异形工件的面与内圆。工件如图 27-5 所示，在卧式车床上精加工孔 φ30H7 和尺寸 20.7mm 的右端面，保证 φ30H7 孔与底面（基准 A 面）平行度公差为 0.025mm，右端面与底面的垂直度公差为 0.025mm。

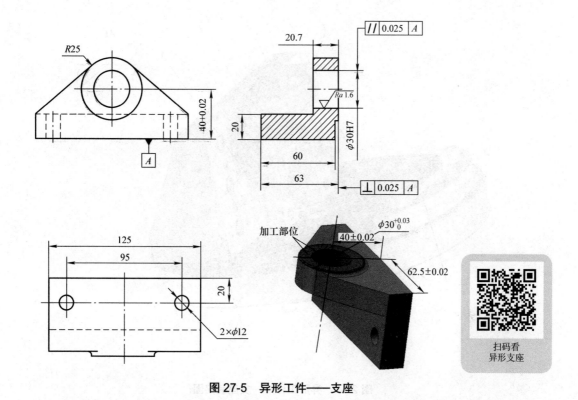

图 27-5　异形工件——支座

① 分析图样。利用卧式车床加工 ϕ30H7 孔中心线与圆形基础板回转中心线同轴，需要分别调整工件的 X 方向和 Y 方向，以对正圆形基础板中心。

a. X 方向对中心。由图 27-5 可知 ϕ30H7 孔中心距底平面的尺寸为 40mm，选用基础角铁（见图 27-6），其底部定位槽距立面的距离为 20mm。如图 27-7 所示，支座立面与角铁立面贴紧定位配合，孔中心距基础角铁底部定位槽的距离为 40mm + 20mm=60mm，圆形基础板上的定位孔间距是 20mm 的 n 倍。可直接选用无偏心量的 T 形销键定位，X 方向对中心即得到解决。

b. Y 方向对中心。由图 27-5 可知 ϕ30H7 孔中心距 Y 向两侧面尺寸为 125mm/2=62.5mm，基础角铁相对 X 轴对称安装后，在基础角铁上距 XZ 平面 80mm 销孔位置处插入 ϕ12/ϕ35mm 的大头台阶定位销，即 80mm=35mm/2+62.5mm，这样即可调整好 Y 方向对中心。

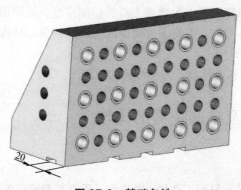

图 27-6　基础角铁

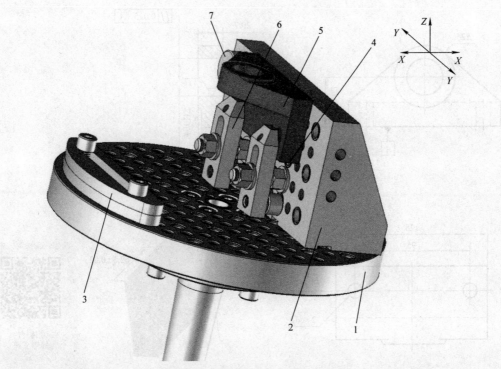

图 27-7 异形工件——支座装夹图

1—圆形基础板 2—基础角铁 3—平衡块 4—小头台阶定位销 5—异形工件支座 6—压板 7—大头台阶定位销

② 夹具调整步骤如下：

a. 在基础角铁定位槽上安装两个无偏心量的 T 形销键后，把它放置在圆形基础板距回转中心 60mm 的销孔上，确认基础角铁立面与圆形基础板回转中心距离为 40mm（Y 方向对中心）。同时，保证基础角铁中心在圆形基础板中心线上，用螺钉紧固基础角铁。

b. 在基础角铁上距 XZ 平面 80mm 销孔位置处插入 $\phi12/\phi35mm$ 的大头台阶定位销，同时在基础角铁立面上放置两个小头台阶定位销。按图 27-7 所示摆放工件，底面及侧面分别与基础角铁立面和台阶定位销紧密连接。以工件的基准面 A 作为主定位面，限制 3 个自由度；下部用两个小头台阶定位销定位，限制两个自由度；侧面用一个大头台阶定位销定位，限制一个自由度。

c. 工件用两个压板及螺钉压紧，为增强工件的切削刚度，可用调整螺栓顶住孔的另一端并紧固。因为夹具的重心偏向一侧，需要通过增加配重以达到重心平衡，在圆形基础板上与工件对称位置安装平衡块并紧固。

d. 按车床主轴锥度要求选配锥柄，与车床连接后加工。

实训项目 2　车削及铣削夹具的操作

1. 实训目的与要求

1）掌握蓝系组合夹具装夹异形工件加工的操作，重点掌握偏心 T 形销键的选择和调整方法。

2）掌握夹具集成平台基本操作，了解夹具集成平台空间角度的调整方法。

2. 实训设备与工量具

1）蓝系组合夹具，包括圆形基础板、纵向移位板、横向移位板、紧固螺钉、压板、2mm 偏心 T 形销键、8mm 偏心 T 形销键、T 形销键、台阶定位销、圆柱定位销、平衡块、机用虎钳、夹具集成平台。

2）橡胶锤。

3）内六角扳手组合。

4）外六角扳手组合。

3. 实训内容

1）车削以孔定位的异形工件的外形及内孔。工件如图 27-8 所示，在卧式车床上精加工外径 $\phi 20$mm/$\phi 15$mm 和孔 $\phi 12$mm，保证位置及尺寸要求。

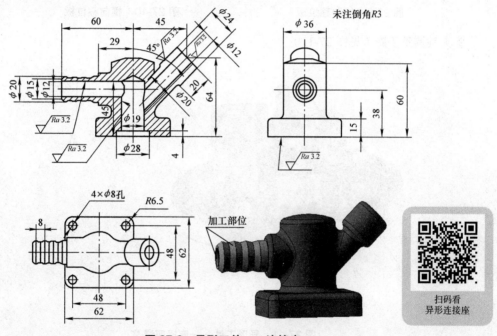

图 27-8　异形工件——连接座

① 分析图样。利用卧式车床精加工 $\phi 20$/$\phi 15$mm 的外圆和孔 $\phi 12$mm，其与圆形基础板（见图 27-2）的回转中心线同轴，需要分别调整工件的 X 方向和 Y 方向对正圆形基础板中心。

a. X 方向对中。由图 27-8 可知，连接座加工部位距其起定位作用的底面距离为 38mm，自偏心 40mm 的纵向移位支承（见图 27-9）左侧面距纵向槽中心的距离为 40mm，圆形基础板的定位销孔孔距为 20mm 的 n 倍，选择 $n=4$ 即 20mm× 4=80mm，所求的 X 方向偏心量 $e =$ 80mm － 40mm － 38mm=2mm。

因此，选用 2mm 的偏心 T 形销键、T 形销键、自偏心 40mm 纵向移位支承及其他支承件等组成底平面及中心孔定位系统，调整出 X 方向对中对正。

b. Y 方向对中。由图 27-8 可知，被夹紧部位是 $\phi 24$mm 的一通孔外圆，自偏心 20mm 的横向移位支承（见图 27-10）侧面距横向槽中心的距离为 20mm，圆形基础板的定位销孔孔距为 20 mm 的 n 倍，选择 n=2 即 20 mm×2=40mm，所求的 Y 方向偏心量 e = 40mm－20mm－24mm/2=8mm。

因此，选用 8mm 的偏心 T 形销键、自偏心 20mm 横向移位支承及其他支承件等，调整出 Y 方向对回转中心对正。

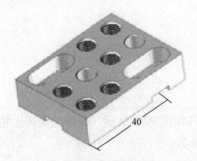

图 27-9　纵向移位板

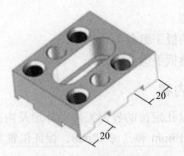

图 27-10　横向移位板

② 夹具调整步骤（见图 27-11）。

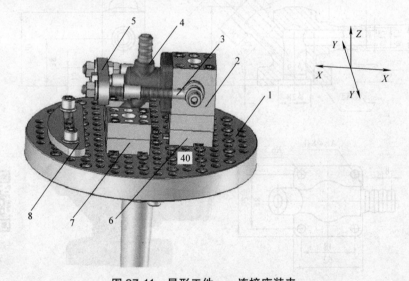

图 27-11　异形工件——连接座装夹

1—圆形基础板　2—连接支承　3—活节螺栓　4—连接座　5—回转件
6—纵向移位支承　7—横向移位支承　8—平衡块

a. 在自偏心 40mm 纵向移位支承定位槽上安装 2mm 的偏心 T 形销键和 T 形销键后，把它放置在圆形基础板距回转中心 80mm 的销孔上，校正纵向移位支承左侧面与圆形基础板回转中心距离为 38mm（Y 方向对中心），如果尺寸出现偏差，为 42mm，可调整偏心 T 形销键或纵向移位支承摆放方向，直到尺寸正确为止。同时，纵向移位支承中心应在圆形基础板中心线上。用螺钉紧固纵向移位支承。按图示插入圆柱定位销，依次放置两个正方形支承，用螺钉紧固。在正方形支承左侧中心的位置插入 $\phi19/\phi20$mm 台阶定位销，按图示放入工件。这样工件已经被限制了 5 个自由度，只有 X 向旋转自由度没有被限制。

b. 在自偏心 20mm 横向移位支承定位槽上安装两个 8mm 偏心 T 形销键后，按图示把它放置在圆形基础板距回转中心 40mm 的销孔上，校正横向移位支承侧面与圆形基础板回转中心距离为 12mm，如果尺寸出现偏差，可调整偏心 T 形销键或横向移位支承摆放方向，直到尺寸正确为止。用螺钉紧固横向移位支承。按图示插入圆柱定位销，放置正方形支承，用螺钉紧固。在与工件对称位置再放置另一组横向移位支承及组件。这样限制了工件 X 向旋转自由度。

　　c. 按图示装活节螺栓、回转板、浮压块等，用螺钉把工件紧固。因为夹具的重心偏向一侧，需要通过增加配重以达到重心平衡，在圆形基础板上与工件对称位置安装平衡块，用螺钉紧固。

　　d. 按车床主轴锥度要求选配锥柄，与车床连接后加工。

　　2）铣削空间角度异形的工件的面与孔。工件如图 27-12 所示，利用普通铣床铣削图示加工面及钻 ϕ15mm 的孔。

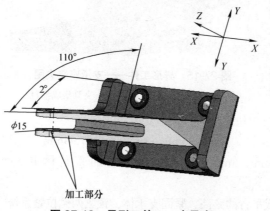

图 27-12　异形工件——支承座

扫码看
异形工件支承座

　　① 分析图样。工件底面为矩形，可以通过机用虎钳（见图 27-13）装夹紧固工件；铣削有空间角度的工件可以通过夹具集成平台（见图 27-14）分别调整各轴角度实现对工件的加工，工件加工面绕 X 轴角度为 110°，可以通过计算垫铁高度绕 X 轴沿逆时针方向转 70° 实现；绕 Z 轴角度为 2°，可以通过摇动摇把实现。

图 27-13　机用虎钳夹具

图 27-14　夹具集成平台

　　② 夹具调整步骤（见图 27-15）。

　　a. 夹具集成平台的存放状态是 0°，将夹具集成平台置于机床工作台面板上，压紧下台板，调整集成工作台，保证分度盘上表面与机床工作台的平行度，锁紧 0° 锁紧螺钉及两侧拉紧系统。安装机用虎钳，活动钳口、固定钳口支承座均采用两销一面的定位方式定位，并用螺钉锁紧。

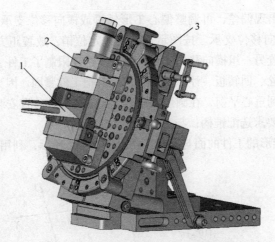

图 27-15 异形工件——支承座装夹图

1—支承座　2—机用虎钳　3—夹具集成平台

b. 计算 70° 所需的支承块高度 H，选择支承件。

$$H=200\text{mm} \times \sin70° = 187.94\text{mm}$$

选择 3.04mm、3.7mm、3mm、5mm、173.2mm 的直角体共 5 个支承件，相叠加组成 187.94mm 的高度。

c. 调整 70° 夹具集成平台的弦高，紧固支承体，锁紧两侧拉紧系统，完成绕 X 轴 70° 的调整。

d. 松开分度盘上的 3 个夹紧系统，保证垫片盒中无垫片且楔形锁紧块松开的前提下，旋紧拉紧件手扭，使内齿件与拉紧件主体贴紧接触。

e. 保证蜗轮蜗杆啮合的前提下，旋转摇把使分度盘 2° 的刻度线对准指示标。

f. 稍微松动拉紧件手扭，在蜗轮蜗杆脱离状态下，旋紧楔形锁紧块螺钉，将内齿件与分度盘啮合锁紧，楔形锁紧块上的锁紧线与锁紧支架上平面平齐。此时再旋紧拉紧件手扭，即可完成 2° 角度的调整。此时要旋紧分度盘上的 3 个夹紧系统螺钉，使之将分度盘压紧固定。

g. 以工件底面作为主定位面，底座长侧面、短侧面作为次定位面，用动钳口夹紧工件。

h. 铣削加工长槽外形面，并钻 ϕ15mm 孔。

4. 实训思考题

1）简述工件定位的注意事项。

2）简述使用偏心 T 形销键的调整原则。

3）简述利用夹具集成平台绕 X 轴 55° 铣削加工的夹具调整步骤。

机床组合夹具实训安全操作规程

1）必须在教师指导下按照正确的顺序、方法和要求正确选择和使用工具进行实训操作。

2）夹具安装调整时，零部件应整齐摆放，标准件放置在特定容器内，搬动大的零件务必注意安全，以防砸伤人或零件。操作中，零件和工具不得落地。

3）对于不可拆卸的部位应事先分析清楚，避免猛敲、猛打和其他野蛮操作，严禁用硬物直接敲击零件表面。

附　录

附录 A　工程训练安全操作规程总则

1. 进行工程训练时，必须按国家规定做好劳动保护。工作服上衣要求紧领紧袖，下装要求穿长裤；不准穿高跟鞋、凉鞋、拖鞋参加工程训练；配戴安全帽，长发必须盘入帽内。经教学指导人员检查不合格者不能进入实习现场。

2. 接受安全教育后，方可进行工程训练。实训期间应严格遵守实训时间及教学要求。请假、串课须按照实习手册要求，经院级以上部门同意，到中心教务办办理手续方可生效。

3. 工程训练期间要严格遵守关于危化品的相关规定，并做好个人安全保护。

4. 工程训练场地的任何机器设备及设施，未经允许一律禁止使用。工程训练期间未经允许，不得使用外带电子设备。

5. 工程训练场地严禁乱串、打闹、喧哗、用餐等与实训无关的行为，无关人员禁止入内。

6. 工程训练期间发生事故要立即停机、切断电源，通知指导人员处理。

7. 当日工程训练完毕后要认真清理工程训练场地，收纳工、量具，将设备恢复初始状态，关闭电源。取得实训指导人员同意后方可离开场地。

8. 具体学习每个教学模块时还要分别学习该工种设备的安全操作规程。

附录 B　砂轮房安全管理规定

1. 开机前，用手转动砂轮，检查砂轮有无裂纹，防护罩及各部件是否完好。

2. 砂轮起动后，应观察运转情况，砂轮的旋转方向正确，使磨屑向下方飞离砂轮，待转速正常后再进行磨削。

3. 不允许戴手套操作，不允许二人同时使用同一片砂轮，严禁围堆操作。

4. 不允许磨削木材、塑料、砖瓦等物品。

5. 不允许在砂轮机上磨削较大较长的物体，以防止震碎砂轮飞出伤人。

6. 不得单手持工件进行磨削，防止脱落在防护罩内卡破砂轮。

7. 刃磨时，操作者应站在砂轮的侧面或斜侧位置。砂轮的正面不要站人。

8. 避免在砂轮侧面进行刃磨，不要对砂轮施加过大的压力，以免刀具打滑伤人，或因发生剧烈撞击引起砂轮碎裂。

9. 刃磨时，要戴防护眼镜，如果砂粒飞入眼中，不能用手去擦，应去医院清除。

10. 必须经常修整砂轮磨削面，当发现刀具严重跳动时，应及时用金刚石笔进行修整。

11. 更换新砂轮时，应切断总电源，不允许用任何物体敲打砂轮，轴端螺母垫片不宜压得过紧，以免压裂砂轮。

12. 连续磨削不要超过 10min。磨削完毕，应关闭电源，应经常清除防护罩内积尘，并定期检修更换主轴润滑脂。

13. 砂轮房由专人管理，砂轮机由专人维护，未经许可不得使用。

附录 C　多媒体教室管理制度

1. 多媒体教室是工程训练中心现代化教学的公共实习场所，使用时需由训练部向教务办申请，接受教务办的安排与指导。

2. 多媒体教室所有设备均为教学实习专用，未经主管领导批准，严禁用于其他各类与教学无关的活动。

3. 多媒体教室指定专人负责管理。责任人要定期组织维护、保养相关设备、设施，并配合专业人士进行软件更新、网络维护、杀毒等工作，确保教学工作正常进行。

4. 多媒体教室未经实习指导人员允许不得擅入。室内严禁吸烟，禁吃一切瓜果等食品，必须使环境保持整洁、安静。

5. 实习学生在实习期间使用计算机等，要服从实习指导人员管理，爱护机器设备，严禁私自使用自带软件、移动存储设备等。对不服从管理者，实习指导人员可以暂停其实习并及时上报教务处处理。

6. 多媒体教室使用者发现计算机等设备、设施有异常或损坏等情况，应及时上报，保持教学工作正常进行。

附录 D　实践教学突发事件应急预案

1. 人员伤害

若发生人员伤害事故，在做好急救的同时，立即向部门领导汇报。根据事故具体情况，进一步向中心主管领导汇报，中心向教务处进行汇报并通报相关学院。

在场人员应采取以下急救措施：第一时间停机、切断电源。

1）若伤者伤势较轻，身体无明显不适，在场工作人员应将伤者转移至安全区域，对伤口进行简易处理。

2）若伤者行动受到限制，身体被挤、压、卡、夹住无法脱开，在场工作人员则需根据伤者的伤势，采取相应的急救措施，拨打 110、120 请求救援。

3）若伤者伤势严重，出现多处骨折、流血不止、大面积烫伤以及心跳、呼吸停止或可能有内脏受伤等症状时，在场人员应立即对伤者的症状，正确实施人工呼吸、心肺复苏等急救措施，并在实施急救的同时拨打 120，以最快的速度将伤者送往就近医院进行治疗。

2. 火灾

若实训现场发生火灾，在采取紧急措施的同时，立即向部门领导汇报。根据事故具体情况，进一步向中心主管领导汇报，中心向学校相关部门进行汇报。

在场人员应立即采取以下措施：第一时间停机、切断电源。

1）实训现场发生火灾时，在场工作人员应立即组织所有人员撤离火灾现场，由安全通道到达安全位置后按实训分组点名，清点学生人数。

2）人员撤离后，应由一名专业人员判断火场是否有可能发生爆炸的危险，若无爆炸可能且在场人员有能力灭火或控制险情，部门领导应立即组织教职工采用配备的干粉灭火器等消防器材进行灭火。

3）若现场火势较大，在场人员无法控制住现场火势或有可能发生爆炸危险时，在场人员应立即派人拨打 119，请专业消防队员前往灭火，并确保相关人员撤离到安全区域。

参 考 文 献

[1] 马喜法，肖珑，张莉娟. 钳工基本加工操作实训 [M]. 北京：机械工业出版社，2008.

[2] 卢志珍，何时剑. 机械测量技术 [M]. 北京：机械工业出版社，2011.

[3] 刘森. 机械加工常用测量技术手册 [M]. 北京：金盾出版社，2013.

[4] 刘铁石. 模具装配、调试、维修与检验 [M]. 北京：电子工业出版社，2012.

[5] 孙凤勤，闫亚林. 冲压与塑压成型设备 [M]. 北京：高等教育出版社，2013.

[6] 李郝林，方键. 机床数控技术 [M]. 2 版. 北京：机械工业出版社，2007.

[7] 陈雪菊，张超. 数控机床及应用技术 [M]. 成都：电子科技大学出版社，2016.

[8] 王学让，杨占尧. 快速成型与快速模具制造技术 [M]. 北京：清华大学出版社，2006.

[9] 魏青松. 增材制造技术原理及应用 [M]. 北京：科学出版社，2017.

[10] 王运赣，王宣. 3D 打印技术 [M]. 北京：华中科技大学出版社，2018.

[11] 宋辰校，气动技术入门与提高 [M]. 北京：化学工业出版社，2017.

[12] 崔培雪，冯宪琴. 典型液压气动回路 600 例 [M]. 北京：化学工业出版社，2011.

[13] 李新德. 液压与气动学习指南 [M]. 北京：机械工业出版社，2018.

[14] 黄志坚. 气动系统设计要点 [M]. 北京：化学工业出版社，2014.

[15] 杨建，勾明. 气动液压传动技术 [M]. 北京：中国劳动社会保障出版社，2013.

[16] 李丽霞，杨宗强，何敏禄. 图解液压技术基础 [M]. 北京：化学工业出版社，2013.

[17] 郭侠，薛培军. 液压与气动技术 [M]. 北京：化学工业出版社，2015.

[18] 张应龙. 液压与气动识图 [M]. 北京：化学工业出版社，2017.

[19] 王积伟，章宏甲，黄谊. 液压传动 [M]. 北京：机械工业出版社，2017.

[20] SMS（中国）有限公司. 现代实用气动技术 [M]. 北京：机械工业出版社，2008.

[21] 衣娟. 液压系统安装调试与维修 [M]. 北京：化学工业出版社，2015.

[22] 黄志坚. 液压伺服比例控制及 PLC 应用 [M]. 北京：化学工业出版社，2014.

[23] 汤伟杰，李志军. 现代激光加工实用实训 [M]. 西安：西安电子科技大学出版社，2015.

[24] 吴建平. 传感器原理及应用 [M]. 北京：机械工业出版社，2016.

[25] 全权. 多旋翼飞行器的设计与控制 [M]. 北京：北京航空航天大学出版社，2014.

[26] 周兴社. 机器人操作系统 ROS 原理及应用 [M]. 北京：机械工业出版社，2017.

[27] COOK D. 机器人制作初学指南 [M]. 北京：人民邮电出版社，2017.

[28] CRAIG J. 机器人学导论 [M]. 北京：机械工业出版社，2018.

[29] 黄志坚. 机器人驱动与控制及应用实例 [M]. 北京：化学工业出版社，2016.

[30] 李荣雪. 焊接机器人编程与操作 [M]. 北京：机械工业出版社，2013.

[31] 刘伟，李飞，姚鹤鸣. 焊接机器人操作编程及应用 [M]. 北京：机械工业出版社，2017.

[32] 王金才. 组合夹具设计与组装技术 [M]. 北京：机械工业出版社，2014.

[33] 吴静，张旭. 机床夹具设计 50 例 [M]. 北京：中国劳动社会保障出版社，2014

[34] 王寿龙，魏小立. 夹具使用项目训练教程 [M]. 北京：高等教育出版社，2011.

扫码看吉林大学工程训练中心

吉林大学工训中心智能制造教学工厂
（真实设备 - 数字孪生仿真）

吉林大学工程训练中心全景智能巡游
系统录屏

吉林大学工程训练中心教学模块实录
（图片版）

吉林大学工训中心多线联动智能制造
教学工厂